JN038596

工学基礎シリーズ

光・電磁波工学

西原　浩
岡村康行 共著
森下克己

Ohmsha

まえがき

われわれが住んでいる社会の情報化はますます進展しており，その情報は主に光（レーザ光）および電磁波によって伝達されている．身の回りには，情報伝達のための電子機器であるスマートフォン（携帯電話），タブレット，PC，テレビなどが生活必需品として溢れている．いまや日常生活でこれらのない社会生活を想像することすら難しい状況である．すでに，現在ほぼすべての電子機器に無線通信機能が搭載されており，端末から基地局（屋内ではルータ）までは「電波」で，そこから先は光ファイバ（国際的には海底光ケーブル）を通して「光波」で全世界とつながっており，インターネット上の情報を送受している．われわれはいままさに，「超高速大容量・超低遅延・超多数同時接続」を特徴とする情報通信技術の 5G（第 5 世代）の時代に突入しようとしている．このような情報通信社会を支えている基礎工学の重要な一つが「光・電磁波工学」である．

「光・電磁波工学」については，そもそも光波は電磁波の一種であることから，「光波」と「電波」の特徴を対比しながら，全体を体系的に学ぶことが重要である．本書は，そのような視点からまとめられた，工学部 3，4 年生，または大学院工学系学生向けの教科書，あるいはこの分野の勉強を初めて志す人への技術入門書である．

また，本書は 2000 年にオーム社から出版された『新世代工学シリーズ　光・電磁波工学』の後継版として，その後の技術発展に合わせて適切な内容の刷新を図りつつ，新たに執筆したものである．執筆にあたっては，西原，岡村，森下の共同編集のもと，第 1 章，第 7 章は西原が，第 2 章〜第 4 章は岡村が，第 5 章，第 6 章は森下がそれぞれ分担した．また，各章の関連や演習問題がより充実するよう加筆，削除，書き換えを行った．とくに，原理や実際のデバイスの理解の助けになるように，第 4 章，第 6 章では実際の写真，さらに第 7 章では各種アンテナのカラー写真を多数掲載することにした．なお，前書では第5章を杉尾嘉彦氏が，第7章を津川哲雄氏がそれぞれ執筆を担当され，そのかなりの部分が本書にも生かされていることを記しておきたい．

今回，前書に対していただいた読者からの種々のご助言を，本書の編集・執筆に役立たせていただいた．有益なご指摘をくださったことに感謝申し上げたい．

将来，読者がどのような分野に進むことになろうとも，情報社会を支える基本的な工学を学んでおくという意味で，光や電磁波について基本的な知識をもっておくことはきわめて重要である．本書が光・電磁波工学の入門書として，この分野を志す方々に少しでもお役に立てば，著者らの存外の喜びである．

2020年8月

著者を代表して　西原　浩

目　　次

第1章　光と電磁波の関係

第2章　電磁波がもっている基本的な性質

第3章　空間や媒質を伝わる電磁波

第4章　電磁波による干渉と回折

第5章 電波の伝送路

第6章 光の伝送路

第7章 電波の放射とアンテナ

第1章
光と電磁波の関係

光波は電磁波の一種であるので，光波も電波も電磁波として統一的に扱うことができる．電磁波には，自然に存在するものと，人工的に発生させるものとがあり，後者は通信や放送などの分野に広く利用されている．現在，われわれが，日常生活で利用している電磁波の波長の最短と最長の比は，実に 10^{20} にもなる広い波長領域に広がっている．

本章では，そのような電磁波のふるまいを深く理解することによって，電磁波を日常生活にいかに多く役立てることができるようになったかを概観する．

1.1　電磁波を分類する

われわれの身のまわりには，種々の**電磁波**が存在している．それらは，雷からの電波のように自然に発生するものと，ラジオやテレビの放送電波のように人工的に発生させるものとがある．また，その周波数は広い範囲に広がっており，低いものでは特殊な通信に使う数 kHz の電波から，高いものでは診療で胸部を撮影するのに使用される X 線がある．そして，その中間に光が位置する．

19 世紀半ば以前は，これらのすべてが電磁波であるとは認識されてはいなかった．光は古来から不思議なものとして認識され，光学の歴史も古代ギリシャ時代にまでさかのぼりはするが，いわゆる自然科学としての光学は 17 世紀に始まり，ニュートンをはじめとする天才的な学者らによって 18 世紀，19 世紀にかけて大きく進展した．一方，電磁波理論も 19 世紀に大きな進展をみせた．1864 年，マクスウェルは光の速度で伝搬する電磁波の存在を予言し，マクスウェルの方程式を導出し，引き続き，1871 年，光が電磁波の一種であることを提唱した．こうして，これまで別々に進展してきた光学と電磁気学とが結びつけられたのであった．

電磁波の発生実験は 1888 年にヘルツによって開始され，続いて 1894 年のロッジによる無線通信の成功，また 1895 年のマルコーニによる無線通信の成功などにより，電磁波技術は進展していった．その後，1906 年の三極真空管の発明に続き，クライストロン，マグネトロン，進行波管などのマイクロ波管の研究が進み，電磁波技術はその波長短縮化への経過をたどりながら発展していった．その延長線上に 1960 年のレーザの発明があった．なお，日常生活で利用している最短波長の電磁波である X 線は，すでに 1895 年にレントゲンによって発見されたものである．

図 **1.1** は電磁波を波長および周波数によって分類し，示したものである．電波はそれぞれの波長帯域および周波数帯に呼称がある．

電磁波は，自然に存在する電磁波と，人為的に共振器を用いて発生させる周波数制御性のよい電磁波とに分類できることは，すでに述べた．一般の波がもつ重要な性質の一つに**可干渉性 (コヒーレンス)** がある．可干渉性とは，その波の干渉のしやすさの度合いを表す量であり，後に詳しく説明される (4.3 節，72 ページ)．すなわち，自然に存在する電磁波は干渉しにくい (可干渉性の低い) 電磁波であり，人為的に共振器を用いて発生させる電磁波は一般に干渉しやすい (可干渉性の高い) 電磁波である．太陽光，電灯の光や胸部診断に使用する X 線などは前者であり，通信，放送に利用する電波や情報機器に利用するレーザ光は，後者である．

表 **1.1** はそれらを説明したものである．

1.2 電磁波を発生させるには

電磁波の発生デバイスの発振動作は，図 **1.2** に示すように，能動 (増幅) 素子と共振回路の結合によってなされる．この**能動素子**は真空管であったり，半導体素子であったりする．また**共振回路**は，低い周波数帯域では集中定数回路素子であるインダクタとキャパシタとの組合せで構成され，高い周波数帯域では立体共振器となる．

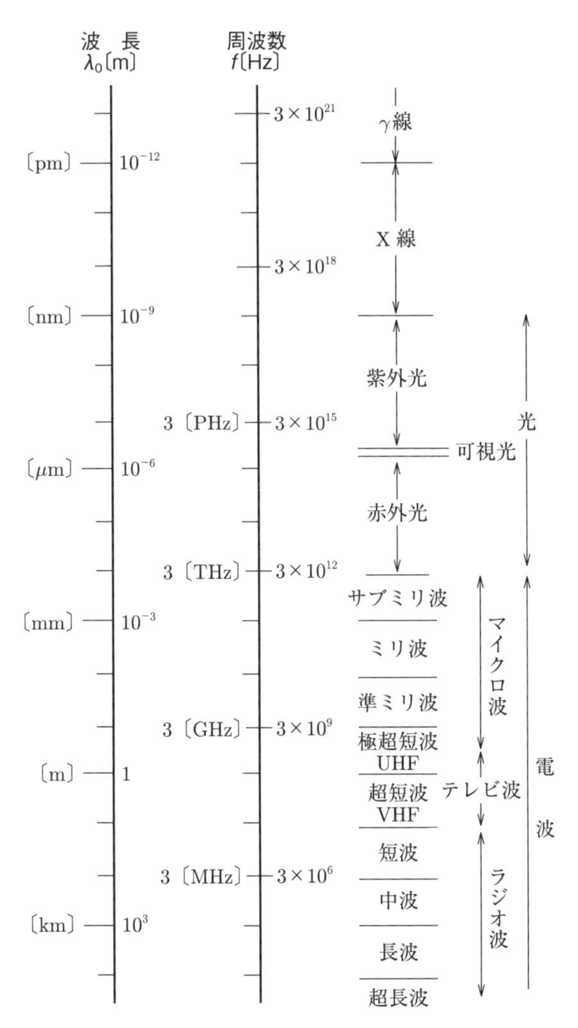

図 1.1　電磁波の波長による分類

表 1.1　電磁波の可干渉性による分類

	自然発生したもの (可干渉性が低い)	人為的に共振器を用いて発生させたもの (可干渉性が高い)
電波	雷からの電波，など	放送電波，通信電波， 携帯電話からの電波，など
光	太陽光，など	レーザ光

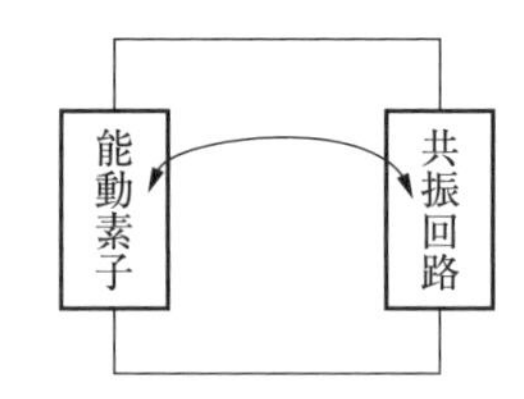

図 1.2　電磁波発生回路の基本構成

マイクロ波の発生素子については，1960 年代ごろまでは真空管が主流であったが，1970 年ごろ以降は真空管は半導体素子にとってかわられ，現在は大出力用以外は半導体素子が主流となっている．レーザ光発生素子については，大出力用は気体レーザや固体レーザが使用されるが，また，それ以外はやはり半導体レーザが主流となっている．

以下に，主な素子について簡単に触れておこう．

(1) **真空管**としては，先に述べたように三極真空管から始まり，高周波数動作が可能なように工夫された四極真空管 (板極管) が誕生し，さらなる高周波数化・高出力化の過程でクライストロン，マグネトロン，進行波管 (Travelling Wave Tube；TWT) などが開発されていった．真空管は，真空中を走行する電子ビームの運動エネルギーを電磁波のエネルギーに変換するものであるが，上述のマイクロ波管はそれぞれ変換機構が異なる．代表例として，クライストロンを取り上げ，その構造について説明しよう．

図 **1.3** は，入力と出力空洞共振器（軸対称）をもつクライストロンの構造図（断面図）である．陰極から放出された電子群は陽極を兼ねている入力空洞共振器の格子に向かって加速され，入力空洞共振器の格子間の高周波電界の場に到達し，この電界の位相に応じて，ある電子群は加速され，ある電子群は減速される．すなわち入力高周波電界によって，速度変調を受ける．速度変調を受けた電子群は出力共振器までしばらく走行する間に密度変調を受けた電子群からなる電子ビームに変わる．その電子ビームが，同じ共振周波数をもつ出力空洞共振器の格子間を通過するときに，出力空洞共振器を共振させ，増幅された出力を取り出すことができるようになる．

また，出力空洞共振器の出力を入力空洞共振器にフィードバックさせると，発振器として働くようになり，発振出力を得ることができる．

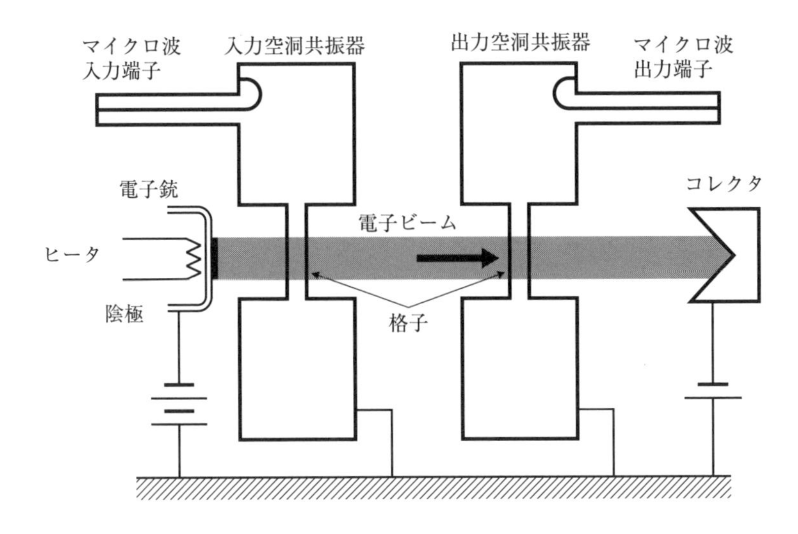

図 **1.3** マイクロ波増幅・発振用クライストロンの構造図 (断面図)

(2) 半導体素子については，マイクロ波，ミリ波領域の低出力発振・増幅素子が開発されており，ヘテロ接合バイポーラトランジスタ (Heterojunction Bipolar Transistor ; HBT)，電界効果トランジスタ (Field–Effect Transistor ; FET)，相補型 MOS (Complementary Metal–Oxide–Semiconductor ; CMOS)，高電子移動度トランジスタ (High Electron Mobility Transistor ; HEMT) などがある．また，これらの材料は，GaAs(ヒ化ガリウム) で代表される化合物半導体と，Si(シリコン) との二つに大別される．一般的にいって，化合物半導体は比較的高い周波数帯に，Si は比較的低い周波数帯に適している．いずれも，半導体中を走行する電子流のエネルギーを電磁波のエネルギーに変換するものである．近年，高出力に耐える結晶 GaN (窒化ガリウム) が開発され，高出力の GaN–FET や GaN–HEMT などが開発され，そのアレイ化 (同一基板上に複数個をある間隔で並べたもの) が進んでいる．図 **1.4** の上図は，**GaAs-FET** がマイクロストリップ線路構造 (5.3 節 4.，107 ページ) の共振回路とともに一つの基板上に集積化されている発振回路の例であり，下図はその GaAs-FET 構造の概念図である．

(3) コヒーレントな光を発生する素子として各種のレーザがある．

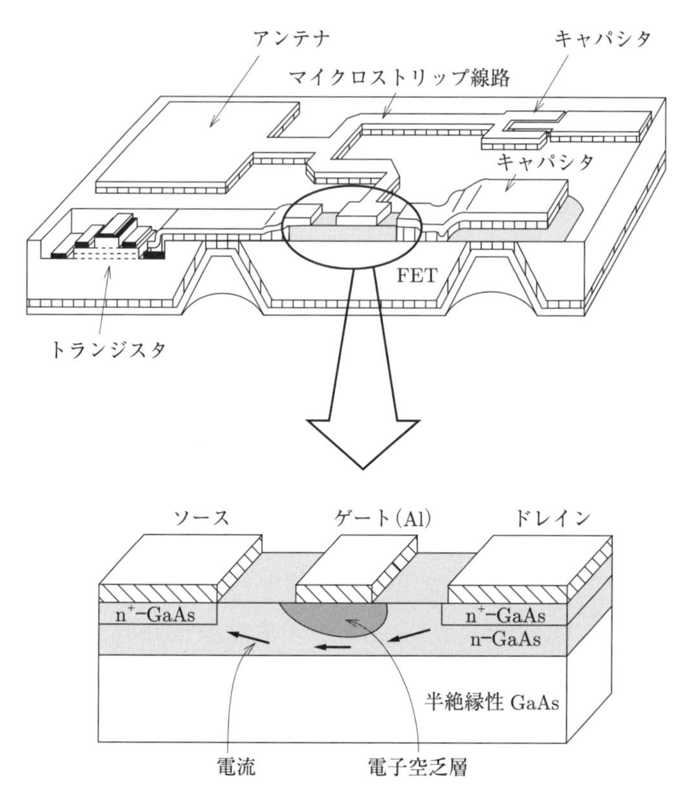

上：マイクロストリップ線路共振回路およびその集積化発振回路
下：GaAs-FET

図 1.4 GaAs-FET 発振回路の代表的な構造

その構成は，図 **1.5** に示すようにレーザの能動 (増幅) 素子の部分であるレーザ活性媒質とその両端の 2 枚の鏡 (反射膜) によって構成される共振器である．

10 mW 級の低出力領域では，InGaAs (ヒ化インジウムガリウム) 系の化合物半導体レーザが開発されており，光ファイバ通信や光ディスクに応用されている．また，1 W～1 kW 級のレーザには，炭酸ガスによる気体レーザや YAG レーザと呼ばれる固体レーザがあり，近年，開発が進んだ 10 kW 級の (光ファイバを用いた) ファイバレーザとともに工業加工の分野に応用されている．

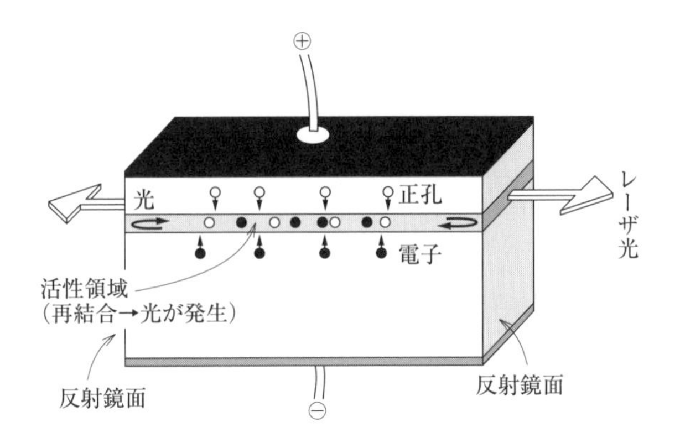

図 **1.5** 半導体レーザの基本構造

1.3 電磁波応用システム

われわれの日常生活は多くの電磁波を応用したシステムによって支えられている．図 **1.6** は，周波数領域ごとに代表的な応用システムを出力に応じて並べたものであり，それらのシステムにどのような電磁波発生素子が使用されているかを示したものである．

1. 放送・通信・情報システム

以前は，ラジオ放送局やテレビ放送局の放送装置には，真空管である大電力板極管やクライストロン，また衛星放送局には進行波管増幅器が使用されていた．しかし，前述したように近年では半導体による固体装置化が進み，1 MHz 帯ラジオ放送局では，何百個もの MOSFET をアレイにした 10〜500 kW 級のものが使用されている．また，100〜200 MHz 帯のテレビ放送局でも，GaN–HEMT を何百個もアレイにしたものが利用されている．また，衛星放送地上局から衛星へは 17 GHz 帯が使用されているが，その 200 W 級のマイクロ波には GaN–HEMT の出力が用いられている．

国内および国際電話回線（通信回線），さらにはインターネット，e–メール情報等の送受信には，光ファイバ通信技術が使用されており，その光源には 5 mW 級の波長 1.5 μm 帯の InGaAsP 半導体レーザが使われている．

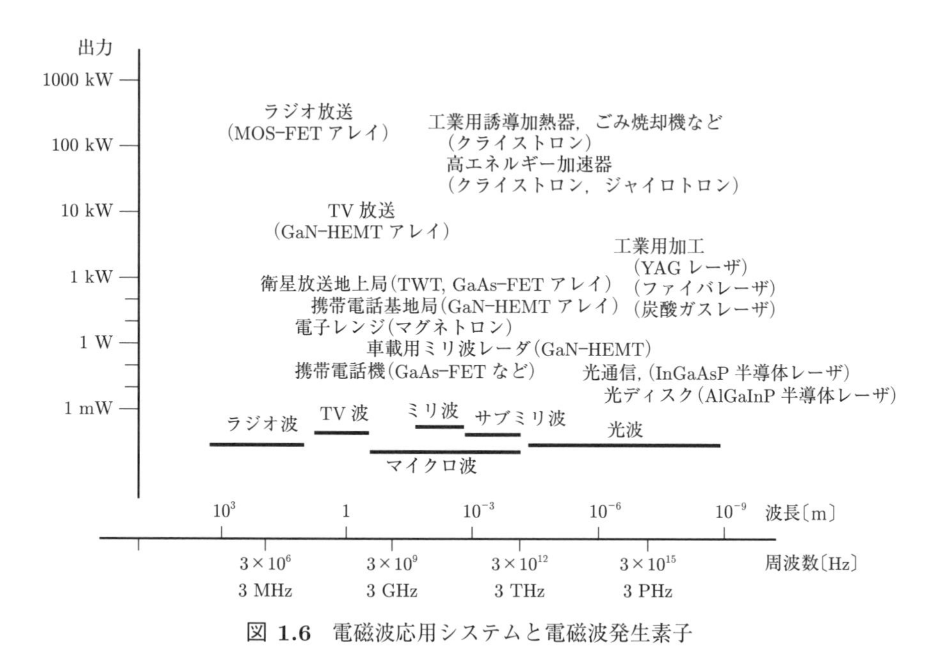

図 1.6 電磁波応用システムと電磁波発生素子

また，情報記録装置として普及している光ディスク技術には，波長 0.63 μm の AlGaInP 半導体レーザに加えて，波長 0.405 μm の紫外領域を含む GaN 系の AlGaInN 短波長レーザが重要な役割をしている．最近，特に急速に普及している携帯電話 (スマートフォンなど) からは，1～2 GHz 帯の数 100 mW 出力級の電波が放射されているが，これには単体の GaAs–CMOS や GaAs–FET などが使用されている．

2. 計測システム

光や電波を利用した重要な分野に計測システムの分野がある．自動車の安全運転支援や車間距離の確認などのためには，前方の車や障害物を常に検知していなければならない．この計測のため 75 GHz 帯のミリ波レーダが使われている．このミリ波の発生には出力 1 W から 10 W 級の GaN–HEMT が使用されている．

また，自分が地球上のどこにいるかを正確に計測するシステム，すなわち，**全地球測位システム** (Global Positioning System；**GPS**) が日常生活のいろいろの場面で使われている．これは 4 個以上の人工衛星からくる 1.5 GHz の電波を利用して，10 m 以下の精度で自分の位置を教えてくれる．このシステムは，例えば，農地でのトラクタの自動操縦などにも使われている．

そのほか，コヒーレンシス特性の優れたレーザ光や，電波の干渉性を応用した測距システムが広い分野にわたって数多く利用されている．

3.　エネルギー応用システム

マイクロ波のエネルギー利用システムは種々あり，家庭で使用されている，いわゆる電子レンジのエネルギー源は 2.45 GHz 帯，500 W 級のマグネトロンである．マグネトロンは高出力パルス動作をするので，もともと軍事レーダのマイクロ波源のために開発されたが，小型化に成功し家庭に入ったものである．マイクロ波には，物質の中で分子振動を起こさせることにより物質を効率よく加熱することができる特徴があり，これを利用して電子レンジに使用されている．さらに高出力のマイクロ波は工業用ごみ焼却や乾燥にも応用されており，それには高出力のクライストロンやジャイロトロンが使用されている．

また，紫外光よりも短波長の放射光は今後，半導体素子の微細パターニング (回路パターンを基板に焼き付けること) などの光源として重要になるが，それを発生させる装置 (Synchrotron Orbital Radiation；SOR) に高エネルギーの電子ビームを得るための加速器がある．この電子の加速源にマイクロ波が利用されている．

加工などの工業用には，さらに高出力のレーザ光が要求され，数 10 W 級では YAG レーザ (波長 1.06 μm) が，数 100 W 級では炭酸ガスレーザ (波長 10.6 μm)，そして kW 級では光ファイバを用いたファイバレーザ（波長 1.07 μm）が使用されている．

1.4　本書の学び方

以上のとおり，われわれが利用している電磁波は広い周波数領域に広がっているが，そのふるまいはすべてマクスウェルの方程式で説明できるのだという認識に立って，本書を学んでいただきたい．

本章では，電磁波を分類し，光はその一部であること，および光以外にも電磁波に属するものが多くあることを述べた．また，発生の手法，応用システムなどの概要を述べた．電磁波工学の全体像を把握しておくことは，後の章を学ぶのに大切である．

繰り返しになるが，電磁波のふるまいはマクスウェルの方程式で説明できるから，その基本原理は周波数によらず同じであるが，具体的な「もの」である発生素子，共振回路，伝送路，そしてアンテナなどのハードウェアは個々の材料が周波数特性をもつので周波数領域によって，それぞれ異なるものが用いられる．したがって，第2章から第4章までは光を含む電磁波の基本原理の解説では「電磁波」と総称し，第5章から第7章のハードウェアについては，光と区別するために,「光」と「電波」というように使い分けている．

第2章では，マクスウェルの方程式を中心に電磁波の基本的性質を学び，第3章では，電磁波の自由空間や媒質中，または境界面でのふるまいについての基本現象とその取扱いを学ぶ．これは第5章や第6章で解説する伝送路の中の伝搬を理解する基礎となる．なお，電磁波に付随する重要な現象に干渉と回折があり(第4章で学ぶが)，これは電磁波特有のものではなく，コヒーレントな波であれば，音波や水面を伝わる波などにもみられる波動一般の現象であることを覚えておいていただきたい．

また，電波を利用するためには，電波を意のままに引き回すことが必要である．そのためには，伝送路の中に電波を閉じ込めることが必要である．第5章では電波の伝送路について学ぶ．伝送路を伝搬する電波は特殊な形態(モード)をとる．このモードの概念を正確に理解することが重要である．さらに，伝送路には，金属で囲まれた線路ばかりでなく，最近の小型化，集積化の技術によって作製される誘電体のストリップ線路と呼ばれる伝送路があり，その基本にも触れる．第6章では，光の伝送路である光ファイバおよび誘電体導波路，そしてそれらの機能素子について学ぶ．

光の遠距離伝送には光ファイバが使用されるが，電波の遠距離伝送には自由空間が使用される．したがって，第7章では，自由空間に電波を放射するためのアンテナの基本，および，電波を受けて電気信号に変換するアンテナの基本について学ぶ．簡単な構造のアンテナから，どのようにして電波が放射されるのかの物理現象について理解を深めてほしい．

読者諸氏に本書を通じて留意してほしいのは，われわれは抽象的な学問をしているのではなく，工学を学んでいるのであるから，数式などに周波数や波長など具体的な数字を自ら代入して常に素子についての具体的なイメージをもつように努めること，そのために用意されている演習問題を解いてみることである．そうすれば，光・電磁波工学への理解がいっそう深まり，より深い興味をもてるようになるであろう．

第2章
電磁波がもっている基本的な性質

光や電波の特徴は何だろう？　地震波がひずみの波として地中を伝わるように，光や電波である電磁波も電界，磁界の波として互いにやり取りし合いながら真空中や媒質中を伝わる．電磁波の横波特有の性質，特に電磁界の振動方向が偏っている偏波の性質は電磁波に興味ある現象を起こさせる．

本章では電磁波のふるまいをマクスウェルの方程式に基づいて理解しよう．

2.1　電磁波のふるまいを表すマクスウェルの方程式

電磁波を記述する基本式はマクスウェルの方程式として知られているが，一つの式で表されるのではなく，ファラデーの電磁誘導法則とアンペアの法則から導かれる電界ベクトル，磁界ベクトルの回転 (rot) に関する二つの式，さらに電界ベクトル，磁界ベクトルの発散 (div) に関する二つの式とからなっている．なお，電磁波現象に現れる電界，磁界，電束密度，磁束密度などの物理量は，場所のみならず，時刻によっても変化し，一般にベクトル関数で表される．

以下では，これらベクトル量を表すために一般に記号 $\boldsymbol{A}$ を用いる．

1.　位置ベクトルとベクトル関数

電界や磁界はベクトル関数で表され，これが電磁気学をわかりにくくしている一つの原因である．そこで，まずベクトル関数と位置ベクトルとの違いを明確に

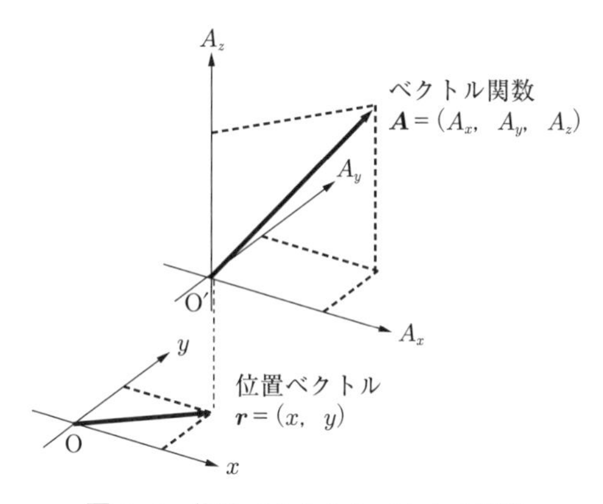

図 **2.1** 位置ベクトルとベクトル関数

しておく.

位置ベクトルが2次元ベクトル $\boldsymbol{r}=(x,y)$ であるとすれば，図 **2.1** に示すように，平面上において原点から引いた矢印で表すことができる．一方，ベクトル関数 $\boldsymbol{A}=(A_x,A_y,A_z)$ は，その成分 A_x, A_y, A_z が場所の関数になっており，たとえ位置ベクトルが2次元であったとしても，図に示すように位置ベクトル $\boldsymbol{r}$ の先端を原点とし，(A_x,A_y,A_z) を先端とする3次元の矢印で表されるベクトルとなる．さらに，電磁界では，このベクトル関数は時刻 t によっても変化するため，一般的には $\boldsymbol{A}(x,y,z,t)$ あるいは $\boldsymbol{A}(\boldsymbol{r},t)$ という関数形によって表される.

このようにベクトル関数が指定されるような空間は一般に**ベクトル場**と呼ばれ，電界や磁界もベクトル場である.

2. ファラデーの電磁誘導法則

ファラデー (Faraday, M., 1791〜1867) は，図 **2.2**(a) に示すように，コイルの内部を横切る磁束が時間的に変化すると，コイルには電流が流れ，開放されたコイルの両端に電圧が生じることを見出し，積分の形でこの様子を記述した.

マクスウェル (Maxwell, J.C., 1831〜1879) は，この現象を電磁界成分についての微分形式で表したが，これはベクトル解析の記号を用いることによって次式のように洗練された形で表される.

$$\mathrm{rot}\boldsymbol{E}=-\frac{\partial \boldsymbol{B}}{\partial t} \tag{2.1}$$

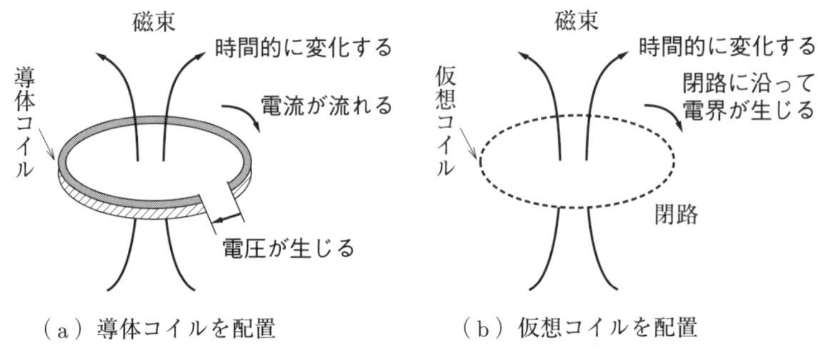

（a）導体コイルを配置　（b）仮想コイルを配置

図 **2.2**　ファラデーの電磁誘導法則

ここに，$\boldsymbol{E}$ は電界ベクトル〔V/m〕，$\boldsymbol{B}$ は磁界の磁束密度ベクトル〔T〕である．式 (2.1) は，磁界の時間的な変化が電界の空間的な変化をもたらし，電界を生じさせることを表している．この式は媒質中のみならず真空中でも成り立ち，さらに，(b) に示すように，実在のコイルのかわりに空間内の仮想コイルに対しても成立しており，この類推が電磁波を取り扱う際に重要となる．

3.　アンペアの法則

また，アンペール (Ampère, A.M., 1775〜1836) は，図 **2.3** に示すように，導線を流れる電流によって磁界が生じることを示したが，マクスウェルは，これにさらに電界の時間的な変化によっても磁界が生じる，いわゆる**変位電流**を提案し

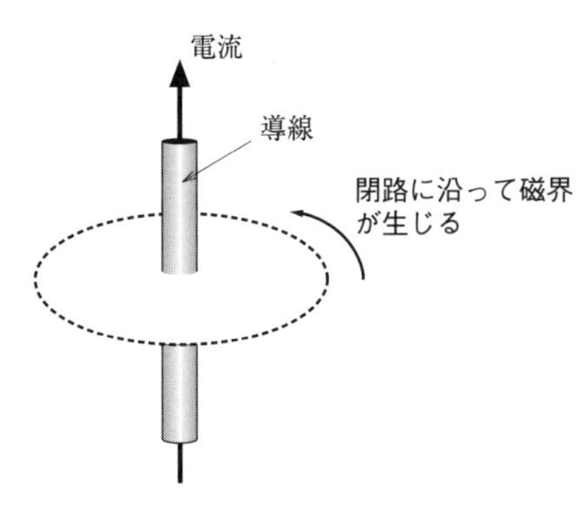

図 **2.3**　アンペアの電流法則

た．これは一般的な**アンペアの法則**として知られており，真空中においては，

$$\mathrm{rot}\,\boldsymbol{B} = \varepsilon_0\mu_0\frac{\partial \boldsymbol{E}}{\partial t} + \mu_0\boldsymbol{J} \tag{2.2}$$

と表される．ここで，$\boldsymbol{J}$ は真空中を背景とした**全電流密度**〔A/m^2〕(導体中や真空中を電荷が流れることによって生じる電流) であり，第 1 項が真空中を流れる変位電流である．ε_0，μ_0 は真空の誘電率，透磁率であり，国際単位系である SI 単位系ではそれぞれの値は 8.854×10^{-12}〔F/m〕，$4\pi \times 10^{-7}$〔H/m〕となる．

式 (2.2) からわかるように，変位電流は通常の電流と同等の働きをし，電磁波が生じるための最も重要な要素の一つである．変位電流の導入によってはじめて電磁波が予想され，それまで波が伝搬するためには媒質の存在が必須であるとされていたが，これより真空中でも電界と磁界は波動として伝搬できることが示された．なお，物質中では電磁界と物質との相互作用を考慮することによりアンペアの法則は，

$$\mathrm{rot}\,\boldsymbol{H} = \frac{\partial \boldsymbol{D}}{\partial t} + \boldsymbol{J}_f \tag{2.3}$$

と書かれる．ただし，$\boldsymbol{H}$ は磁界ベクトル〔A/m〕，$\boldsymbol{D}$ は電束密度ベクトル〔C/m^2〕，$\boldsymbol{J}_f$ は媒質中を実電荷が流れることによって生じる自由電流密度〔A/m^2〕である．

なお，電荷の流れ，すなわち**伝導電流**によって磁界が発生することを述べたものが当初アンペールが示した法則であり，これには電荷が流れるための導体を必要とした．一方，変位電流によっても磁界が発生することをマクスウェルは提唱したが，変位電流が流れるのは空間でもよい点が重要で，媒質が存在しない空間にも電流が流れるということが電磁波の導出に寄与している．

4. 構成方程式

電束密度 $\boldsymbol{D}$，磁束密度 $\boldsymbol{B}$ は，真空中では電界 $\boldsymbol{E}$，磁界 $\boldsymbol{H}$ に真空の誘電率 ε_0，透磁率 μ_0 をかけた量として表せるが，物質中では物質中に生じる分極，磁化を考慮する必要があり，一般には電束密度，磁束密度は電界，磁界の複雑な関数で表現される．しかし，線形な関係が成立する範囲では，真空中と同様に**表 2.1** に示すように電束密度，磁束密度は電界，磁界に比例する．

ここで比例係数 (媒質定数) は，それぞれ媒質の誘電率 ε，透磁率 μ と呼ばれて

表 **2.1** 構成方程式

誘電体	磁性体	導電体
$\boldsymbol{D} = \varepsilon \boldsymbol{E}$	$\boldsymbol{B} = \mu \boldsymbol{H}$	$\boldsymbol{J} = \sigma \boldsymbol{E}$

表 **2.2** マイクロ波帯での代表的な材料の比誘電率，比透磁率，導電率

媒 質	比誘電率	比透磁率	導電率〔S/m〕
大地乾地	4	1	$10^{-4} \sim 10^{-5}$
大地湿地	10	1	$10^{-2} \sim 10^{-3}$
淡水	80	1	$10^{-2} \sim 10^{-3}$
海水	80	1	$3 \sim 5$
ポリエチレン	2.3	1	10^{-6}
水晶	2.1	1	10^{-16}
銅	1	1	5.8×10^{7}

おり，これらの関係式を**構成方程式**と呼ぶ．なお，媒質の誘電率，透磁率は真空の誘電率 ε_0，透磁率 μ_0 を用いて，次のように表される．

$$\varepsilon = \varepsilon_r \varepsilon_0 \tag{2.4}$$

$$\mu = \mu_r \mu_0 \tag{2.5}$$

ここで ε_r，μ_r はそれぞれ比誘電率 (無次元)，比透磁率 (無次元) である．これらの大きさは電磁波と個々の媒質との相互作用によって決まり，対象とする電磁界の周波数に依存する．媒質定数が電磁波の周波数に依存することを「分散がある」といい，分散は，媒質中を伝搬する電磁波特有の性質であり，電磁波の速度は周波数によって異なる．この分散効果は，パルス波を伝搬させる際に問題となることがある．なお，真空中では電磁波の速度は，周波数によらず，常に一定の値 c である．

さらに，媒質中を流れる伝導電流は，表 2.1 (導電体) に示したように，印加された電界に比例する．ここに，σ は導電率〔S/m〕である．この式はオームの法則を書き直したものに相当し，構成方程式の一つである．なお，導電率 σ の逆数は比抵抗 (抵抗率) κ〔Ωm〕と呼ばれる．**表 2.2** に，代表的な材料のマイクロ波帯での比誘電率，比透磁率，導電率を示す．

5. 変位電流の大きさ

さて，変位電流による磁界の発生が問題となるのは，非常に大きい比抵抗を有

する物質 (最も大きいものが真空であり，無限の値をとる) 中において，電磁波の周波数が高くなる場合である．これを確かめるために，媒質中の変位電流と導電電流との大きさを比べてみる．電束密度の時間的な変化を，

$$D = D_0 \cos(2\pi f t) \tag{2.6}$$

とすれば，変位電流 i_D および伝導電流 i_C は

$$i_D = \frac{dD}{dt} = -2\pi f D_0 \sin(2\pi f t) \tag{2.7}$$

$$i_C = \frac{E}{\kappa} = \frac{1}{\varepsilon\kappa} D_0 \cos(2\pi f t) \tag{2.8}$$

となる．ここに，f は電磁波の周波数，κ は媒質の比抵抗，ε は誘電率である．

これより，変位電流，伝導電流の最大値は，

$$(i_D)_{\max} = 2\pi f D_0 \tag{2.9}$$

$$(i_C)_{\max} = \frac{1}{\varepsilon\kappa} D_0 \tag{2.10}$$

となり，周波数が高くなると f が含まれる変位電流が支配的になることがわかる．ここで $(i_D)_{\max} = (i_C)_{\max}$ となる閾(いき)値周波数 f_c を求めると，

$$\begin{aligned} f_c &= \frac{1}{2\pi\varepsilon\kappa} = \frac{1}{2\pi\varepsilon_0}\frac{1}{\varepsilon_r\kappa} \\ &= 1.8 \times 10^{10} \frac{1}{\varepsilon_r\kappa} \quad \text{〔Hz〕} \end{aligned} \tag{2.11}$$

となる．一例として，金属として銅を，誘電体として塩化ビニル，ベークライト，石英ガラスを例にとって f_c を求めると**表 2.3** のようになる．誘電体では大部分の周波数において変位電流が支配的であるといえる．もちろん，真空中ではすべての周波数に対して変位電流が支配している．

表 2.3 変位電流が支配的になる閾値周波数

媒　質	比誘電率	比抵抗〔Ωm〕	閾値周波数〔Hz〕
銅 (金属)	1	9×10^{-9}	2×10^{17}
塩化ビニル (誘電体)	3	10^{12}	6×10^{-3}
ベークライト (誘電体)	7	10^{10}	2.6×10^{-1}
石英ガラス (誘電体)	3	10^{16}	4.5×10^{-7}

6. 連続の式 (電荷保存則)

物理学の基本的な性質の一つとして「総電荷量は変わらない」ことがあげられる．これは，質量不変の法則と同様に重要な法則である．この法則を式で表すと次式のようになる．

$$\mathrm{div}\boldsymbol{J} + \frac{\partial \rho}{\partial t} = 0 \tag{2.12}$$

ここに，$\boldsymbol{J}$ および ρ は電流密度〔$\mathrm{A/m^2}$〕および電荷密度〔$\mathrm{C/m^3}$〕であり，電流がわき出すところでは電荷が時間的に減少することで，総電荷量は保存されることを意味している．すなわち，式 (2.12) は電荷が保存されることを表しており，**連続の式**とも呼ばれている．

図 **2.4** は連続の式を模式的に表したもので，(a) は電荷密度の時間的な変化がない場合，(b) は時間的変化が負の場合である．すなわち，電荷密度の変化がなければ電荷が存在する領域を電流が通過しても，その前後での電流密度は変わらず，負に変化すると電流密度は増加する．

式 (2.2) の両辺の発散 (div) をとり，ベクトル解析の恒等式

$$\mathrm{div}\,\mathrm{rot}\,\boldsymbol{A} = 0 \tag{2.13}$$

および式 (2.12) の関係を利用することにより，次式が得られる．

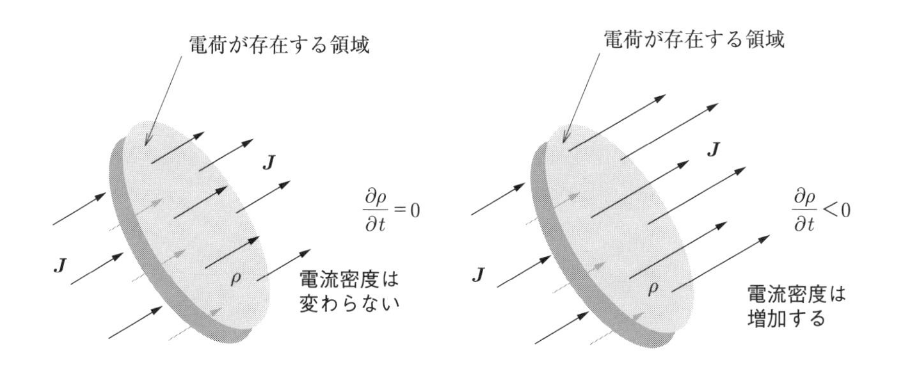

（a）電荷密度の時間的変化がない場合　（b）電荷密度の時間的変化が負の場合

図 **2.4**　電荷保存則

$$\varepsilon_0 \,\mathrm{div}\boldsymbol{E} = \rho \tag{2.14}$$

さらに，15 ページの式 (2.3) の，両辺の発散 (div) をとり，さらに誘電率が媒質内で一様であるとするならば，

$$\mathrm{div}\boldsymbol{D} = \rho \tag{2.15}$$

が得られる．式 (2.14)，(2.15) はガウスの法則を微分形式で表したものになっている．

さらにまた，13 ページの式 (2.1) の両辺の発散 (div) をとることにより，

$$\mathrm{div}\boldsymbol{B} = 0 \tag{2.16}$$

が導出できる．これは磁束密度に関するガウスの法則の微分形式であり，物理的には正負の電荷に相当する単独の磁極 (N 極や S 極) が存在しないことを表しており，磁束は必ず閉じることになる．以上，式 (2.1)，(2.2)，(2.14)，(2.16) を合わせて真空中の**マクスウェルの方程式**，さらに式 (2.1)，(2.3)，(2.15)，(2.16) を媒質中のマクスウェルの方程式と呼ぶ．式 (2.14)〜式 (2.16) の導出からわかるように，すべての式は独立ではなく，真空中では式 (2.14) および式 (2.16) はファラデーの電磁誘導則，アンペアの法則，連続の式から導かれる．なお，媒質中のマクスウェルの方程式はファラデーの電磁誘導則，アンペアの法則，電束密度および磁束密度に関するガウスの法則 ($\mathrm{div}\boldsymbol{D} = \rho_f$，$\mathrm{div}\boldsymbol{B} = 0$) から導かれる．**表 2.4** に真空中および媒質中でのマクスウェルの式，連続の式をまとめる．

この表において，(　) 内の式は媒質中において成立する式である．かっこのない真空中で成立する関係式において ρ は電荷密度，$\boldsymbol{J}$ は真空を背景とする全電流であり，真空中では構成方程式を必要としない点が重要である．

このように電磁界を電界ベクトル $\boldsymbol{E}$ と磁束密度ベクトル $\boldsymbol{B}$ のみで記述する方法を **E-B 対応**と呼び，磁界の発生原因を電流とする考え方である．一方，媒質中で成立する関係式において ρ_f は**自由電荷密度** (導体の中の電荷のように自由に外部から与えられる電荷)，$\boldsymbol{J}_f$ は**自由電流密度** (伝導電流密度) を表している．媒質中においては，電磁界と媒質とが相互作用するため，真空中のように電磁界を電界と磁束密度のみでは記述できず，電界，電束密度，磁界，磁束密度すべてを用いる必要があり，これを **(E,D,H,B) 方式**と呼ぶ．

表 **2.4** 真空中および媒質中のマクスウェルの方程式，連続の式

マクスウェルの方程式	電荷密度に関するガウスの法則	$\mathrm{div}\boldsymbol{E} = \dfrac{\rho}{\varepsilon_0}$ $(\mathrm{div}\boldsymbol{D} = \rho_f)$
	電磁誘導の法則	$\mathrm{rot}\boldsymbol{E} = -\dfrac{\partial \boldsymbol{B}}{\partial t}$
	磁束密度に関するガウスの法則	$\mathrm{div}\boldsymbol{B} = 0$
	アンペアの法則	$\mathrm{rot}\boldsymbol{B} = \varepsilon_0\mu_0\dfrac{\partial \boldsymbol{E}}{\partial t} + \mu_0\boldsymbol{J}$ $\left(\mathrm{rot}\boldsymbol{H} = \dfrac{\partial \boldsymbol{D}}{\partial t} + \boldsymbol{J}_f\right)$
連続の式		$\mathrm{div}\boldsymbol{J} + \dfrac{\partial \rho}{\partial t} = 0$ $\left(\mathrm{div}\boldsymbol{J}_f + \dfrac{\partial \rho_f}{\partial t} = 0\right)$

2.2 電磁波の発見にかかわった波動方程式

1. ベクトル表示の波動方程式

ここでは真空中のマクスウェルの方程式を対象とし，さらに空間には電荷は存在しないものとする．式 (2.1) の両辺で回転 (rot) をとり，ベクトル解析の恒等式

$$\mathrm{rot}\ \mathrm{rot}\boldsymbol{A} = \mathrm{grad}\ \mathrm{div}\boldsymbol{A} - \varDelta\boldsymbol{A} \tag{2.17}$$

を利用すると，電界ベクトル $\boldsymbol{E}$ のみの偏微分方程式

$$\varDelta\boldsymbol{E} = \varepsilon_0\,\mu_0\frac{\partial^2\boldsymbol{E}}{\partial t^2} \tag{2.18}$$

が得られる．ここに，$\varDelta$ はラプラシアンと呼ばれる演算子であり，直角座標系 (x, y, z) では，

$$\varDelta = \frac{\partial^2}{\partial x^2} + \frac{\partial^2}{\partial y^2} + \frac{\partial^2}{\partial z^2} \tag{2.19}$$

と表される．

式 (2.18) は波源がない場合の**ベクトル波動方程式**と呼ばれている．このとき，電界ベクトルは図 **2.5** に示すように一般には 3 次元で表され，位置によってその大きさと方向が異なり，式 (2.18) は各成分に対応した三つの式を表している．また，式 (2.18) は波源が存在しなくても電界が波動として真空中を伝搬することを示しており，磁界の磁束密度についても，15 ページの式 (2.2) より，等しい係数をもつ同じ形の次の波動方程式が得られる．

$$\Delta \boldsymbol{B} = \varepsilon_0 \, \mu_0 \frac{\partial^2 \boldsymbol{B}}{\partial t^2} \tag{2.20}$$

したがって，磁界も波動として伝搬することになる．両式には共通に ε_0 と μ_0 の積が現れるが，誘電率 ε_0 の単位が〔F/m〕，透磁率 μ_0 の単位が〔H/m〕であるため $\varepsilon_0\mu_0$ の単位は〔FH/m^2〕となる．一方,〔F〕が〔C/V〕,〔H〕が〔Vs/A〕=〔Vs^2/C〕であるため，結局 $\varepsilon_0\mu_0$ の単位は〔s^2/m^2〕となる．これは速度の逆数の 2 乗を示しており，これからも，式 (2.18)，(2.20) は $\dfrac{1}{\sqrt{\varepsilon_0\mu_0}}$ を速度とする波動現象を表していることがわかる．そして，この点が，マクスウェルが「光は電磁波である」と指摘したところである．すなわち，ε_0，μ_0 は単なる比例係数であり，単位系を定めることによって決まる値である．また，これらの値から電磁

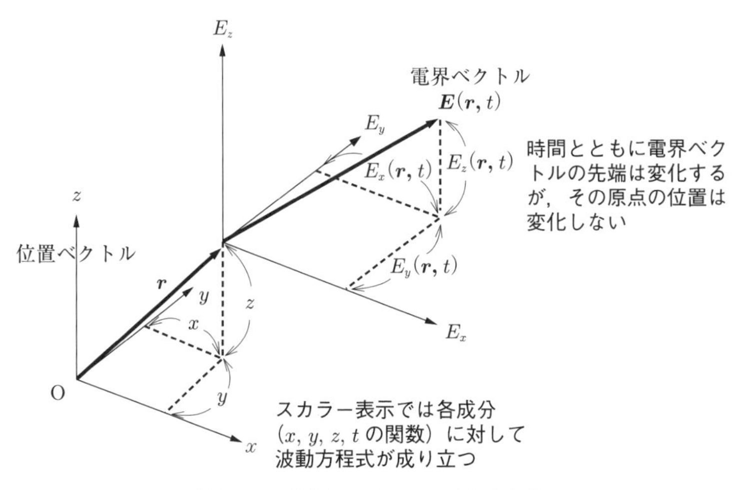

図 **2.5** 電界ベクトルの 3 次元表現

波の速度は約 3×10^8〔m/s〕と求められる．

一方，マクスウェルの時代に測定された光速度も約 3×10^8〔m/s〕であり，これら二つの値が一致していることから，マクスウェルは，光は電磁波であると結論づけた．

2. スカラー表示の波動方程式

一方，式 (2.18) や式 (2.20) を直接扱うのは煩雑であるので，図 2.5 に示したベクトル成分に対して成立する次式のようなスカラー波動方程式を考えると取り扱いやすくなる．

$$\Delta u = \varepsilon_0 \, \mu_0 \frac{\partial^2 u}{\partial t^2} \tag{2.21}$$

ここで，u は電界ベクトルおよび磁束密度ベクトルの成分を代表的に表している．

式 (2.21) の解はダランベールの解として知られており，u が x，y 軸方向には変化がなく一様であるとすると，z 座標のみの 1 次元の波動方程式

$$\frac{\partial^2 u}{\partial z^2} = \varepsilon_0 \, \mu_0 \frac{\partial^2 u}{\partial t^2} \tag{2.22}$$

となり，その解は，

$$u = f(z - ct) + g(z + ct) \tag{2.23}$$

となる．ここに，f，g は任意の関数，c は，

$$c = \frac{1}{\sqrt{\varepsilon_0 \, \mu_0}} \tag{2.24}$$

であり，前述のように真空中の光速度と等しい．

次章で述べるように，式 (2.23) の第 1 項は $+z$ 軸方向に速度 c で進む波を，第 2 項は $-z$ 軸方向に速度 c で進む波を表している．関数系の形よりむしろ関数の引数が位置と時間の一次結合になっていることが波動であることの本質である．なお，媒質中の電磁波の速度 v は，

$$v = \frac{1}{\sqrt{\varepsilon \, \mu}} = \frac{1}{\sqrt{\varepsilon_r \, \mu_r}} c \tag{2.25}$$

となる．一般に ε_r，μ_r は 1 より大きいため，媒質中では電磁波の速度は真空中

の速度より小さくなり，遅く伝わる※1．

2.3 波動方程式から導かれる平面波

1. 波動方程式の解

さて，波動現象の時間変化を正弦的 (正弦関数あるいは余弦関数で表現できる) であるとすると，複素数を用いることにより取り扱いやすくなる．これにもとづいて，時間変化を

$$\exp(j\omega t) \tag{2.26}$$

とする．ω は角周波数であり，周波数 f とは，

$$\omega = 2\pi f \tag{2.27}$$

の関係がある．なお，j は虚数単位である．

式 (2.26) を 22 ページの式 (2.22) に代入し，u の具体的な形を求めると，

$$u = U_1 \exp\left[j(\omega t - kz)\right] + U_2 \exp\left[j(\omega t + kz)\right] \tag{2.28}$$

となる．なお，式 (2.28) は複素数で表されているが，実部あるいは虚部をとることにより，正弦変化をした形の解を得ることができる．いま，実部をとることにすると，式 (2.28) の第 1 項，第 2 項はそれぞれ，

$$\begin{cases} U_1 \cos(\omega t - kz) & (2.29) \\ U_2 \cos(\omega t + kz) & (2.30) \end{cases}$$

となる．ただし，U_1，U_2 を実数としている．

これをもとにして，ある時刻での z 軸方向の変化を示すと図 **2.6** のようにな

※1 電子と原子核とが分離した状態であるプラズマ中では，誘電率はスカラー量ではなく，テンソル量となり，さらにテンソル成分の一部は純虚数となる．なお，金属も光の領域ではプラズマ状態と考えられ，誘電体として取り扱われる．その際，誘電率は複素数となり，比誘電率は 1 より小さくなることもある．

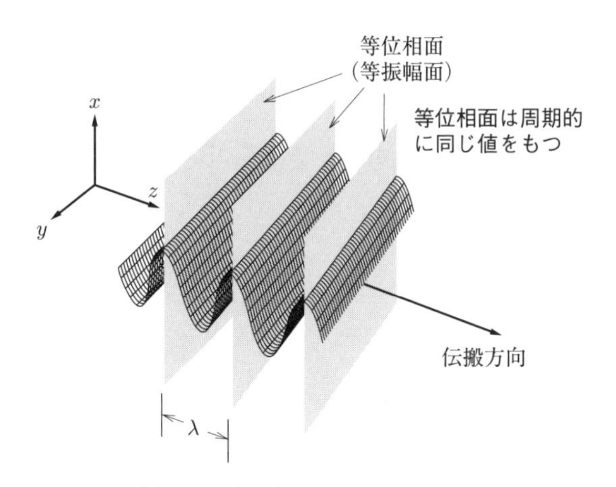

図 **2.6**　ある時刻での電界の様子

る．位置 z における振幅値は x，y 座標にかかわらず等しく，これが z 座標に沿って周期的に変化していく．振幅は面内では等しくなり，この伝搬軸に垂直な xy 面を**等振幅面**と呼ぶ．また，式 (2.29)，(2.30) の余弦関数の引数部分を**位相**という．式 (2.29) と式 (2.30) は，位相が違うだけで，関数の表す波そのものの形は同じであり，これが波動を波動たらしめる最も中心的な概念である．等振幅面では位相が等しいため**等位相面**とも呼ぶ．さらに，このように等位相面が平面である波を**平面波**と呼ぶ．

図 **2.7** に示すように，例えば，t_1 の時刻に $z = 0$ の位置にピークがあるとする．このピークは，t_2 の時刻には位相 $\omega t - kz$ の項は $z = \omega \dfrac{t_2 - t_1}{k}$ の位置に移動し，一方，位相 $\omega t + kz$ の項は $z = -\omega \dfrac{t_2 - t_1}{k}$ の位置に移動する．

このように式 (2.28) の第 1 項は，時刻が経つにしたがい，等振幅となる z 位置は $+$方向に移動し，第 2 項では $-$方向に移動することがわかる．これより第 1 項は $+z$ 軸方向，第 2 項は $-z$ 軸方向に伝搬する波動を表していることがわかる．ここで k，ω，c の間には，

$$k^2 = \frac{\omega^2}{c^2} \tag{2.31}$$

の関係が成立している．また，前ページの式 (2.29)，(2.30) の位相が 2π 変化しても式が示すように，余弦関数の周期性よりもとの値に等しくなる．これは同一

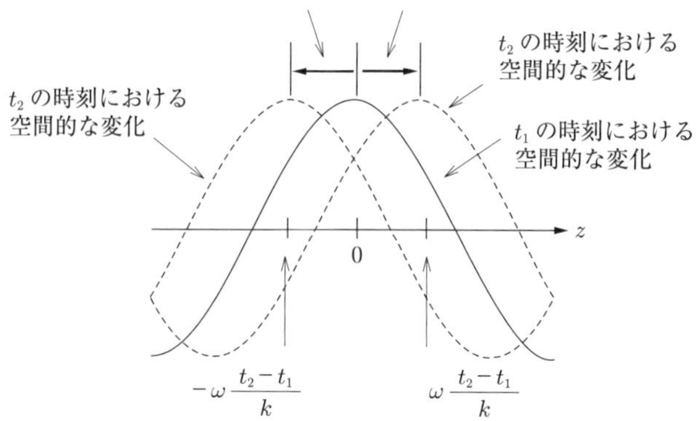

図 **2.7** 位相項の相違による波の伝搬方向 $(t_2 > t_1)$

時刻では，ある一定の距離移動しても同じ値になることを示している．この最小移動距離を**波長**と呼び，それを λ と表せば，

$$k\lambda = 2\pi \tag{2.32}$$

の関係が成り立っている．

さらに波が任意の方向に伝搬する場合，22 ページの式 (2.21) の一般的な解は，

$$u=U_1 \exp\left[j(\omega t - k_x x - k_y y - k_z z)\right] \\ + U_2 \exp\left[j(\omega t + k_x x + k_y y + k_z z)\right] \tag{2.33}$$

あるいは，

$$u = U_1 \exp\left[j(\omega t - \boldsymbol{k}\cdot\boldsymbol{r})\right] + U_2 \exp\left[j(\omega t + \boldsymbol{k}\cdot\boldsymbol{r})\right] \tag{2.34}$$

と表される．ここで，$\boldsymbol{k}$ は k_x，k_y，k_z を成分とするベクトル

$$\boldsymbol{k} = (k_x, k_y, k_z) \tag{2.35}$$

であり，**伝搬ベクトル**と呼ばれる．また，$\boldsymbol{r}$ は x，y，z を成分とする**位置ベクトル**

$$\boldsymbol{r} = (x, y, z) \tag{2.36}$$

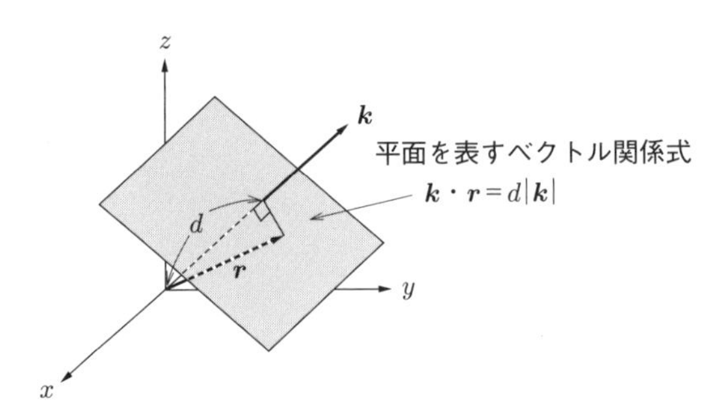

図 **2.8** $\boldsymbol{k}$ と $\boldsymbol{r}$ との関係

である．

ここで，ベクトル関係式 $\boldsymbol{k} \cdot \boldsymbol{r} = (\text{一定})$ は図 **2.8** に示すように平面を表しているため，$\boldsymbol{r}$ を平面上の位置ベクトル，$\boldsymbol{k}$ を平面に対し垂直方向を向いているとすれば，平面上では同一時刻で $\omega t \pm \boldsymbol{k} \cdot \boldsymbol{r}$ は等しく，したがって，この面は等位相面となっており，式 (2.33) は平面波の一般的な形であることがわかる．なお，ベクトル $\boldsymbol{k}$ の大きさ $|\boldsymbol{k}|$ は式 (2.31) より，

$$|\boldsymbol{k}|^2 = \frac{\omega^2}{c^2} \tag{2.37}$$

の関係を満足している．また，位相が 2π 変化した等位相面間の距離 λ は，$\boldsymbol{k}$ と $\boldsymbol{r}$ とが平行になったときに求められ，

$$\lambda = \sqrt{x^2 + y^2 + z^2} \tag{2.38}$$

と表される．このとき，$\boldsymbol{k}$ と $\boldsymbol{r}$ は，

$$\boldsymbol{k} \cdot \boldsymbol{r} = 2\pi \tag{2.39}$$

の関係を満たしており，u の値は変わらない．なお，$\boldsymbol{r}$ と $\boldsymbol{k}$ とが平行となるため $|\boldsymbol{k}|$ は，

$$|\boldsymbol{k}| = \frac{2\pi}{\lambda} \tag{2.40}$$

となる．これは前ページの関係式 (2.32) の一般的な形を表しており，単位距離の

間に存在する波の個数を表しているため**波数**と呼ばれる．なお，速度 v，周波数 f，波長 λ の間には，

$$f\lambda = v \tag{2.41}$$

の関係が成り立っている．

2. 平面波における電界と磁界との関係

いま，電界ベクトル $\boldsymbol{E}$，磁界の磁束密度ベクトル $\boldsymbol{B}$ をそれぞれ成分で書き表すと，

$$\boldsymbol{E}=(E_x, E_y, E_z)\left\{U_1 \exp\left[j(\omega t-\boldsymbol{k}\cdot\boldsymbol{r})\right]+U_2 \exp\left[j(\omega t+\boldsymbol{k}\cdot\boldsymbol{r})\right]\right\} \tag{2.42}$$

$$\boldsymbol{B}=(B_x, B_y, B_z)\left\{U_1 \exp\left[j(\omega t-\boldsymbol{k}\cdot\boldsymbol{r})\right]-U_2 \exp\left[j(\omega t+\boldsymbol{k}\cdot\boldsymbol{r})\right]\right\} \tag{2.43}$$

となる．これらのベクトルの発散 (div) をとり，

$$\begin{aligned}\mathrm{div}\boldsymbol{E}=&j\left(E_x k_x + E_y k_y + E_z k_z\right)\\ &\times\left\{-U_1 \exp\left[j(\omega t-\boldsymbol{k}\cdot\boldsymbol{r})\right]+U_2 \exp\left[j(\omega t+\boldsymbol{k}\cdot\boldsymbol{r})\right]\right\}\end{aligned} \tag{2.44}$$

$$\begin{aligned}\mathrm{div}\boldsymbol{B}=&j\left(B_x k_x + B_y k_y + B_z k_z\right)\\ &\times\left\{-U_1 \exp\left[j(\omega t-\boldsymbol{k}\cdot\boldsymbol{r})\right]-U_2 \exp\left[j(\omega t+\boldsymbol{k}\cdot\boldsymbol{r})\right]\right\}\end{aligned} \tag{2.45}$$

を考える．ここで，真空中には電荷が存在しないとすれば，19 ページの式 (2.14) より電界ベクトルの発散はゼロとなり，時間，位置に関係なく成立するためには，

$$E_x k_x + E_y k_y + E_z k_z = 0 \tag{2.46}$$

の関係を満足しなければならない．この関係をベクトルで表すと，

$$\boldsymbol{E}\cdot\boldsymbol{k} = 0 \tag{2.47}$$

となる．

一方，磁束密度ベクトル $\boldsymbol{B}$ の発散 (div) は常にゼロとなるため，電界の場合と同様に，

$$\boldsymbol{B}\cdot\boldsymbol{k} = 0 \tag{2.48}$$

が成立する．これらの関係より，電界ベクトル $\boldsymbol{E}$ および磁束密度ベクトル $\boldsymbol{B}$ はいずれも伝搬ベクトル $\boldsymbol{k}$ に直交していることがわかる．さらに，電界ベクトルの回転 (rot) は次式のように伝搬ベクトルと電界ベクトルのベクトル外積に比例する．

$$\mathrm{rot}\boldsymbol{E} = \mp j\boldsymbol{k} \times \boldsymbol{E} \qquad (-：前進波，\ +：後進波) \tag{2.49}$$

ここで，電磁界の時間変化が式 (2.26) であれば，$-\dfrac{\partial \boldsymbol{B}}{\partial t}$ は $-j\omega\boldsymbol{B}$ となり，したがって，13 ページの式 (2.1) は，

$$\pm\boldsymbol{k} \times \boldsymbol{E} = \omega\boldsymbol{B} \qquad (+：前進波，\ -：後進波) \tag{2.50}$$

となり，電界ベクトル $\boldsymbol{E}$ と磁束密度ベクトル $\boldsymbol{B}$ とは直交していることがわかる．

図 **2.9** はベクトル $\boldsymbol{E}$，$\boldsymbol{B}$，$\boldsymbol{k}$ の間の関係を示している．ここで伝搬ベクトル $\boldsymbol{k}$ の向きは，電界ベクトル $\boldsymbol{E}$ から磁束密度ベクトル $\boldsymbol{B}$ のほうに回転したときの向きが右ねじの進む方向と一致するようにとられる．

同様に，空間に電流が存在しない場合のアンペアの法則より，

$$\mp\boldsymbol{k} \times \boldsymbol{B} = \varepsilon_0\,\mu_0\omega\boldsymbol{E} \qquad (-：前進波，\ +：後進波) \tag{2.51}$$

が成立する．

このように，空間に電荷が存在しなければ，マクスウェルの方程式を満足する解は，完全な横波，すなわち電界，磁界は伝搬方向に対して垂直方向に振動していることがわかる．なお，式 (2.48) は単独の磁極 (N 極や S 極) が存在しない限

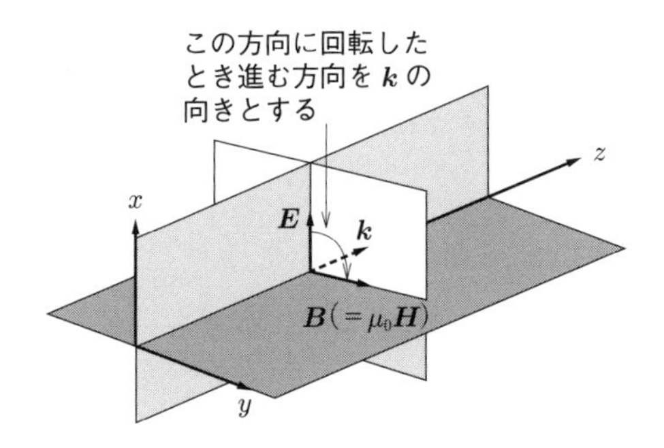

図 **2.9**　$\boldsymbol{E}$ と $\boldsymbol{k}$，$\boldsymbol{B}$ と $\boldsymbol{k}$，$\boldsymbol{E}$ と $\boldsymbol{B}$ の関係

り成立しているため，式 (2.47) が成立すること，すなわち空間が一様で，電荷が存在していないことが，横波が存在するための必要条件となる．

さらに，式 (2.50) より，電界ベクトルの大きさは，

$$|\boldsymbol{E}| = \frac{\omega}{k}|\boldsymbol{B}| = c|\boldsymbol{B}| \tag{2.52}$$

となり，真空中での電界ベクトルと磁界ベクトルの大きさの比を求めてみると，

$$\left|\frac{\boldsymbol{E}}{\boldsymbol{H}}\right| = \sqrt{\frac{\mu_0}{\varepsilon_0}} \approx 120\pi \approx 376.7\ \Omega \tag{2.53}$$

となる．これは**真空中の波動インピーダンス**と呼ばれる．さらに，媒質中では，

$$\left|\frac{\boldsymbol{E}}{\boldsymbol{H}}\right| = \sqrt{\frac{\mu}{\varepsilon}} \tag{2.54}$$

と表せる．なお，**波動インピーダンス**の次元は，μ が〔H/m〕，ε が〔F/m〕であり，〔F〕が〔C/V〕，〔H〕が〔Vs/A〕＝〔Vs^2/C〕であることより〔Vs/C〕＝〔V/A〕となり，抵抗の次元〔Ω〕となる．

2.4 電界・磁界の振動方向の偏り (偏波，偏光)

電界ベクトル，磁束密度ベクトルは，進行方向に対し垂直断面内で振動しており，これは，振動方向に偏りがあることを意味している．このような状態を有する波を**偏波**と呼ぶ．なお，マイクロ波やアンテナ工学では偏波と呼ばれるが，光学では**偏光**と呼んでいる．両者とも英語では “polarization” であり，同じことを意味している．

この偏りは時間とともに直線的に変化したり，あるいは回転したりする．

図 **2.10** に示すように，z 軸方向に進行する平面波を考える．ここで，電界ベクトルは xy 面内にあり，瞬時値表現で表すと，電界ベクトル $\boldsymbol{E}$ の x，y 成分は，

$$E_x = E_x^0 \cos(\omega t - k_z z + \varphi_x) \tag{2.55}$$

$$E_y = E_y^0 \cos(\omega t - k_z z + \varphi_y) \tag{2.56}$$

となる．ここで，E_x^0，E_y^0，および φ_x，φ_y は電界ベクトルの x 成分，y 成分の

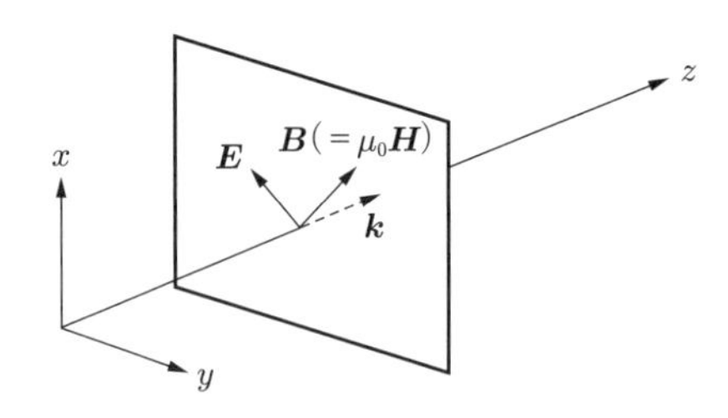

図 **2.10** z 軸方向に伝搬する平面波
(電界，磁界は伝搬方向に対し垂直断面である xy 面内にある．電磁界は x，y 成分をもつ)

振幅，初期位相を表している．これらを合成した電界ベクトルの先端は，時間あるいは位置が変化するにしたがって変化し，軌跡を描く．

いま，$z=$ (一定) の面において時間変化した場合の電界合成ベクトルの先端が描く軌跡を求めてみる．式 (2.55)，(2.56) から時間 t を消去すると，次式を得る．

$$\left(\frac{E_x}{E_x^0}\right)^2 - 2\left(\frac{E_x}{E_x^0}\right)\left(\frac{E_y}{E_y^0}\right)\cos\theta + \left(\frac{E_y}{E_y^0}\right)^2 = \sin^2\theta \tag{2.57}$$

ここに，θ は，

$$\theta = \varphi_y - \varphi_x \tag{2.58}$$

で与えられる y 成分と x 成分との初期位相差である．式 (2.57) の左辺の判別式を求めると，常に負 (ただし，$\varphi_x \neq \varphi_y$) となるため，合成した電界のベクトルの軌跡は図 **2.11** に示すように楕円を描く．このように時間の変化にしたがい，ある位置での電界ベクトルが描く軌跡が楕円となる波を**楕円偏波**と呼ぶ．

なお，図 2.11 において楕円の長軸と x 軸とのなす角度 φ は，

$$\varphi = \frac{1}{2}\tan^{-1}\left[\frac{2E_x^0 E_y^0}{(E_x^0)^2 - (E_y^0)^2}\cos\theta\right] \tag{2.59}$$

によって与えられる．ただし，$E_x^0 \neq E_y^0$ である．初期位相差 θ の符号によって楕円偏波の回転方向は異なり，$\theta > 0$ (y 成分のほうが，x 成分より，位相が進んでいる) の場合，左回りの楕円偏波 (**左旋偏波**)，$\theta < 0$ (y 成分のほうが，x 成分より，位相が遅れる) の場合，右回りの楕円偏波 (**右旋偏波**) と呼ばれる．ただし，回転の左右の定義は，$z=$ (一定) の面において，波が進む方向に向かって回転す

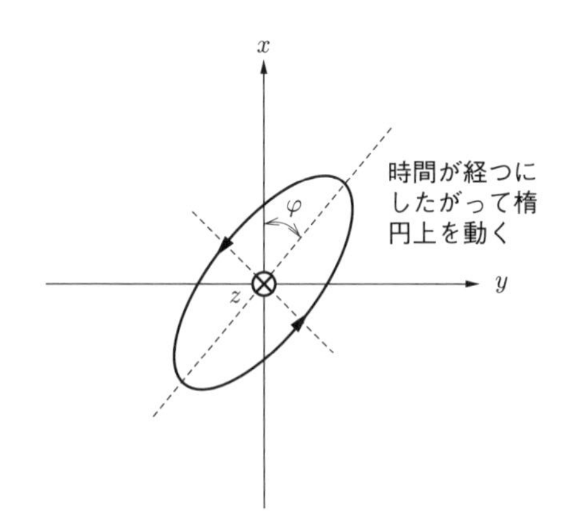

図 **2.11** $z=$ (一定) の面における，時間を変化させた場合の電界合成ベクトルの軌跡 (一般には楕円．図は左回りの楕円偏波を表している)

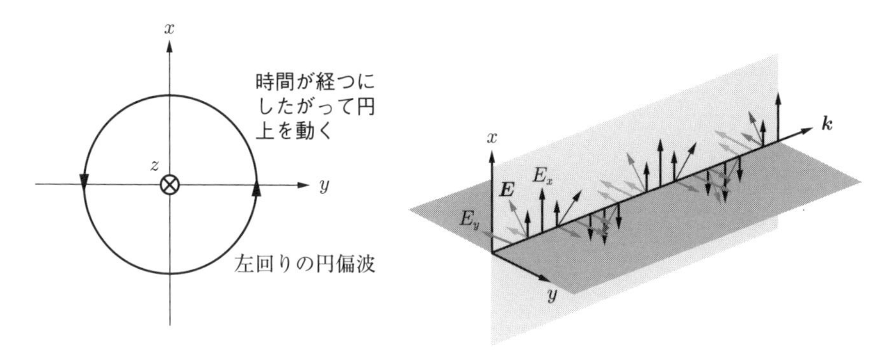

（a）左回りの円偏波の軌跡

（b）左回り円偏波の電界ベクトルの空間変化

図 **2.12** 左回りの円偏波

る方向としている※2.

また，x 成分，y 成分の振幅が等しく，さらに初期位相差 θ が $\dfrac{\pi}{2}$ の奇整数倍の場合，軌跡は円となり，**円偏波**と呼ばれる．位相差が正の場合，軌跡は図 **2.12**(a) のように左回りとなり，電界の各成分およびそれらを合成した電界ベクトルの空

※2 これは工学，特にアンテナ工学で用いられている表現方法であり，物理学 (物理光学) では観測者から光源に対面して (進行方向とは逆方向) 回転の方向を定義している．したがって，逆になる．

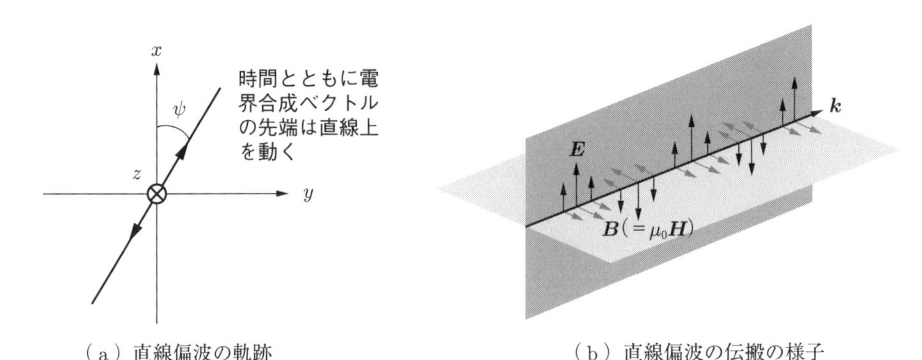

(a) 直線偏波の軌跡　　(b) 直線偏波の伝搬の様子

図 **2.13** 直線偏波

間的な変化は (b) のようになる．ここで，電界の各成分は一定の平面上を周期的に移動しているが，合成したベクトルは空間的に回転している．

さらに，位相差 θ が π の整数倍 (n) となるときには，軌跡は図 **2.13**(a) に示すように直線となる．このような波は**直線偏波**と呼ばれる．なお，直線偏波の x 軸からの傾き角 ψ は，

$$\psi = \tan^{-1}\left[(-1)^n \frac{E_y^0}{E_x^0}\right] \tag{2.60}$$

で与えられる．(b) は直線偏波の空間中を伝搬する様子を描いたものであり，電界ベクトル，磁界の磁束密度ベクトルは互いに直交した面内を振動しながら伝搬することがわかる．

また，任意の楕円偏波は大きさの異なる右回りと左回りの円偏波の和として表すことができ，さらに直線偏波も大きさの等しい右回りと左回りの円偏波の合成によって表すことができる．逆に，右回りの円偏波は先の説明のとおり，二つの直線偏波の合成によって表される．ここでは初期位相差 θ が異なるとして偏波が生じる原因としたが，光学長 (波数と伝搬距離との積) が x 成分と y 成分とで異なることによっても生じる．例えば，光変調器を用いて光学長を変えることができる．

偏波の回転方向については，ちょうど植物のつるの巻き方と同様に定義が煩雑である．ただし，つるの巻き方は空間的なものだけであり，つるを横から眺めて右上りに巻き上がっている巻き方を右回り，左上りになっている巻き方を左回り

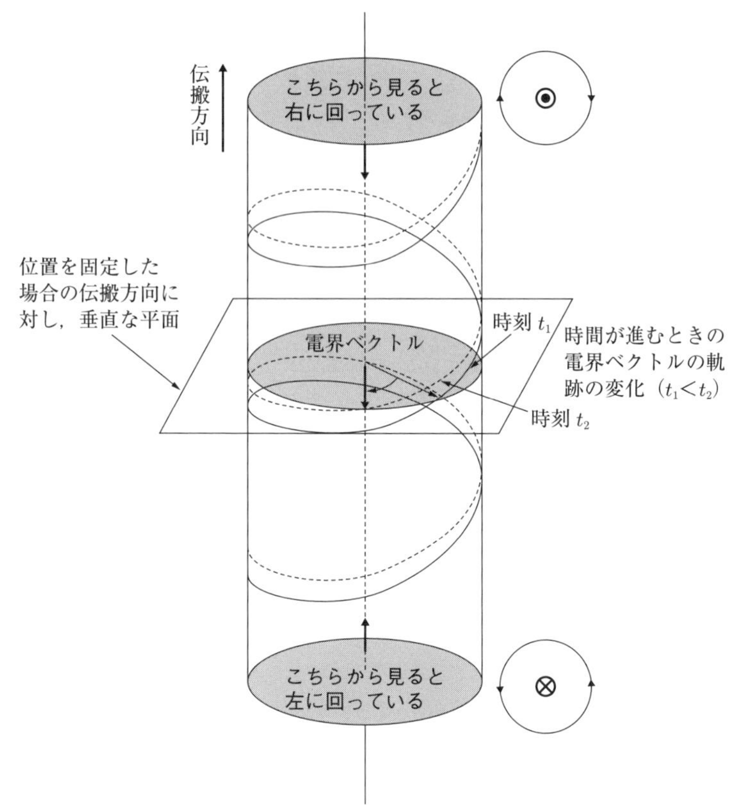

空間的にはつるの巻き方と同じ右上りになっている場合を右回りとするが，位置を固定した平面で時間を経るとその面内で，進む方向を見ると左回りに回転する．これを左回りの偏波と呼ぶ．したがって，空間的な回り方とは逆になる．

図 **2.14**　左回り円偏波の空間的な変化
(空間的には右上りになっており，つるの巻き方の定義では右回り)

と定義している．電磁波の偏波の回転も同じことがいえるが，時間的な変化と空間的な変化の両方を考慮しなければいけない点が定義をより複雑にしている．

図 2.14 は時刻 t_1，t_2 ($t_2 \geq t_1$) の円偏波 (電界ベクトル) の空間的な変化を示している．この場合，右回りのつるの巻き方になっている．図から，空間的に右回りの偏波では，時間が経つと，一定位置における断面内での電界ベクトルは，進行方向から眺めると左回りに，逆に進行方向に向かって眺めると右回りに回転していることがわかる．

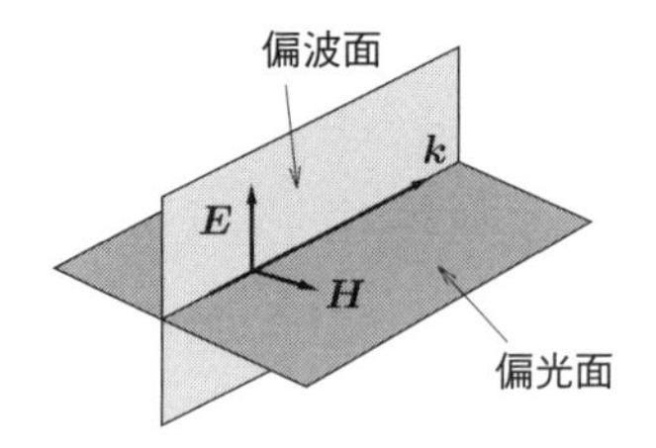

図 **2.15** 偏波面と偏光面

また，図 **2.15** に示すように，電界ベクトルと伝搬ベクトルとがなす面を**偏波面**と呼び，この偏波面に直交する面を**偏光面**と呼んでいる．これは偏光面が定義されたときの経緯でこのようになっており，電波領域では偏波面を，光領域では偏光面を使用することが多い．偏波の回転は偏波面，偏光面が回転することに対応し，**偏波面回転**，**偏光面回転**と呼ぶこともある．さらに，大地に対して垂直な面内を電界が振動する場合を**垂直偏波**，水平面内で振動する場合を**水平偏波**と呼んでいる．例えば，テレビ放送の電波は水平偏波であることが多く，ラジオ放送の電波は垂直偏波である．

2.5 電磁波によって運ばれるエネルギー

電磁波は電気的，磁気的ひずみである電界，磁界が互いに結合しながら伝搬していく波であるため，固体中のひずみ波 (地震など) がエネルギーを運ぶのと同様に，やはりエネルギーを運ぶ．ここで，ベクトル外積 (ベクトル $\boldsymbol{A}$ と $\boldsymbol{C}$) の発散 (div) に関するベクトル恒等式

$$\mathrm{div}(\boldsymbol{A}\times\boldsymbol{C}) = \boldsymbol{C}\cdot\mathrm{rot}\boldsymbol{A} - \boldsymbol{A}\cdot\mathrm{rot}\boldsymbol{C} \tag{2.61}$$

を用いることにより，電界ベクトル $\boldsymbol{E}$ と磁界の磁束密度ベクトル $\boldsymbol{B}$ との外積の発散 (div) は，

$$\begin{aligned}\mathrm{div}(\boldsymbol{E}\times\boldsymbol{B}) &= \boldsymbol{B}\cdot\mathrm{rot}\boldsymbol{E} - \boldsymbol{E}\cdot\mathrm{rot}\boldsymbol{B}\\ &= \boldsymbol{B}\cdot\left(-\frac{\partial\boldsymbol{B}}{\partial t}\right) - \boldsymbol{E}\cdot\left(\varepsilon_0\mu_0\frac{\partial\boldsymbol{E}}{\partial t}\right)\\ &= -\frac{\partial}{\partial t}\left(\frac{\boldsymbol{B}^2}{2} + \varepsilon_0\mu_0\frac{\boldsymbol{E}^2}{2}\right)\end{aligned} \tag{2.62}$$

となる．改めて，

$$\boldsymbol{S} = \boldsymbol{E} \times \boldsymbol{H} \tag{2.63}$$

なるベクトルを定義すると，式 (2.62) にガウスの定理を適用し，式 (2.63) を用いることにより，

$$\iint S_n \cdot dS = -\frac{\partial U}{\partial t} \tag{2.64}$$

が得られる．ここに，S_n はベクトル $\boldsymbol{S}$ の法線方向成分である．また，U は閉曲面で囲まれた体積に含まれる，次式で与えられる電磁エネルギーである．

$$\begin{aligned} U &= \iiint \left(\frac{\boldsymbol{B}^2}{2\mu_0} + \frac{\varepsilon_0 \boldsymbol{E}^2}{2} \right) dv \\ &= \iiint \left(\frac{\mu_0 \boldsymbol{H}^2}{2} + \frac{\varepsilon_0 \boldsymbol{E}^2}{2} \right) dv \end{aligned} \tag{2.65}$$

式 (2.64) より，ベクトル $\boldsymbol{S}$ は単位時間あたり閉曲面の単位面積を通って流れ出ていくエネルギーを表しており，これを**ポインティングベクトル**と呼ぶ．その方向は，**図 2.16** に示すように，電界ベクトルと磁界の磁束密度ベクトルに垂直であり，真空中では伝搬方向と一致している．すなわち，エネルギーの伝搬する方向と等位相面が進行する方向は同じになる．

さらに，式 (2.52) より，

$$\varepsilon_0 \frac{E^2}{2} = \frac{1}{2}\varepsilon_0 (cB)^2 = \frac{1}{2}\frac{B^2}{\mu_0} = \frac{1}{2}\mu_0 H^2 \tag{2.66}$$

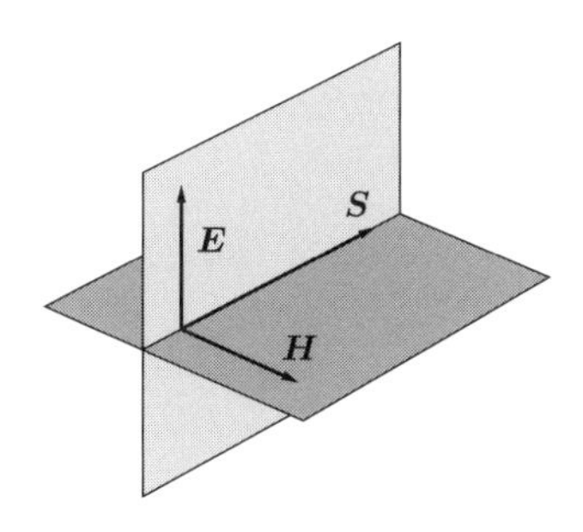

図 **2.16**　ポインティングベクトルと電磁界ベクトルの空間的な関係

が成立するため，電気的エネルギーと磁気的エネルギーは等しいことがわかる．

これより，

$$|\boldsymbol{S}| = |\boldsymbol{E} \times \boldsymbol{H}| = |\boldsymbol{E}| \cdot |\boldsymbol{H}| = \frac{|\boldsymbol{E}|^2}{\mu_0 c} = \varepsilon_0 c\,|\boldsymbol{E}|^2 = cU' \tag{2.67}$$

となる．ただし，U' は電磁エネルギー密度である．このように，ポインティングベクトルの大きさは，電磁エネルギー密度に電磁波の速度をかけたものになる．

演習問題

1. 次のベクトル関数の概略を示せ．

   (1) $\boldsymbol{A} = (y, x, 0)$

   (2) $\boldsymbol{B} = (-y, x, 0)$

   (3) $\boldsymbol{C} = \left(\dfrac{1}{\sqrt{x^2+y^2}},\quad \dfrac{1}{\sqrt{x^2+y^2}}, 0 \right)$

2. 22 ページの式 (2.23) が 1 次元の波動方程式 (2.22) の一般解であることを示せ．

3. もしも単独の磁極 (N 極や S 極) および磁極が流れることによる電流が存在するならばマクスウェルの方程式はどのようになるか．ただし，それぞれを ρ_m，$\boldsymbol{J}_m$ とせよ．

4. 30 ページの式 (2.57) において，E_x，E_y を変数としたとき，式 (2.57) の左辺は 2 元 2 次形式となる．この 2 元 2 次形式の判別式を求め，$\theta \neq n\pi$ (n は整数) の場合、常に負であることを示せ．

   さらに，式 (2.57) は楕円の方程式であることを，さらに，$\theta = n\pi$ (n は整数) の場合，直線を表すことを示せ．

5. 30 ページで述べたとおり，任意の楕円偏波は大きさの異なる右回りの円偏波と左回りの円偏波の和によって表せることを示せ．

第3章 空間や媒質を伝わる電磁波

前章では，空間を伝搬する電磁波は横波であり，横波特有のさまざまな性質を学んだ．本章ではさらに，電磁波が空間や媒質をどのように伝わるかを理解しよう．特に，媒質が途中で変化した場合に生じる反射現象や，空間的に集中したビーム波と呼ばれる電磁波のふるまいを考えよう．

3.1 座標系によって電磁波を表現する

波動方程式の解は座標系によって関数形が異なる．前章では直角座標系での解を示したが，ここでは代表的な 3 種類の系 (直角座標系，円筒座標系，球座標系) を取り上げ，それらに対する解をまとめて示す．電磁波は，対象とする構造，すなわち，境界の形に応じた座標系を採用することによって取り扱いやすくなる．

例えば，図 **3.1**(a) の平行平板のように境界が平面ならば直角座標系を，(b) のファイバや円形導波管のように境界面が円筒ならば円筒座標系を，そして (c) のように粒子の散乱を扱うのなら球座標系を採用するのが便利である．このように取り扱う対象によって採用する座標系が異なってくる．

1. 平面波の伝搬を直角座標系で記述

いま直角座標系 (x, y, z) を考え，図 **3.2** に示すように右手座標系をとる．スカラー波動方程式の解を $u(x, y, z)$ として，波動方程式自体は，式 (2.21) のラプラシアンを直角座標系で表すことにより，媒質中では，

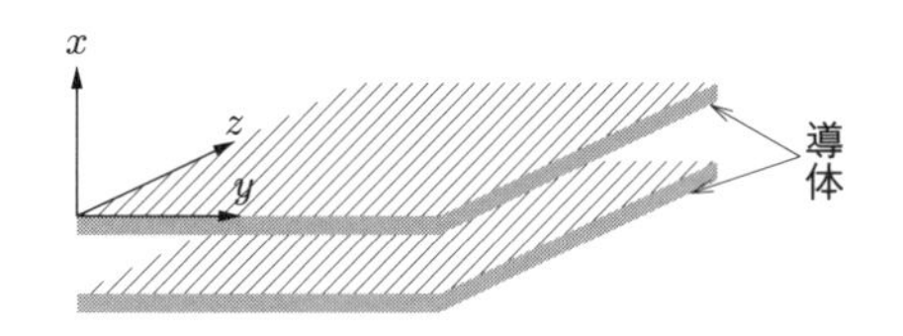

（a）平行平板（直角座標系）

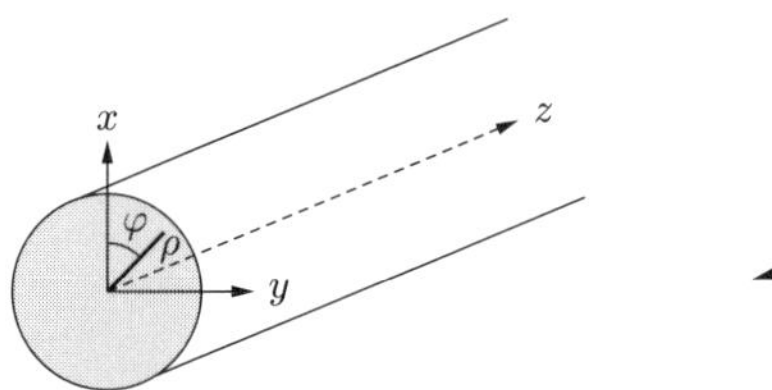

（b）光ファイバ（円筒座標系）

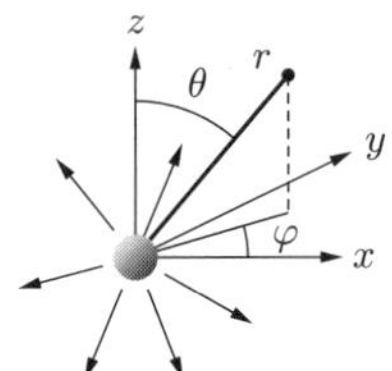

（c）粒子による散乱（球座標系）

図 3.1 座標系が異なるさまざまな電磁波問題

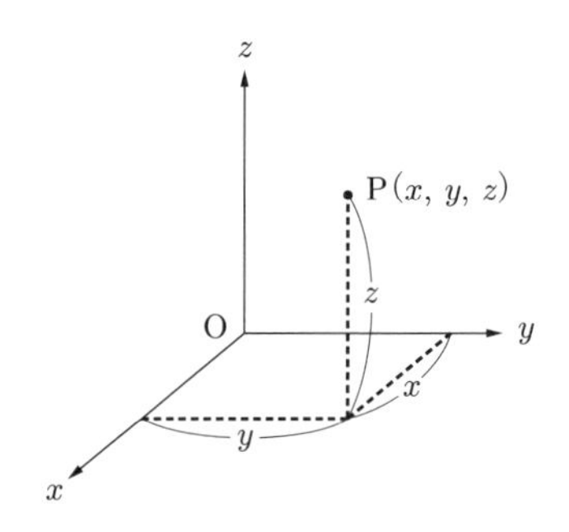

図 3.2 直角座標系

$$\frac{\partial^2 u}{\partial x^2}+\frac{\partial^2 u}{\partial y^2}+\frac{\partial^2 u}{\partial z^2}+\varepsilon\mu\omega^2 u=0 \tag{3.1}$$

となる．この形の偏微分方程式は形式的には変数分離法によって解け，その一般解は，

$$u(x,y,z)=\sum\sum u_1(x)\,u_2(y)\,u_3(z) \tag{3.2}$$

と表される．ただし，$u_1(x), u_2(y), u_3(z)$ はそれぞれ次式で表される微分方程式の解である．

$$
\begin{cases}
\dfrac{d^2u_1}{dx^2} + k_x^2 u_1 = 0 & (3.3) \\
\dfrac{d^2u_2}{dy^2} + k_y^2 u_2 = 0 & (3.4) \\
\dfrac{d^2u_3}{dz^2} + k_z^2 u_3 = 0 & (3.5)
\end{cases}
$$

これらの式に現れる k_x，k_y，k_z は互いに独立ではなく，次式の関係を満足している．したがって，式 (3.2) の和は k_x，k_y，k_z のうち，二つに対してとることになる．ただし，和が積分に代わることもある．

$$
k_x^2 + k_y^2 + k_z^2 = k^2 = \varepsilon\mu\omega^2 \qquad (3.6)
$$

なお，媒質が均一であれば k_x，k_y，k_z は一定となる．以上によって，$u_1(x)$，$u_2(y)$，$u_3(z)$ の具体的な解は，

$$
\begin{cases}
u_1(x) = U_1 \exp(-jk_x x) + U_1' \exp(+jk_x x) & (3.7) \\
u_2(y) = U_2 \exp(-jk_y y) + U_2' \exp(+jk_y y) & (3.8) \\
u_3(z) = U_3 \exp(-jk_z z) + U_3' \exp(+jk_z z) & (3.9)
\end{cases}
$$

となるが，それぞれの解のうち，第 1 項は正方向に，第 2 項は負方向に伝搬する波を表している．なお，前ページの式 (3.2) は，任意の波は正負方向に伝搬する無数の平面波の集まりとして表すことができることを示しているが，三角関数の和としても表すことが可能であり，平面波ではなく定在波の集まりとしても考えることができる．しかし，いずれにしろ，最終的にはそれぞれの係数を具体的に求める必要がある．

2. 円筒波 (円柱波) の伝搬を円筒座標系で記述

次に，光ファイバや円形導波管など断面形状が円形である伝送線路あるいは 2 次元の波動現象を取り扱う際に便利な，重要な**円筒座標系** (円柱座標系とも呼ぶ) を考える．

座標系を図 **3.3** のようにとり，座標点を (ρ, φ, z) とする．ただし，座標点から直角座標系の xy 面に下した点と原点からの距離を ρ，原点と結んだ直線の x 軸

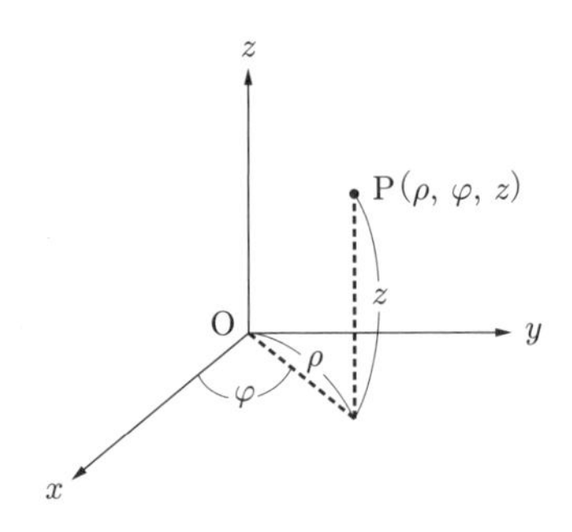

図 **3.3** 円筒座標系

から測った角度を φ としている．

円筒座標系での3次元スカラー波動方程式は，式 (2.21) のラプラシアンを円筒座標系で表すことにより，解を $u(\rho, \varphi, z)$ と表せば，

$$\frac{1}{\rho}\frac{\partial}{\partial\rho}\left(\rho\frac{\partial u}{\partial\rho}\right) + \frac{1}{\rho^2}\frac{\partial^2 u}{\partial\varphi^2} + \frac{\partial^2 u}{\partial z^2} + k^2 u = 0 \tag{3.10}$$

となる．この偏微分方程式は，直角座標系の場合と同様に，次式のように変数分離して解くことができる．

$$u(\rho, \varphi, z) = u_1(\rho)\, u_2(\varphi)\, u_3(z) \tag{3.11}$$

ここで，u_1，u_2，u_3 は次の微分方程式を満たしている．

$$\begin{cases} \dfrac{d^2 u_1}{d\rho^2} + \dfrac{1}{\rho}\dfrac{du_1}{d\rho} + \left(k_\rho^2 - \dfrac{m^2}{\rho^2}\right) u_1 = 0 & (3.12) \\ \dfrac{d^2 u_2}{d\varphi^2} + m^2 u_2 = 0 & (3.13) \\ \dfrac{d^2 u_3}{dz^2} + k_z^2 u_3 = 0 & (3.14) \end{cases}$$

式 (3.12) は**ベッセルの微分方程式**として知られている式であり，ほかは直角座標系の場合と同様の式になっている．なお，k_ρ と k_z の間には，次式の関係が成立している．

$$k_\rho^2 + k_z^2 = k^2 \tag{3.15}$$

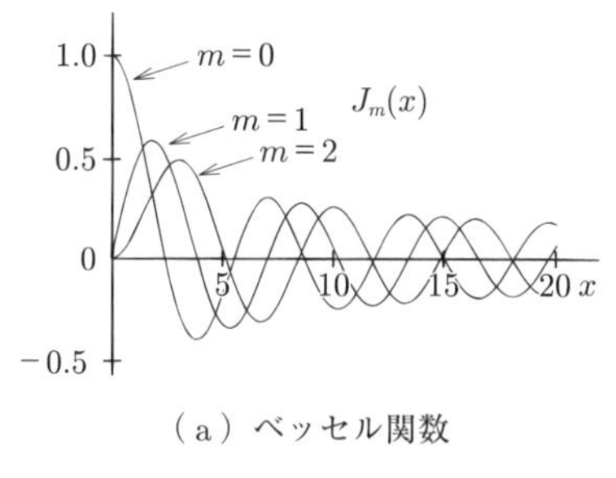

（a）ベッセル関数

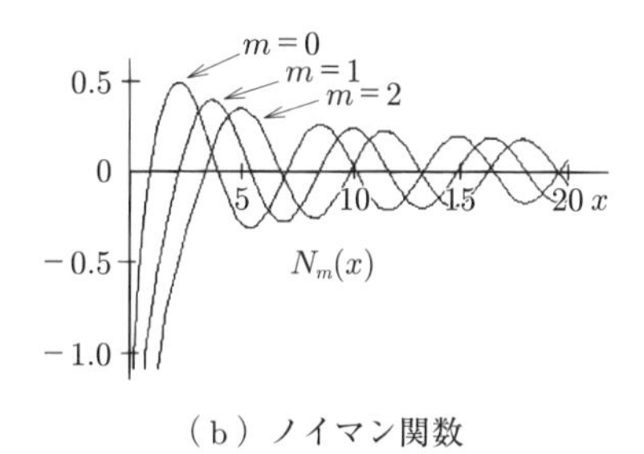

（b）ノイマン関数

図 **3.4**　ベッセル関数とノイマン関数の概形

u_1，u_2，u_3 の具体的な解を求めると，

$$\begin{cases} u_1(\rho) = C_{1m} Z_m(k_\rho \rho) + C'_{1m} Z'_m(k_\rho \rho) & (3.16) \\ u_2(\varphi) = C_{2m} \exp(-jm\varphi) + C'_{2m} \exp(jm\varphi) & (3.17) \\ u_3(z) = C_3 \exp(-jk_z z) + C'_3 \exp(jk_z z) & (3.18) \end{cases}$$

となる．ここで，Z_m，Z'_m は円筒関数を表しており，m はその次数である．

円筒関数には表現のしかたによって，三角関数の余弦関数，正弦関数に対応したベッセル関数 $J_m(x)$ とノイマン関数 $N_m(x)$ が，さらに指数関数に類似した第一種ハンケル関数 $H_m^{(1)}(x)$，第二種ハンケル関数 $H_m^{(2)}(x)$ などがある．図 **3.4** にベッセル関数およびノイマン関数の概形を示す．これらの関数は，引数が大きくなると三角関数に対応するようになる．

例えば，ベッセル関数 $J_m(x)$，ノイマン関数 $N_m(x)$ は引数 x が大きくなると，それぞれ $\sqrt{\dfrac{2}{\pi x}} \cos\left[x - \dfrac{(2m+1)\pi}{4}\right]$，$\sqrt{\dfrac{2}{\pi x}} \sin\left[x - \dfrac{(2m+1)\pi}{4}\right]$ に漸近する．なお，$k_z = 0$，$m = 0$ とした場合の波の伝搬の様子を図 **3.5** に示す．等位相面が円筒状になっており，波面は ρ 方向へ広がり，伝搬していくことがわかる．このような伝搬のしかたをする波を円筒波と呼ぶ．

3. 球面波の伝搬を球座標系で記述

最後に電磁界の放射を取り扱う際に便利な球座標系を取り上げる．

図 **3.6** に示すように座標系をとり，座標点を (r, θ, φ) とする．r は原点から座標点までの距離を，θ は z 軸から座標点を測った角度を，φ は座標点から xy 面

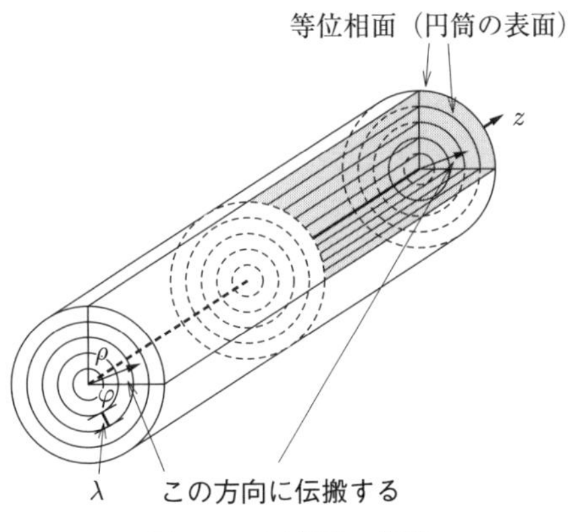

図 **3.5** 円筒波の伝搬

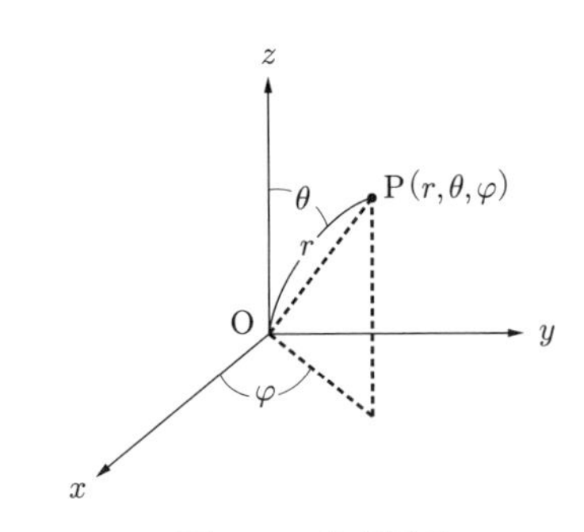

図 **3.6** 球座標系

に下した点を x 軸から測った角度を表している．この場合，電磁界成分は r，θ，φ の関数となり，3 次元スカラー波動方程式は，22 ページの式 (2.21) のラプラシアンを球座標系で表すことにより，

$$\frac{1}{r^2}\frac{\partial}{\partial r}\left(r^2\frac{\partial u}{\partial r}\right)+\frac{1}{r^2\sin\theta}\frac{\partial}{\partial\theta}\left(\sin\theta\frac{\partial u}{\partial\theta}\right)+\frac{1}{r^2\sin^2\theta}\frac{\partial^2 u}{\partial\varphi^2}+k^2u=0 \tag{3.19}$$

と表される．ここで，解を $u(r,\theta,\varphi)=u_1(r)\,u_2(\theta)\,u_3(\varphi)$ として変数分離すると，u_1, u_2, u_3 は次の微分方程式を満たす．

$$\begin{cases} \dfrac{d}{dr}\left(r^2\dfrac{du_1}{dr}\right)+\Big(k^2r^2-n(n+1)\Big)u_1=0 & (3.20) \\ \dfrac{1}{\sin\theta}\dfrac{d}{d\theta}\left(\sin\theta\dfrac{du_2}{d\theta}\right)+\left(-\dfrac{m^2}{\sin^2\theta}+n(n+1)\right)u_2=0 & (3.21) \\ \dfrac{d^2}{d\varphi^2}u_3+m^2u_3=0 & (3.22) \end{cases}$$

第 1 式はベッセルの微分方程式，第 2 式はルジャンドルの微分方程式と呼ばれるものである．これらの式の具体的な解は，

$$\begin{cases} u_1(r)=C_{1n}\dfrac{1}{\sqrt{kr}}Z_{n+\frac{1}{2}}(kr)+C'_{1n}\dfrac{1}{\sqrt{kr}}Z'_{n+\frac{1}{2}}(kr) & (3.23) \\ u_2(\theta)=C_{2mn}P_n^m(\cos\theta)+C'_{2mn}Q_n^m(\cos\theta) & (3.24) \\ u_3(\varphi)=C_{3m}\cos(m\varphi)+C'_{3m}\sin(m\varphi) & (3.25) \end{cases}$$

となる．ここで m，n は自然数であり，これらを決めることにより，すべての解が決定される．なお，$n+\dfrac{1}{2}$ の次数をもつベッセル関数は球ベッセル関数と呼ばれる．

P_n^m および Q_n^m はそれぞれ n 次の第一種ルジャンドル関数，第二種ルジャンドル関数であり，その概形を図 **3.7** に示す．ベッセル関数を含めて，これらは特殊関数と呼ばれている．

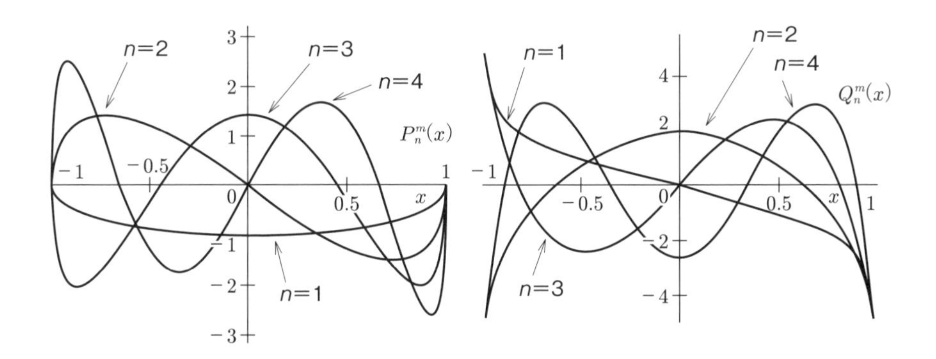

（a） 第一種ルジャンドル関数（$m=1$）　（b） 第二種ルジャンドル関数（$m=1$）

図 **3.7** ルジャンドル関数の概形

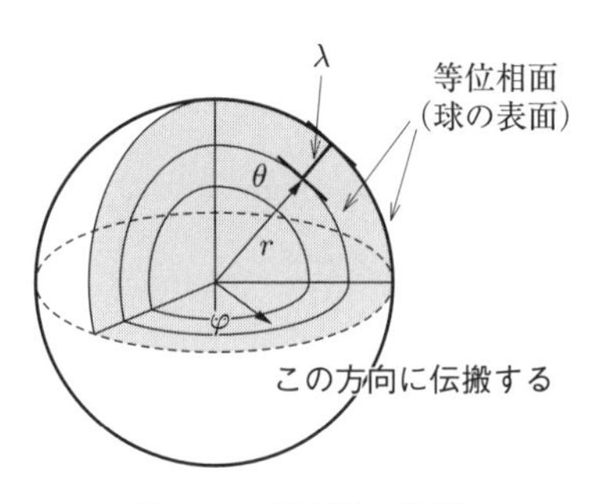

図 **3.8**　球面波の伝搬

なお，$m = 0$，$n = 0$ の場合の r 方向に伝搬する波の様子を図 **3.8** に示す．図は，球の中心から球面状に波が伝搬することを示しており，このような波を**球面波**と呼ぶ．

3.2　境界面において起こる反射と透過

日常の生活で，鏡や水面に物体が映ることから，光はこれらの面で反射をしていることが，また，水の中に置いた物体は実際より手前にあるように見えることから，光は水面で屈折していることがわかる．このように，光に関するさまざまな現象が自然界にみられるが，これらの現象は光に限ったことではなく，電波を含む電磁波一般についても同様である．

このような反射，透過現象は2媒質の境界面における電磁波の境界値問題として取り扱うことができ，マクスウェルの方程式と境界条件とから求められる．

1.　境界条件

図 **3.9** に示すように，誘電率や透磁率の異なる二つの媒質が接触している場合を考える．それぞれの媒質を区別するため，添字1，2を付け，境界面からの法線ベクトルを $\boldsymbol{n}$ (境界面から媒質1を向いている単位ベクトル) とする．このとき，境界面上では，電界や磁界は次の境界条件を満たさなければならない．

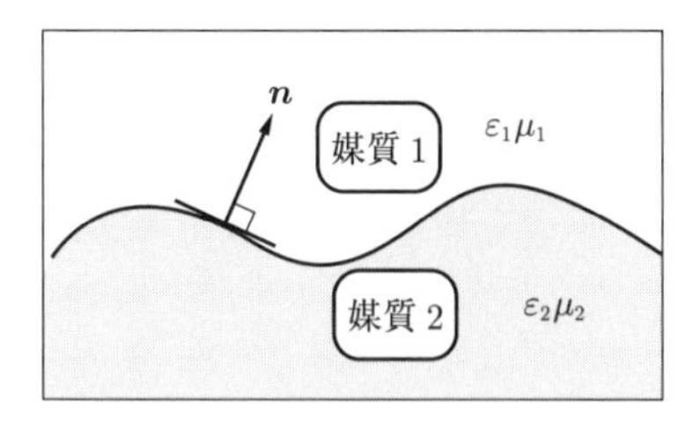

図 **3.9** 媒質が異なる 2 媒質の境界

$$\begin{cases} \boldsymbol{n} \times (\boldsymbol{E}_1 - \boldsymbol{E}_2) = \boldsymbol{0} & (3.26) \\ \boldsymbol{n} \times (\boldsymbol{H}_1 - \boldsymbol{H}_2) = \boldsymbol{K} & (3.27) \\ \boldsymbol{n} \cdot (\boldsymbol{D}_1 - \boldsymbol{D}_2) = \sigma & (3.28) \\ \boldsymbol{n} \cdot (\boldsymbol{B}_1 - \boldsymbol{B}_2) = 0 & (3.29) \end{cases}$$

ここに，σ，$\boldsymbol{K}$ は，境界面上に存在する**面電荷密度**〔C/m^2〕，および境界表面を流れる**面電流密度ベクトル**〔A/m〕である．なお，式 (3.28)，(3.29) は，ベクトル公式を用いることにより，その上にある式 (3.26)，(3.27) から導出することができるもので，独立ではない．

これらの条件を境界面に水平，垂直な成分で書き直すと次のようになる．

(1) 境界に平行な電界成分間

$$E_{1//} = E_{2//} \tag{3.30}$$

(2) 境界に垂直な電束密度成分間

$$D_{1\perp} - D_{2\perp} = \sigma \tag{3.31}$$

(3) 境界に平行な磁界成分間

$$H_{1//} - H_{2//} = K \tag{3.32}$$

(4) 境界に垂直な磁束密度成分間

$$B_{1\perp} = B_{2\perp} \tag{3.33}$$

ただし，$/\!/$ は境界に平行な成分を，$\perp$ は垂直な成分を表している．なお，損失がない誘電体の場合，電荷や電流は存在しないため，式 (3.31) の σ および式 (3.32) の K はゼロとなり，それぞれの式は電界と磁束密度によって表すことができ，次のようになる．

$$\begin{cases} \varepsilon_1 E_{1\perp} = \varepsilon_2 E_{2\perp} & (3.34) \\ \dfrac{B_{1/\!/}}{\mu_1} = \dfrac{B_{2/\!/}}{\mu_2} & (3.35) \end{cases}$$

さらに，完全導体の表面上での境界条件は，媒質 2 を導体とすれば，

$$\begin{cases} E_{1/\!/} = 0 & (3.36) \\ E_{1\perp} \neq 0 & (3.37) \\ H_{1/\!/} \neq 0 & (3.38) \\ H_{1\perp} = 0 & (3.39) \end{cases}$$

となり，完全導体面に平行な電界成分および垂直な磁界成分はゼロとなる．

2. 誘電体境界面からの反射，透過

誘電体の境界面における反射，透過について考えるために，図 **3.10** に示すように，誘電率，透磁率が異なる二つの媒質が平面で接している場合を考える．なお，それぞれの媒質は一様であるとし，さらに損失はないものとする．

媒質 1 より平面波が入射角 $\theta_{\rm in}$ で境界に向かって伝搬する場合を考える．ここで入射角は境界面に垂直な方向から入射方向にとっている．前項で述べたように，

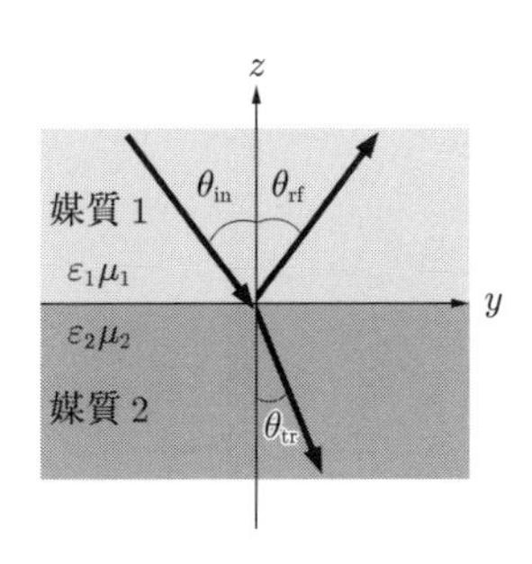

図 **3.10** 異なる媒質での境界面に平面波が入射した場合の反射と透過

境界面では境界条件式 (3.30)〜(3.33) を満足する必要があり，このとき，媒質 1 には反射，媒質 2 には透過する波が現れる．それぞれを**反射波**，**透過波**，および入射する波を**入射波**と呼ぶ．このとき，電磁界の具体的な形は次のようになる．ただし，境界面を xy 面，境界面に垂直な方向を z 軸としている．さらに，紙面に垂直な方向を x 軸とする．

<入射波の電界>

$$\boldsymbol{E}_1^i \exp(-j\boldsymbol{k}_1^i \cdot \boldsymbol{r}) \tag{3.40}$$

<入射波の磁界 (式 **(2.50)** を利用して電界で表している) >

$$\frac{1}{\omega\mu_1}\boldsymbol{k}_1^i \times \boldsymbol{E}_1^i \exp(-j\boldsymbol{k}_1^i \cdot \boldsymbol{r}) \tag{3.41}$$

ただし，$\boldsymbol{k}_1^i$ は入射波の伝搬ベクトル $(=(k_{1x}^i, k_{1y}^i, k_{1z}^i))$ であり，その大きさは，

$$\left|\boldsymbol{k}_1^i\right| = \omega\sqrt{\varepsilon_1\mu_1} \tag{3.42}$$

で与えられる．なお，$\boldsymbol{E}_1^i$ は入射波の電界の複素振幅である．

<反射波の電界>

$$\boldsymbol{E}_1^r \exp(-j\boldsymbol{k}_1^r \cdot \boldsymbol{r}) \tag{3.43}$$

<反射波の磁界>

$$\frac{1}{\omega\mu_1}\boldsymbol{k}_1^r \times \boldsymbol{E}_1^r \exp(-j\boldsymbol{k}_1^r \cdot \boldsymbol{r}) \tag{3.44}$$

ただし，$\boldsymbol{k}_1^r$ は反射波の伝搬ベクトル $(=(k_{1x}^r, k_{1y}^r, k_{1z}^r))$ であり，その大きさは，

$$\left|\boldsymbol{k}_1^r\right| = \omega\sqrt{\varepsilon_1\mu_1} = \left|\boldsymbol{k}_1^i\right| \tag{3.45}$$

で与えられる．なお，$\boldsymbol{E}_1^r$ は反射波の電界の複素振幅である．

<透過波の電界>

$$\boldsymbol{E}_2^t \exp(-j\boldsymbol{k}_2^t \cdot \boldsymbol{r}) \tag{3.46}$$

<透過波の磁界>

$$\frac{1}{\omega\mu_2}\boldsymbol{k}_2^t \times \boldsymbol{E}_2^t \exp(-j\boldsymbol{k}_2^t \cdot \boldsymbol{r}) \tag{3.47}$$

ただし，$\boldsymbol{k}_2^t$ は透過波の伝搬ベクトル $(=(k_{2x}^t, k_{2y}^t, k_{2z}^t))$ であり，その大きさは，

$$\left|k_2^t\right| = \omega\sqrt{\varepsilon_2\mu_2} \tag{3.48}$$

で与えられる．なお，$\boldsymbol{E}_2^t$ は透過波の電界の複素振幅である．

いまの場合，入射波の振幅は既知であるが，反射波，透過波の振幅は未知である．各振幅は位置によらず一定であり，$z=0$ の境界面において電磁界の境界条件を満足するためには，さらに各電磁界の位相が等しくならなければならず，次を満足する必要がある．

$$\boldsymbol{k}_1^i \cdot \boldsymbol{r} = \boldsymbol{k}_1^r \cdot \boldsymbol{r} = \boldsymbol{k}_2^t \cdot \boldsymbol{r} \tag{3.49}$$

ここで，伝搬ベクトルは yz 面内にあるとしても一般性は失われない $(k_{1x}^i = 0)$ ので，式 (3.49) を各成分で書き直すと $z=0$ であるので，

$$k_{1x}^i x + k_{1y}^i y = k_{1x}^r x + k_{1y}^r y = k_{2x}^t x + k_{2y}^t y \tag{3.50}$$

となる．式 (3.50) が境界面において x の値にかかわらず成立するためには，

$$\begin{cases} k_{1x}^i = k_{1x}^r = k_{2x}^t = 0 & (3.51) \\ k_{1y}^i = k_{1y}^r = k_{2y}^t & (3.52) \end{cases}$$

とならなければならない．これより反射波，透過波も yz 面内にあることがわかる．なお，入射波の伝搬ベクトルが存在する面を**入射面**と呼び，**図 3.11** に示すように，入射波の伝搬ベクトルと境界面に垂直な方向を向いた法線ベクトルで張られる面として定義される．さらに，反射波，透過波の伝搬ベクトルと z 軸とのなす角を θ_{rf}，θ_{tr} とすれば，式 (3.52) は，

$$\left|k_1^i\right| \sin\theta_{\mathrm{in}} = \left|k_1^r\right| \sin\theta_{\mathrm{rf}} = \left|k_2^t\right| \sin\theta_{\mathrm{tr}} \tag{3.53}$$

と書き表され，これより次の関係が得られる．

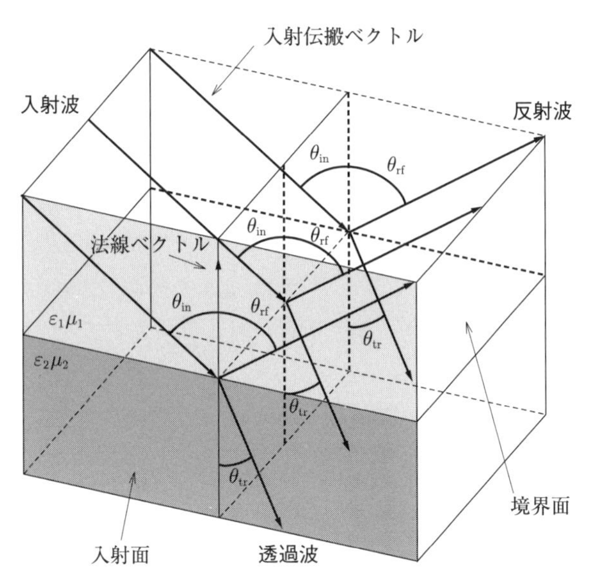

図 **3.11** 境界面と入射面

$$\begin{cases} \theta_{\rm rf} = \theta_{\rm in} & (3.54) \\ k_1 \sin\theta_{\rm in} = k_2 \sin\theta_{\rm tr} & (3.55) \end{cases}$$

第 1 式はスネルの反射の法則，第 2 式はスネルの透過 (あるいは屈折) の法則と呼ばれている．式 (3.54) は入射角と反射角とが等しいことを表しており，さらに式 (3.55) は入射角と透過角の関係を表している．なお，光の領域では屈折率 n と比誘電率 ε_r との間には，

$$n = \sqrt{\varepsilon_r} \tag{3.56}$$

の関係があり，式 (3.55) は，

$$n_1 \sin\theta_{\rm in} = n_2 \sin\theta_{\rm tr} \tag{3.57}$$

となる．一般的にはスネルの法則は式 (3.57) を示していることが多い．

次に反射波，透過波の入射波に対する割合を求める．このためには，入射波の偏波が鍵となる．

任意の偏波の波は，直交する2種の偏波によって表すことができることを前章の32ページで述べたが，いま，この2種の偏波として，**図 3.12** に示すように，電界ベクトルが入射面内にある直線偏波と，電界ベクトルが x 軸方向を向いている，すなわち入射面に垂直な直線偏波をとる．これらは互いに直交しており，前者の波を **TM** 波，後者の波を **TE** 波と呼ぶ．なお，分光学では前者は **p** 波，後者は **s** 波と呼ばれている．ここで，反射波，透過波電界の複素振幅の入射波電界に対する割合はそれぞれ $\dfrac{E^r}{E^i}$ および $\dfrac{E^t}{E^i}$ で与えられるが，図に示すような直線偏波に対しては，電界の x 成分，磁界の x 成分を用いて表すことができ，TE 波，TM 波では次のようになる．なお，振幅は複素数であるが，媒質に損失がない場合，実数としてよい．

TE 入射波に対する反射波の割合は，

$$r_\perp = \frac{E_\perp^r}{E_\perp^i} = \frac{E_x^r}{E_x^i} = \frac{k_1 \cos\theta_{\rm in} - \dfrac{\mu_1}{\mu_2}\sqrt{k_2^2 - k_1^2 \sin^2\theta_{\rm in}}}{k_1 \cos\theta_{\rm in} + \dfrac{\mu_1}{\mu_2}\sqrt{k_2^2 - k_1^2 \sin^2\theta_{\rm in}}} \tag{3.58}$$

となり，透過波の割合は，

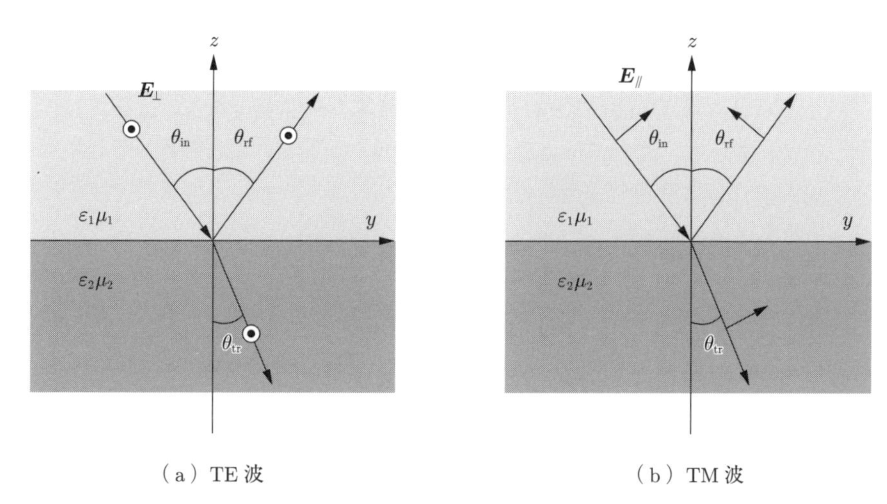

（a）TE 波　　（b）TM 波

図 3.12　平面境界に入射する二つの異なった平面波 (TE 波，TM 波)

$$t_{\perp} = \frac{E_{\perp}^t}{E_{\perp}^i} = \frac{E_x^t}{E_x^i} = \frac{2k_1 \cos\theta_{\rm in}}{k_1 \cos\theta_{\rm in} + \dfrac{\mu_1}{\mu_2}\sqrt{k_2^2 - k_1^2 \sin^2\theta_{\rm in}}} \tag{3.59}$$

となる．一方，TM 反射波，透過波の割合は，それぞれ，

$$r_{/\!/} = \frac{E_{/\!/}^r}{E_{/\!/}^i} = \frac{H_x^r}{H_x^i} = \frac{\dfrac{\mu_1}{\mu_2}k_2^2 \cos\theta_{\rm in} - k_1\sqrt{k_2^2 - k_1^2 \sin^2\theta_{\rm in}}}{\dfrac{\mu_1}{\mu_2}k_2^2 \cos\theta_{\rm in} + k_1\sqrt{k_2^2 - k_1^2 \sin^2\theta_{\rm in}}} \tag{3.60}$$

$$t_{/\!/} = \frac{E_{/\!/}^t}{E_{/\!/}^i} = \frac{\mu_2 k_1}{\mu_1 k_2}\frac{H_x^t}{H_x^i} = \frac{2k_1 k_2 \cos\theta_{\rm in}}{\dfrac{\mu_1}{\mu_2}k_2^2 \cos\theta_{\rm in} + k_1\sqrt{k_2^2 - k_1^2 \sin^2\theta_{\rm in}}} \tag{3.61}$$

となる．これらの係数はそれぞれ**フレネルの反射係数**，**透過係数**と呼ばれている．

図 3.13 は，大気からガラス (屈折率を 1.5 とする) 面に入射した場合の反射係数，透過係数の入射角度依存性を示している．反射係数についてみると TE 波の係数は入射角度にかかわらず常に負となり，TM 波のそれは途中で正から負に反転し，さらに 90° に近づくにしたがい -1 となる．また，入射角が 0° の垂直入射の場合，TE 波，TM 波の反射係数の大きさは等しい．さらに，透過係数は偏波にかかわらず，常に正となる．

反射係数の符号が負となるときは境界面上での入射波，反射波の合成された電界は打ち消し合い，ちょうど金属面から反射したようになる (ただし，完全には

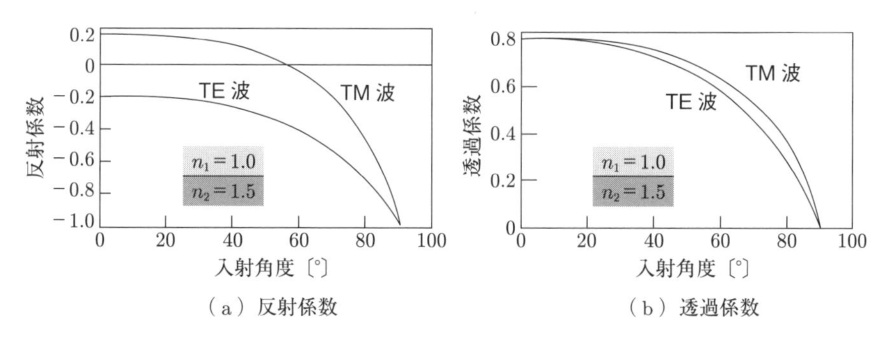

図 3.13　大気からガラスへ入射した場合の反射係数，透過係数の入射角度依存性

打ち消し合わない). なお, 符号は, 入射波, 反射波, 透過波の電界ベクトルの向きのとり方によって異なり, ここでは, 図 3.12 に示すように進行方向に対して同一方向になるようにとっている. したがって, 反射係数, 透過係数の符号が負となると, それぞれの電界の向きは入射波のそれと逆向きになる.

3. 金属境界面からの反射

次に図 **3.14** に示すように, 空間に完全導体が置かれ, 電磁波が入射する場合を考える. いま, 入射角 $\theta_{\rm in}$ で TE 波が入射するものとすると, その電界は, x 軸方向の単位ベクトルを $\boldsymbol{a}_x$ とすれば,

$$\boldsymbol{E}^i_{\rm TE} = E^i_x \boldsymbol{a}_x = E^i \exp\left[-jk_1(y\sin\theta_{\rm in} - z\cos\theta_{\rm in})\right]\boldsymbol{a}_x \tag{3.62}$$

と書け, 反射波の電界は,

$$\boldsymbol{E}^r_{\rm TE} = E^r_x \boldsymbol{a}_x = -E^i \exp\left[-jk_1(y\sin\theta_{\rm in} + z\cos\theta_{\rm in})\right]\boldsymbol{a}_x \tag{3.63}$$

となる. ただし, $\theta_{\rm rf} = \theta_{\rm in}$ としている. この場合の反射係数 $r_\perp$ は, 金属境界面に平行な電界成分はゼロとなるため -1 となる. 結局, 大気中での合成電界は,

$$\begin{aligned}\boldsymbol{E}_{\rm TE} &= \boldsymbol{E}^i_{\rm TE} + \boldsymbol{E}^r_{\rm TE} \\ &= 2jE^i \sin(k_1 z\cos\theta_{\rm in})\exp(-jk_1 y\sin\theta_{\rm in})\,\boldsymbol{a}_x\end{aligned} \tag{3.64}$$

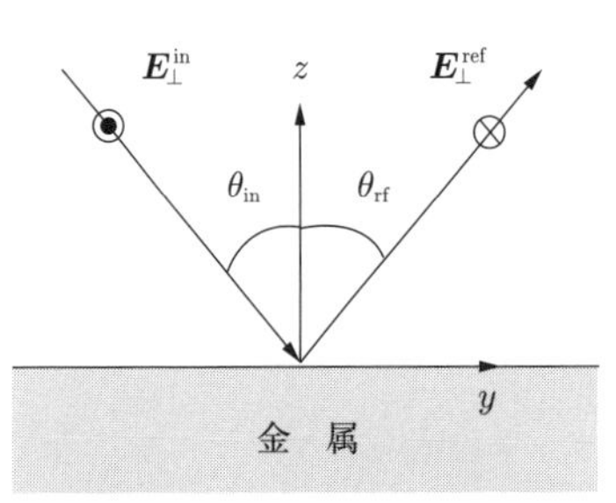

(a) TE 波入射

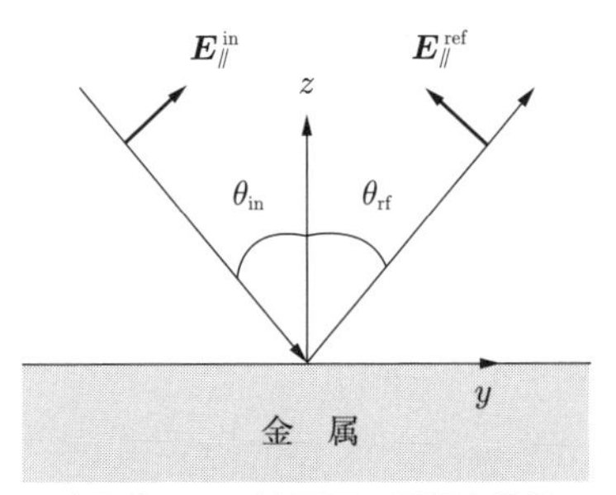

(b) TM 波入射

図 **3.14**　金属面に電磁波が入射した場合

となり，これは，y 方向には伝搬定数 $k_1 \sin\theta_{\rm in}$ の平面波を，z 方向には極点，零点の位置が不変な定在波であることがわかる．

また，TM 波については，電界は y，z 成分を有するため複雑になり，各成分それぞれについて考える必要がある．まず入射波の電界は，y 軸方向，z 軸方向の単位ベクトルを $\boldsymbol{a}_y$，$\boldsymbol{a}_z$ とすれば，

$$\boldsymbol{E}^i_{\rm TM} = E^i_y \boldsymbol{a}_y + E^i_z \boldsymbol{a}_z \tag{3.65}$$

反射波の電界は，

$$\boldsymbol{E}^r_{\rm TM} = E^r_y \boldsymbol{a}_y + E^r_z \boldsymbol{a}_z \tag{3.66}$$

と表される．この場合の反射係数は電界成分によって異なり，z 成分は $+1$，y 成分は -1 となる ($E^r_z = E^i_z$, $E^r_y = -E^i_y$)．したがって，合成した電界は，

$$\begin{aligned}\boldsymbol{E}_{\rm TM} &= 2jE^i \cos\theta_{\rm in} \sin(k_1 z \cos\theta_{\rm in}) \exp(-jk_1 y \sin\theta_{\rm in})\,\boldsymbol{a}_y \\ &\quad +2E^i \sin\theta_{\rm in} \cos(k_1 z \cos\theta_{\rm in}) \exp(-jk_1 y \sin\theta_{\rm in})\,\boldsymbol{a}_z\end{aligned} \tag{3.67}$$

となる．ただし，$\theta_{\rm rf} = \theta_{\rm in}$ としている．TE 波と同様に y 軸方向には平面波として伝搬するが，z 軸方向には定在波となっている．さらに y 成分と z 成分とは定在波の形が異なり，位相が $90°$ ずれている．このとき，導体面上では境界に平行な電界成分はゼロ，垂直成分は極値をとり，導体に対する境界条件を満たしている．

4. 全反射現象，ブリュースター角 (無反射現象)

前の 2. 項では大気から誘電体への入射を考えたが，ここでは逆に誘電体から大気へ入射する場合を考える．これは，水の中から外を見る場合，あるいはガラス内部における反射現象を調べる際に現れるものである．屈折率が大きい媒質から小さい媒質に入射する場合には，ある角度より大きい角度で入射すると，もはや透過波は存在せず，反射波のみが存在するようになる．

このように反射波のみが存在し，透過波が現れない現象を**全反射現象**と呼んでいる．全反射現象が生じる最小入射臨界角 θ_c はスネルの屈折の法則より，

$$\theta_c = \sin^{-1}\left(\frac{n_2}{n_1}\right) \tag{3.68}$$

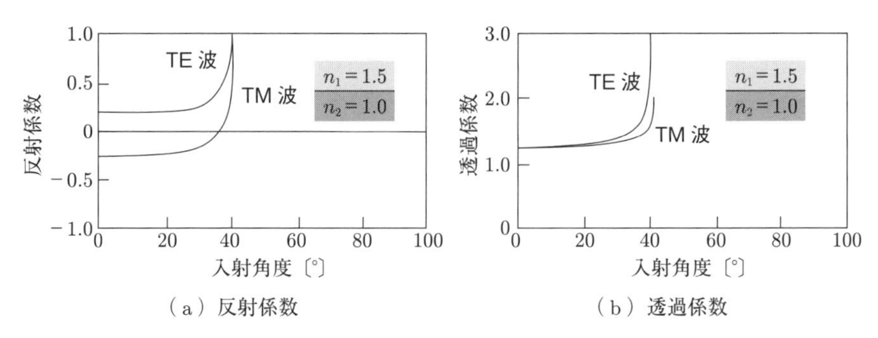

（a）反射係数　（b）透過係数

図 3.15　大気からガラスへ入射した場合の反射係数，透過係数の入射角度依存性

となる $(n_1 > n_2)$．これは正弦が1より大きくならないことから求められる．このような場合の TE 波，TM 波の反射係数，透過係数の入射角度依存性を**図 3.15**に示す．ただし，ガラスから大気へ入射するものとしている．

図から，TM 波の反射係数の符号は，大気から誘電体へ入射する場合と同様に途中変化するのに対し，TE 波の反射係数の符号は常に正になり，大気からガラスへ入射する場合と反対になっていることがわかる．なお，透過係数が1以上になっているが，これは振幅を対象としているためであり，電力の透過や反射を考えると，その係数は必ず1より小さくなる．詳しくは次項で考察する．

図 3.16 に，TE 波を最小入射臨界角より大きな入射角で入射した場合の全反射現象の様子を示すが，TM 波についても同様になる．

さて，屈折率の大小にかかわらず，TM 波の反射係数の符号は次式で与えられる角度において必ず変化し，反射係数がゼロになる．

$$\theta_{\mathrm{Br}} = \tan^{-1}\left(\frac{n_2}{n_1}\right) \tag{3.69}$$

θ_{Br} を**ブリュースター角**と呼ぶ．この現象を利用してレーザ発振の偏光特性の制御が行われている．また，ブリュースター角は，**図 3.17** に示すように，反射方向 (実際には反射波は存在しない) と屈折方向とがちょうど直角になるときの入射角である．

なお，媒質からの反射という現象は，物理的には媒質中の双極子が外部から入射した電磁波によって振動することによって起こると考えられ，いいかえれば，この双極子の振動による放射としてとらえることができる．したがって，ブリュー

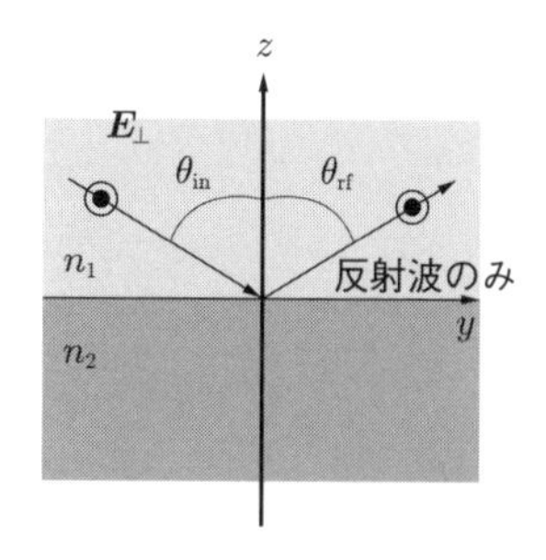

図 3.16 TE 波入射時の全反射現象の様子 ($n_1 > n_2$, $\theta_{\rm in} > \theta_c$)

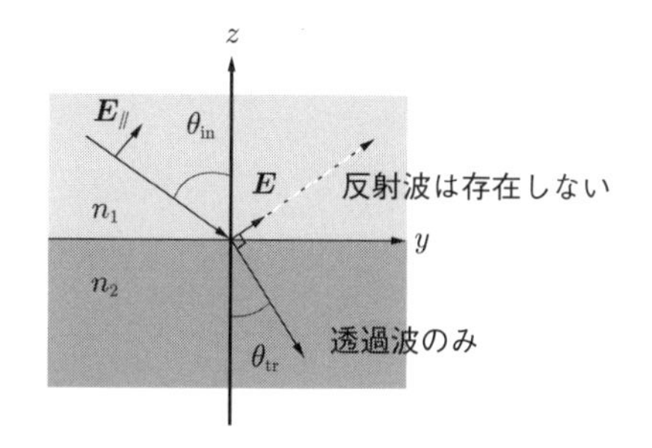

図 3.17 TM 波のブリュースター角 $\theta_{\rm Br}$ 入射時の様子 ($n_1 < n_2$, $\theta_{\rm in} = \theta_{\rm Br}$)

スター角で入射したとき，反射方向には双極子による放射が生じないことになる．

5. 電力反射係数 (反射率)，電力透過係数 (透過率)

ここまでに述べてきた反射係数，透過係数はそれぞれ振幅に関するものであるが，電磁波の電力に関する反射量，透過量を取り扱う場合には振幅の 2 乗を考える必要がある．これらは，**電力反射係数**，**電力透過係数**あるいは単に**反射率**，**透過率**と呼ばれる．

ここで，反射波，透過波電力の入射波電力に対する割合は次のようにして考える．

図 **3.18** に示すように，入射角 $\theta_{\rm in}$ で入射し，反射角 $\theta_{\rm rf}$，屈折角 $\theta_{\rm tr}$ でもって反射，透過するものとする．ただし，境界面内に幅および高さが L_1，L_2 の断面を有している有限幅のビーム波を考える．このとき，入射波の断面積 $S_{\rm in}$ は $L_1L_2\cos\theta_{\rm in}$，反射波，透過波の断面積 $S_{\rm rf}$，$S_{\rm tr}$ はそれぞれ $L_1L_2\cos\theta_{\rm rf}$，$L_1L_2\cos\theta_{\rm tr}$ となる．一方，電磁波が運ぶ単位面積あたりの電力は，次式のように複素ポインティングベクトルの実部の大きさで表せる．

$$|{\rm Re}\,(\boldsymbol{S})| = \frac{1}{2\omega\mu_0}\,|\boldsymbol{k}|\,|\boldsymbol{E}|^2 = \frac{1}{2}\sqrt{\frac{\varepsilon}{\mu_0}}\,|\boldsymbol{E}|^2 \tag{3.70}$$

したがって，入射波電力に対する反射波電力および透過波電力の割合 R，T は，

$$R = \frac{S_{\rm rf}\dfrac{1}{2}\sqrt{\varepsilon_{r1}}\,\left|E^r\right|^2\eta}{S_{\rm in}\dfrac{1}{2}\sqrt{\varepsilon_{r1}}\,\left|E^i\right|^2\eta} = \frac{L_1L_2\cos\theta_{\rm rf}}{L_1L_2\cos\theta_{\rm in}}\frac{|E^r|^2}{|E^i|^2} = \frac{|E^r|^2}{|E^i|^2} = |r|^2 \tag{3.71}$$

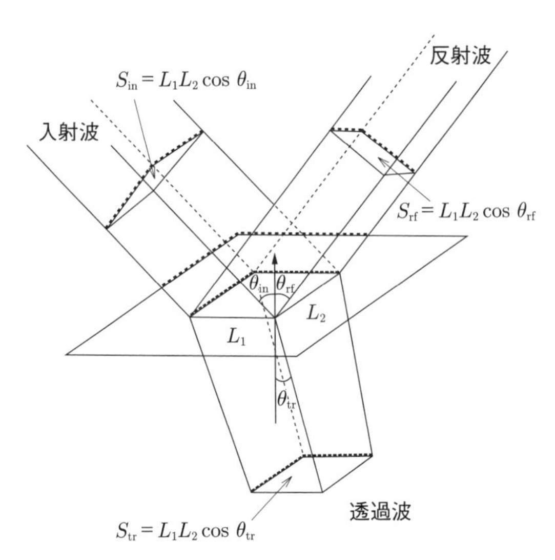

図 **3.18** 反射率，透過率の導出

$$T = \frac{S_{tr}\frac{1}{2}\sqrt{\varepsilon_{r2}}\left|E^t\right|^2\eta}{S_{in}\frac{1}{2}\sqrt{\varepsilon_{r1}}\left|E^i\right|^2\eta} = \frac{L_1L_2n_2\cos\theta_{tr}}{L_1L_2n_1\cos\theta_{in}}\frac{\left|E^t\right|^2}{\left|E^i\right|^2} = \frac{n_2\cos\theta_{tr}}{n_1\cos\theta_{in}}\frac{\left|E^t\right|^2}{\left|E^i\right|^2}$$
$$= \frac{n_2\cos\theta_{tr}}{n_1\cos\theta_{in}}\left|t\right|^2 \tag{3.72}$$

となる．ただし，$\eta = \sqrt{\dfrac{\varepsilon_0}{\mu_0}}$ である．反射率 R，透過率 T の入射角度依存性は偏波によって異なるが，それぞれの間には，

$$R + T = 1 \tag{3.73}$$

の関係が常に満足されている．これは損失のない媒質については常に成立しており，エネルギーの保存を表している．

図 3.19，**図 3.20** は，図 3.13 (51 ページ) および図 3.15 (54 ページ) に対応する反射率，透過率の入射角度依存性を示している．透過率は 1 より小さくなっており，さらに，TM 波についてはブリュースター角では反射率が 0 となることがわかる．

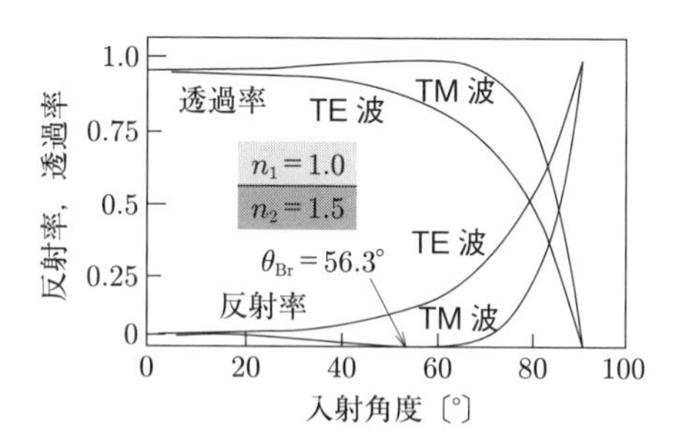

図 3.19 図 3.13 に対応する反射率，透過率の入射角度依存性

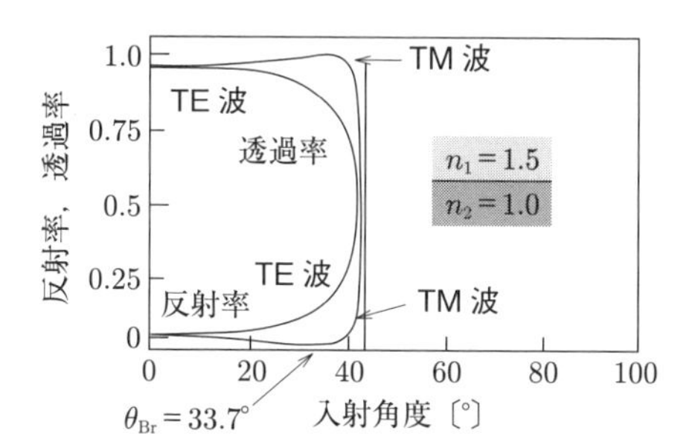

図 3.20 図 3.15 に対応する反射率，透過率の入射角度依存性

3.3 ガウシアンビームの伝搬

先に考えた平面波や円筒波，球面波は概念としては取り扱いやすく，またわかりやすいが，平面波や円筒波は無限に広がった空間での波動方程式の解であり，実際には存在しえない (実在の波は近似的に平面波になっている).

特にわれわれがよく目にする光は，伝搬方向に対し，断面内で局所的に集中した**ビーム波**と呼ばれる波動である.

典型的なビーム波として，レーザからの出力光であり，細いビームが空間を伝搬していく**ガウシアンビーム**が知られている．以下ではガウシアンビームの伝搬について考える.

いま，z 軸方向に伝搬する電磁界 (電界あるいは磁界) が次式で表されるものとする.

$$U(x, y, z) = \Psi(x, y, z) \exp(-jkz) \tag{3.74}$$

ここで平面波ならば振幅 Ψ は一定となる．しかしながら，z 軸方向に沿って伝搬するビーム波の振幅 Ψ は x，y，z によって変化しており，特に，ビームの広がりは十分小さく，Ψ は z 方向にはゆっくり変化し，$\left|\dfrac{\partial^2\Psi}{\partial z^2}\right| \ll 2k\left|\dfrac{\partial\Psi}{\partial z}\right|$ を満足しているとする．

これは $\left|\dfrac{\partial\Psi}{\partial z}\right|$ の z 方向変化が，$\left|\dfrac{\partial\Psi}{\partial z}\right|$ に比べて，無視できるほど小さいことを意味している．上式を波動方程式 (3.1) (38 ページ) に代入し，$\dfrac{\partial^2\Psi}{\partial z^2}$ の項を無視すると，次に示す近軸方程式が得られる．

$$\frac{\partial^2\Psi}{\partial x^2} + \frac{\partial^2\Psi}{\partial y^2} - 2jk\frac{\partial\Psi}{\partial z} = 0 \tag{3.75}$$

次に，$z = 0$ における界分布が次式のようにガウス分布であるとする．

$$U(x, y, 0) = A\exp\left[-\frac{x^2 + y^2}{\omega_0^2}\right] \tag{3.76}$$

ここに，A，ω_0 は正の定数である．

z 軸から $z = 0$ での断面内の位置 (x, y) までの距離

$$\rho = \sqrt{x^2 + y^2} \tag{3.77}$$

が ω_0 と等しくなるとき，分布関数 U の伝搬軸上の値 $U(0, 0, 0) = A$ の $\dfrac{1}{e}$ になる．ω_0 は $z = 0$ の断面における円形のビーム波の有効半径を表しており，**最小スポット半径**と呼ばれる．このとき，

$$\omega_0 \gg \frac{\lambda}{\pi} \tag{3.78}$$

を満足するならば，式 (3.74) は，

$$U(\rho, z) = A\frac{\omega_0}{\omega(z)}\exp\left[-\frac{\rho^2}{\omega^2(z)}\right]\exp\left\{jk\left[-z - \frac{\rho^2}{2R(z)}\right] - j\psi(z)\right\} \tag{3.79}$$

と表され，z 軸近傍を伝搬するビーム波を表す．すなわち最小スポット半径が波長に比べて十分大きければ，$z = 0$ においてガウス分布をもつガウシアンビームとなる．この式に現れるパラメータ ω，R，ψ は z の関数であり，次で定義される．

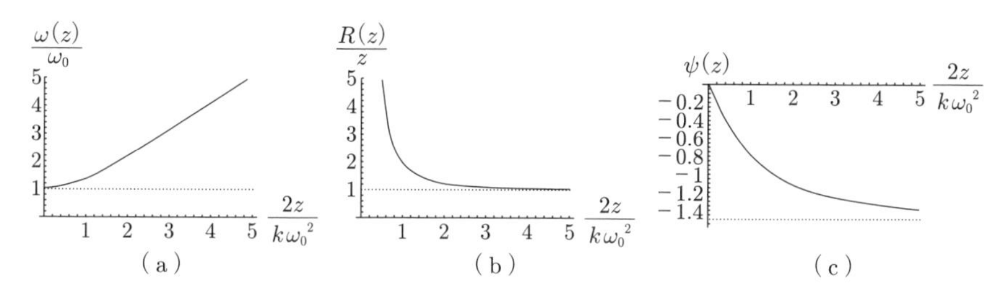

図 3.21 スポット半径，曲率半径，位相の規格化 z に対する変化

$$\begin{cases} \omega(z) = \omega_0 \left[1 + \left(\dfrac{2z}{k\omega_0^2} \right)^2 \right]^{\frac{1}{2}} & (3.80) \\ R(z) = z \left[1 + \left(\dfrac{k\omega_0^2}{2z} \right)^2 \right] & (3.81) \\ \psi(z) = \cos^{-1} \left[\dfrac{\omega_0}{\omega(z)} \right] & (3.82) \end{cases}$$

これらのパラメータの z に対する変化の様子を図 **3.21** に示す．ただし，横軸を $\dfrac{2z}{k\omega_0^2}$ としている．図より，$\omega(z)$ は z が増加するにしたがって大きくなり，$R(z)$ および $\psi(z)$ は，それぞれ z，$-\dfrac{\pi}{2}$ に近づくことがわかる．

図 **3.22** は，$z = 0$ の位置からガウシアンビームが伝搬する様子を示したものである．振幅の大きさ $|U(\rho, z)|$ は，$z =$ (一定) の断面ではガウス分布を保ち，幅は伝搬するにしたがって広がることを表している．また，それぞれの位置 z における断面内での振幅の値は，距離 $\rho = \omega(z)$ において伝搬軸上の値の $\dfrac{1}{e}$ になる．この $\omega(z)$ を位置 z における**スポット半径**と呼ぶ．なお，最小スポット半径となる面を**ビームウェスト**と呼び，いまの場合，$z = 0$ の断面がビームウェストである．

界分布 U の z の位置での，$z = 0$ の面からの位相の変化 φ は，

$$\varphi(\rho, z) = k \left[-z - \frac{\rho^2}{2R(z)} \right] - \psi(z) \tag{3.83}$$

である．第 1 項は平面波としての位相を表し，第 2 項は半径 $R(z)$ の球面波と，z の位置での断面の，点 ρ までの距離に対応した位相を表している．これは，図 3.22 に示したようにガウシアンビームの中心軸上において，$z = 0$ の位置より後ろ側

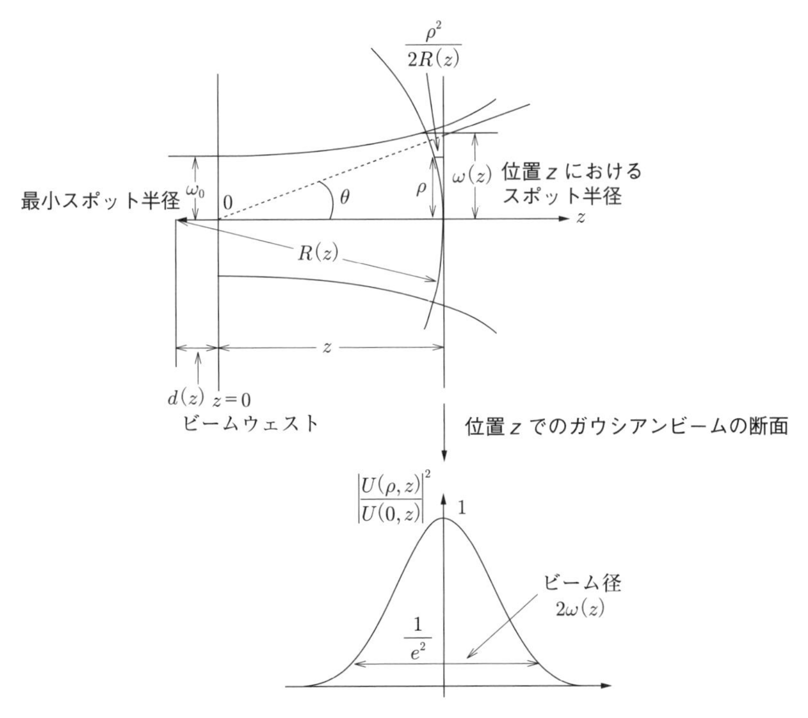

図 **3.22**　ガウシアンビームの伝搬の様子

の位置

$$d(z) = \frac{k^2\omega_0^4}{4z} \tag{3.84}$$

に中心があるとした場合の，球面波の等位相面と，z の位置における平面との位相差である．最後の項はガウシアンビームと理想的な平面波との位相のずれを表している．

さらに，ガウシアンビームが十分遠くまで伝搬した場合を考える．このとき，$k_r \approx k_z$ となるため，式 (3.79) (58 ページ) は，

$$U(\theta, z) = \frac{1}{2}jkA\omega_0^2 \exp\left[-\frac{(k\omega_0)^2\theta^2}{4}\right] \exp\left[-j\frac{kz\theta^2}{2}\right] \frac{\exp[-jkz]}{z} \tag{3.85}$$

と書ける．ここに，

$$\theta \approx \frac{\rho}{z} = \frac{(x^2+y^2)^{\frac{1}{2}}}{z} \tag{3.86}$$

である．したがって，$\dfrac{(k\omega_0)^2\theta^2}{4} = 1$ のとき，振幅は $\theta = 0$ のときの値の $\dfrac{1}{e}$ となる．

このときの θ をガウシアンビームの角度広がりと呼び，十分遠くまで伝搬するとガウシアンビームは，この角度でもって広がっていく．これは次章で述べる回折による広がりと考えることができる．

演習問題

1. ベッセル関数 $J_m(x)$，ノイマン関数 $N_m(x)$ の引数 x が大きくなると三角関数に近づくことを図より考察せよ．さらに，ハンケル関数 $H_m^{(1)}(x)$，$H_m^{(2)}(x)$ をベッセル関数 $J_m(x)$，ノイマン関数 $N_m(x)$ を用いて表せ．
2. 45 ページの式 (3.28)，式 (3.29) をベクトルにかかわる一連の公式と式 (3.26)，式 (3.27) を用いて導出せよ．
3. 左回りの円偏波が完全導体に垂直入射した場合，反射波の偏波状態を求めよ．
4. 無損失媒質境界面における反射率と透過率の和は常に 1 になることを TE 波，TM 波について示せ．また，このとき損失媒質境界面でどのようになるか．
5. 平面境界に TE 波と TM 波とを合成した直線偏波が入射した場合の，反射波の反射率，透過率を求め，大気 $(n = 1.0)$/ガラス $(n = 1.5)$ 境界について入射角度依存性を図示せよ．
6. 波動方程式 (3.1) (38 ページ) の解として平面波を求めたが，別の解として，式 (3.74) (57 ページ) の形の解を考え，近軸近似方程式 (3.75) が得られた．式 (3.75) を自ら導出し，その際，用いた近似について物理的に考察せよ．

第4章 電磁波による干渉と回折

同一の光源から出た光をスクリーン上で合わせると，ある条件のもとでは明暗の縞(しま)模様が現れ，また，シャボン玉表面や油膜表面からは虹色の反射光が観測される．

これらの現象は，光の干渉の結果生じるものである．さらに，電波が直接届かない山の向こうなどでラジオ放送が聞けたり，通信ができることがあるが，これらは電波の回折現象として説明される．

本章では，このような電磁波特有の現象について考えよう．

4.1 二つの波によって干渉は起こる

1. 干渉とは

図 **4.1** に示すように，二つのランプ (熱光源)L_1，L_2 でスクリーン S を照らし，障害物 P を介して，その影をつくることを考える．L_1，L_2 がある程度離れていると，影 A には L_2 からの光のみが到達し，一方，B には L_1 のみからの光がくる．そして，そのほかの場所では，二つの光源からの和となる光が観測されるが，規則性をもったきれいな縞模様は見られない．

これは実験に使った光の波長が短いためではなく，いくら注意深く精密な実験を行ったとしても熱光源を使う限り，縞は見えない．石を投げ込んだ際などに水面に現れる凹凸の場合でも，二つの振動源の位相を互いに無関係にすると水面には乱れが現れるものの，規則性をもった凹凸縞は見られない．しかし，二つの石

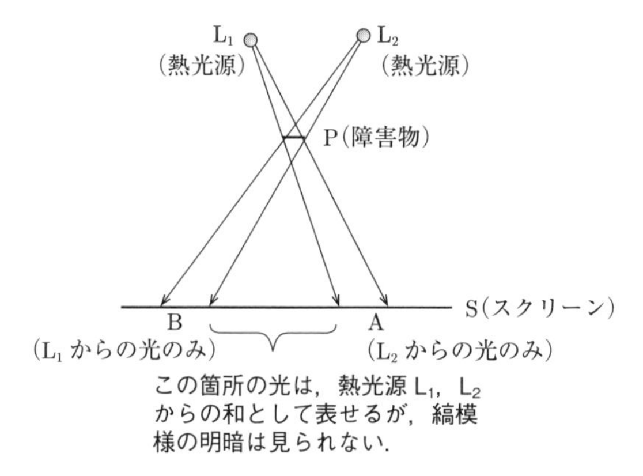

図 **4.1** 二つの熱光源による障害物のスクリーン上への見え方

を同時に投げ込むように，振動源を同時に動かすと明瞭な凹凸縞が見え，さらに振動の持続時間によって凹凸縞もその出現状況が変わってくる.

光や電波のような電磁波でも上記と同様のことが起こるものと考えられる．すなわち，一つの光源を，小さな独立した光源の多数の集まりとして考えると，全体として系統立っておらず，まったく独立に放射していることになり，その結果，このような光源では規則的な明暗縞は生じない．一方，もし，小さな光源がある関係で互いに関係し合って光を放射するならば，特定の明暗縞が生じることが期待できる.

このような性質をもつ波源を**コヒーレント**な (可干渉性を有している) **波源**といい，このような性質をもつ波源によってはじめて美しい明暗縞が得られる．そして，この (明暗縞をつくる) 作用を**干渉**と呼んでいる.

2. 干渉させる方法

コヒーレンス性が著しく高いレーザが発明される前までは，電波はコヒーレンス性 (可干渉性) がよく，対して，熱光源からの光はコヒーレンス性が悪いとされてきた．しかし，熱光源でも干渉させることが可能であり，その代表的な方法として，図 **4.2** に示すように遮蔽板に空けた一つの小さなスリットを使用する系，あるいは，図 **4.3** に示すように 2 枚の鏡を組み合わせる系などがある.

図 4.2 の場合，ランプのような熱光源からの光は微小な領域から出射するため

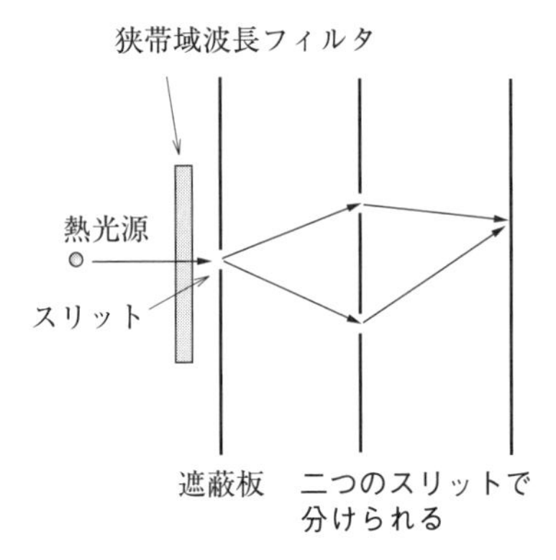

図 **4.2** スリットを用いた干渉縞の形成方法

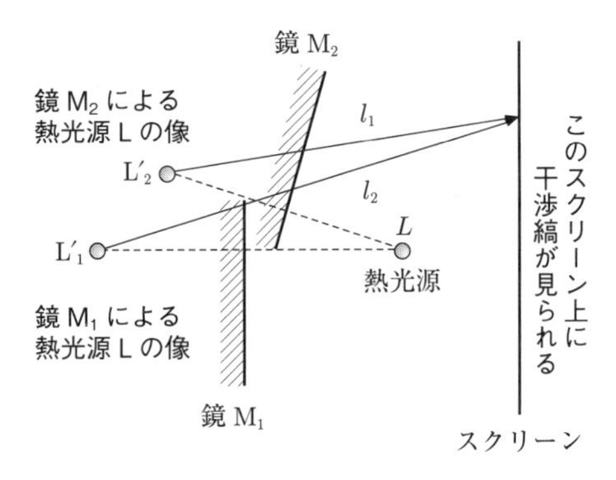

図 **4.3** 2枚の鏡を用いた干渉縞の形成方法

光量は少なくなるが，そのかわり，同一点から出射するためコヒーレンス性が高くなる．そして，2か所に空いたスリットからさらに出射するとスクリーンには明暗縞が生じる[※1]．しかしながら，最初に置かれたスリットがなければ，縞模様は生じない．

図4.3の2枚の鏡を組み合わせた系 (鏡がなす角度は小さい) では，それぞれの鏡で反射した光があたかも点 L_1'，L_2' からくるようにふるまう．このような2点からの光は，同一の光源から出射したと考えられるため，それら2点の光源によ

[※1] しかし，このままでは虹状の縞模様となり，明確な縞を得るためには光源の前に特定の波長のみを通過させるフィルタを置く必要がある．

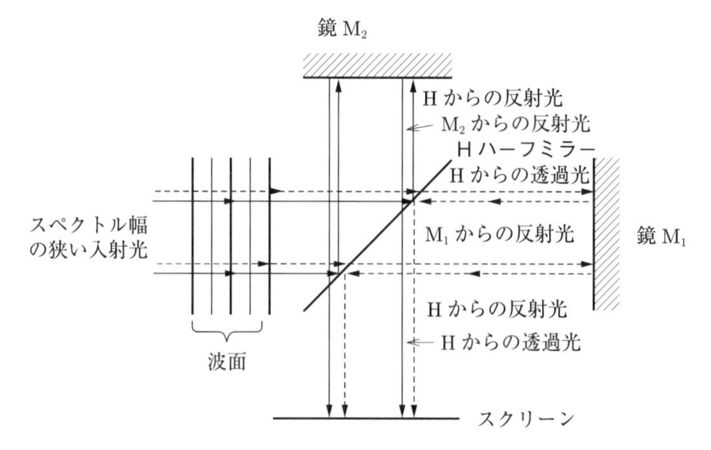

図 **4.4** ハーフミラーと鏡を組み合わせた干渉方法（マイケルソン干渉計）

る干渉作用によって明暗縞が生じる．一方，第 1 章で述べたコヒーレンス性がよいレーザ光を用いるならば，図 4.2 における最初のスリットは不要である．このように干渉効果を見るためには二つの波源が必要である．

さらに，図 **4.4** に示すように波面を一部反射させ，それと透過した光とを合わせて明暗縞をつくる方法がある．この干渉計は，発明した研究者の名前にちなみ**マイケルソン干渉計**と呼ばれている．ただし，熱光源からの入射光は通過帯域の狭いフィルタを通す必要があるため，光量はかなり減ることになる．

ここで，H は**ハーフミラー**と呼ばれ，ガラス基板の片面が薄い金属膜で覆われている半透明鏡である．ハーフミラーに入射した光は一部透過し，残りは反射する．マイケルソン干渉計には，ハーフミラーのほかに鏡 M_1，M_2 が組み込まれており，鏡に垂直に当たった光はもとに戻り，さらにハーフミラーを介して光源とは別の箇所で合わさる．そこでは，光は左から入射し，ハーフミラーで一部反射して鏡 M_2 に，透過した光は鏡 M_1 に当たるようになっている．

そして，それぞれの光は再びハーフミラーに入射するが，M_1 からの反射光はハーフミラーでさらに反射し，M_2 からの反射光はハーフミラーを透過すると考えると，それぞれがハーフミラーとスクリーンとの間の空間で合わさることになる．しかしながら，図 4.2 や図 4.3 のようにスクリーン上には明暗縞は形成されず一様になる．

マイケルソン干渉計の場合，入射位置（光源とハーフミラーとの間の面）から，スクリーンまでの伝搬距離の差が重要となり，どちらかの鏡を伝搬方向に移動させると両者の光波の干渉により，スクリーン上の一様な光の強度は半波長の周期で変化する．

3.　干渉の数学的な取扱い

時間のみの関数である単振動の場合，振動数が若干異なる二つの振動が合わさるとビート[※2]が生じるが，電磁波のように時間的にも空間的にも変動して振動する場合，時間的にも空間的にもビートが生じる．そして，周波数は等しく空間的な位相のみが異なる場合，空間的にビートが立つ．これが前項の図4.4の系で見られる干渉作用である．

ここでハーフミラーと鏡 M_1，M_2 までの距離が異なるようにして，合わさる二つの電磁波の位相差が0でないようにする．このとき，スクリーン上の点では，各鏡から反射した電磁波の電界は，

$$\begin{cases} \boldsymbol{E}_1 = A_1 \exp(j\omega t)\,\boldsymbol{a} & (4.1) \\ \boldsymbol{E}_2 = A_2 \exp(j\omega t + j\delta)\,\boldsymbol{a} & (4.2) \end{cases}$$

と書ける．ここでは偏波は一致しているものとし，$\boldsymbol{a}$ は偏波方向を表す単位ベクトルとする．なお，δ はそれぞれの電磁波の位相差であり，A_1，A_2 は振幅，ω は角周波数である．これらの電磁波は次式のように線形的に合わせることができる．

$$\boldsymbol{E} = \boldsymbol{E}_1 + \boldsymbol{E}_2 \tag{4.3}$$

光の場合，電界や磁界を直接観測することはできないので，それらの時間平均値，すなわち光強度分布を観測することになる．これはポインティングベクトルの大きさとして表され，

$$I = \langle \boldsymbol{S} \rangle = \frac{v \cdot \varepsilon}{2} \left(\boldsymbol{E} \cdot \boldsymbol{E}^* \right) \tag{4.4}$$

となる．ここで $\langle\quad\rangle$ は時間平均をとることを意味し，v，ε は媒質内での速度，媒質の誘電率である．この式に，式(4.1)，(4.2)，(4.3)を代入することにより，

※2 振幅が時間的に変化し，音の場合，うなりと呼ばれる．

$$
\begin{aligned}
I &= (\boldsymbol{E}_1 + \boldsymbol{E}_2) \cdot (\boldsymbol{E}_1 + \boldsymbol{E}_2)^* \\
&= \boldsymbol{E}_1 \cdot \boldsymbol{E}_1^* + \boldsymbol{E}_1 \cdot \boldsymbol{E}_2^* + \boldsymbol{E}_1^* \cdot \boldsymbol{E}_2 + \boldsymbol{E}_2 \cdot \boldsymbol{E}_2^*
\end{aligned} \tag{4.5}
$$

が得られる．ただし，$\dfrac{v \cdot \varepsilon}{2} = 1$ としている．式 (4.5) で，第 1 項，第 4 項は各電磁波の強度を表し，第 2 項，第 3 項が干渉の結果生じる効果を表している．さらに，式 (4.5) を，

$$
I = I_1 + I_2 + I_3 \tag{4.6}
$$

と書き表す．ここに，

$$
I_1 = E_1 E_1^* = A_1^2, \quad I_2 = E_2 E_2^* = A_2^2, \quad I_3 = E_1 E_2^* + E_1^* E_2 \tag{4.7}
$$

であり，I_1，I_2 はそれぞれの電磁波の強度である．I_3 は干渉項を表しており，具体的には，

$$
I_3 = 2A_1 A_2 \cos\delta = 2\sqrt{I_1 I_2}\cos\delta \tag{4.8}
$$

である．これより，合わさった電磁波の強度は，電磁波の位相差によって変化することがわかる．

ここで，干渉の項が最大になるとき，合成された電磁波の強度は，

$$
I_{\max} = I_1 + I_2 + 2\sqrt{I_1 I_2} \tag{4.9}
$$

となり，最小のときは，

$$
I_{\min} = I_1 + I_2 - 2\sqrt{I_1 I_2} \tag{4.10}
$$

となる．なお，それぞれの電磁波の振幅が等しい場合，式 (4.6) は簡単に，

$$
I = 2I_1(1 + \cos\delta) = 4I_1 \cos^2 \frac{\delta}{2} \tag{4.11}
$$

と表される．**図 4.5** は干渉した電磁波強度の位相差に対する変化を示している．

このように，干渉した電磁波の強度は位相差に対し周期的に変化する．また，二つの波の振幅が等しい場合，極大値は 4，極小値は 0 となり，振幅が異なると極大値は 4 より小さく，極小値は 0 より大きくなる．

干渉の度合いを示す指標として**可視度**と呼ばれる，次式で定義されたパラメータが知られている．この可視度は0〜1の間の値をとり，干渉する二つの電磁波の位相差および強度が等しい場合には1になる．

$$V = \frac{I_{\max} - I_{\min}}{I_{\max} + I_{\min}} = \frac{2\sqrt{I_1 I_2}}{I_1 + I_2} \tag{4.12}$$

なお，図4.5からわかるように，干渉する二つの波の強度比が10 : 1でも，縞は形成される．

図4.4の系において明暗縞が現れるようにするには，図**4.6**に示すように，鏡

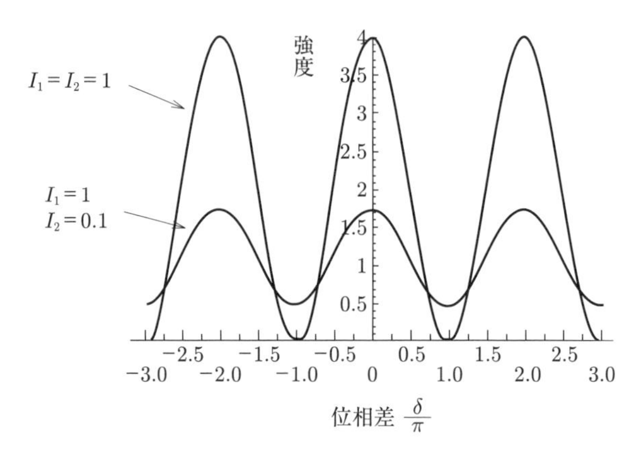

図 **4.5**　干渉光強度の位相差に対する変化

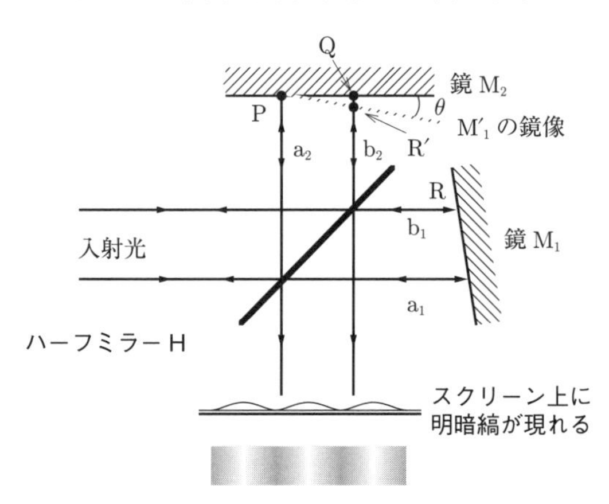

図 **4.6**　スクリーン上に干渉縞を形成するための系

M_1 を傾ければよい．このとき，ハーフミラー H による鏡 M_1 の鏡像を M_1' とし，鏡 M_2 との交点を P とすれば，P 点において反射する光路 a_2 は M_1 で反射する光路 a_1 と等しくなる．一方，交点以外から反射する光路 b_2 と b_1 は異なり，光路差は QR' の 2 倍となって M_1 からの波の波面は傾く．このときスクリーン上には P からの反射による強度が最も強くなる周期的な強度分布が見られる．

これは，図 4.5 の横軸をスクリーン上の位置と考えればよく，傾き角を θ とすれば，位相差と傾き角との間には，

$$2ky\sin\theta - \delta = 2m\pi \tag{4.13}$$

の関係がある．ここに，y はスクリーン上の位置，m は干渉縞の次数を表す整数である．これよりスクリーン上の周期 Λ を測定することにより，鏡の傾き角を次式から求めることができる．

$$\Lambda = \frac{\lambda}{2\sin\theta} \tag{4.14}$$

4.2　単層膜による干渉

干渉縞を形成するためには位相が互いに関係し合った二つ以上の電磁波を必要とするが，薄膜の上下面を利用し，各境界面からの反射波を互いに重ね合わせることによっても干渉作用を得ることができる．例えば，水面に広がった油から虹色が見えることがある．これも油膜の上下面で反射された光が互いに干渉するためであり，日光などの入射光にはさまざまな波長の光が含まれているため，虹色が形成されるのである．

図 4.7 に示すように，厚さ d，屈折率 n の誘電体膜が大気中に置かれた場合を考え，誘電体膜の上部から振幅 A_0 の平面波が，入射角 θ (入射軸と膜面に垂直な軸とのなす角) で入射するものとする．入射波は大気/誘電体膜境界面において反射，透過する．透過した波はさらに誘電体膜/大気境界面で同様に反射，透過する．そして，誘電体内部の波は誘電体膜の上部および下部において反射，透過を繰り返しながら誘電体内を伝わり，上下の大気中で透過波が合成される．

第 3 章で示した境界面におけるフレネル反射係数，透過係数（50，51 ページ）を利用することにより，この合成された平面波は次式のように表される．

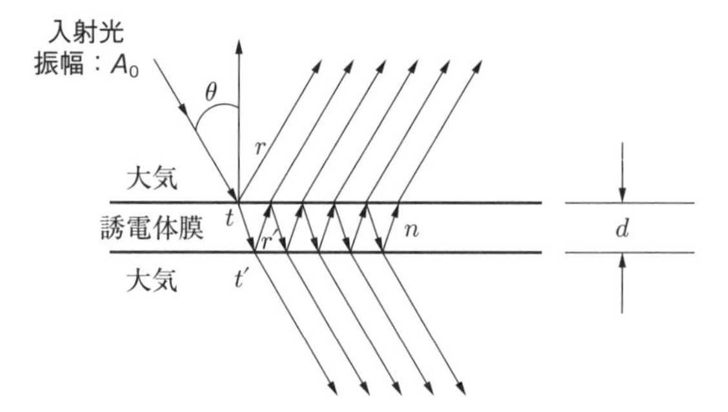

図 **4.7** 誘電体膜による干渉

＜上部側＞

$$\Bigl\{r + tt'r' \exp(-j\delta)\Bigl(1 + r'^2 \exp(-j\delta) + r'^4 \exp(-j2\delta) + r'^6 \exp(-j3\delta) + \cdots\Bigr)\Bigr\} A_0 \tag{4.15}$$

＜下部側＞

$$tt' \exp\left(-\frac{j\delta}{2}\right)\Bigl\{1 + r'^2 \exp(-j\delta) + r'^4 \exp(-j2\delta) + r'^6 \exp(-j3\delta) + \cdots\Bigr\} A_0 \tag{4.16}$$

ここで r，t は大気側から誘電体へ入射する際の反射係数，透過係数，r'，t' は誘電体から大気へ出射する際の反射係数，透過係数である．ただし，$r' = -r$，$t' = t$ の関係がある．式 (4.15) の第 1 項は大気/誘電体膜境界で反射した波を，第 2 項以降は下部の境界面で反射し，上部の誘電体膜/大気境界を透過する波を表している．同様に式 (4.16) の第 1 項は誘電体に入射した波のうち，誘電体膜/大気境界を直接透過する部分を，第 2 項以降は上部の境界面で反射し，下部の誘電体膜/大気境界を透過する波を表している．式 (4.15)，(4.16) は無限等比級数になっているため，それぞれは次式のように簡単になる．

＜上部側＞

$$(1 - \exp(-j\delta))\,\frac{\sqrt{R}}{1 - R\exp(-j\delta)} A_0 \tag{4.17}$$

<下部側>

$$\frac{T\exp\left(-j\frac{\delta}{2}\right)}{1-R\,\exp\left(-j\delta\right)}A_0 \tag{4.18}$$

ただし，$r^2 = r'^2 = R$，$tt' = T$ とおいており，δ は直接反射した波と誘電体膜中を 1 往復して出た波との位相差であり，次式で与えられる．

$$\delta = \frac{4\pi}{\lambda}d\sqrt{n^2 - \sin^2\theta} \tag{4.19}$$

式 (4.17)，(4.18) は振幅に対するものであり，入射波に対する強度比に直すと，

$$\frac{I_r}{I_i} = \frac{4R\sin^2\dfrac{\delta}{2}}{(1-R)^2 + 4R\sin^2\dfrac{\delta}{2}} \tag{4.20}$$

$$\frac{I_t}{I_i} = \frac{(1-R)^2}{(1-R)^2 + 4R\sin^2\dfrac{\delta}{2}} \tag{4.21}$$

となる．

単層誘電体膜による反射光および透過光強度の位相差 δ に対する変化を図 **4.8**，

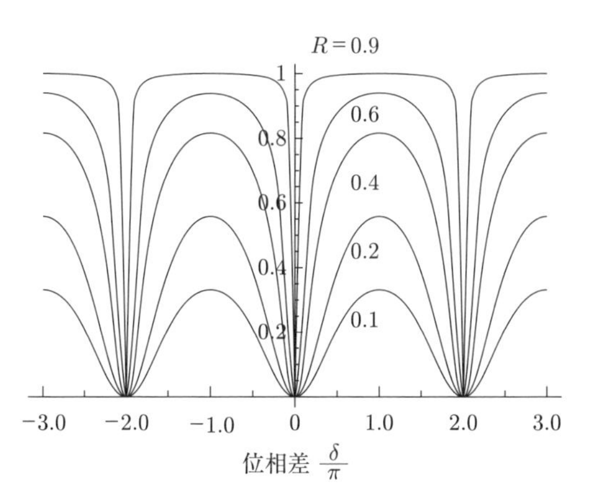

図 **4.8**　誘電体膜による反射係数の位相差依存性

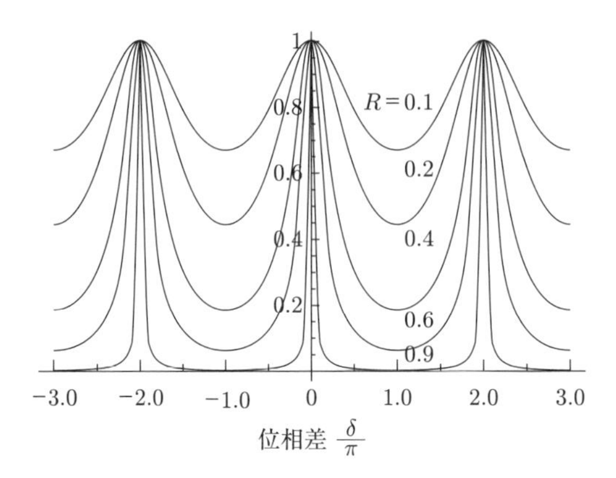

図 **4.9**　誘電体膜による透過係数の位相差依存性

図 **4.9** に示す．図のとおり，δ が 2π の整数倍となるとき，透過光強度は極大値 1，反射光強度は極小値 0 をとる．特に，光の領域では，このような特性をもつ平行平板を**エタロン**と呼んでいる．なお，極大値あるいは極小値をとる最小の位相差間隔を**自由スペクトル**と呼ぶ．また，図は反射率 R をパラメータとして描いてあり，R の値が 1 に近づくほど極値付近での特性は鋭くなる．この反射，透過特性の鋭さを次式のように極値をとる位相差間隔と，鋭さが $\frac{1}{2}$ になる幅との比でもって表す．

$$F = \frac{2\pi}{\nu} = \frac{\pi\sqrt{R}}{1-R} \tag{4.22}$$

この量は**フィネス**と呼ばれ，エタロンの特性を示すために用いられる．ここで ν は半値全幅，すなわち極大値の $\frac{1}{2}$ の値をとる位相変化量の差である．

フィネスは，反射率が 1 に近づくほど大きくなるため，図 4.8，図 4.9 からわかるように，フィネスが大きくなるにしたがい，透過あるいは反射特性は鋭くなる．

4.3　コヒーレンスが重要

可干渉性，すなわち干渉する能力は**コヒーレンス**とも呼ばれているが，時間的コヒーレンスと空間的コヒーレンスの 2 種類がある．これらを同時に取り扱うことも可能であるが，ここでは，それぞれ独立に取り扱う．

なお，本節の解説から明らかになることであるが，完全な可干渉性をもつ光源あるいは電波源は実際には存在しない．

1. 時間的コヒーレンス

干渉の概念を説明する際に使用した図 4.4 の**マイケルソン干渉計**は，当初はエーテルと呼ばれていた光の波の媒質となるもの（存在しないことが確かめられている）の存在を確認するために考え出された実験系であるが，これは光源の時間コヒーレンスを調べるために用いられる系でもある．

光源からの光波はハーフミラーで二分され，それぞれの光波は鏡で反射し，ハーフミラーで合波される．このとき，鏡までの距離をそれぞれ l_1，l_2 とすれば片道 $\Delta\ell\,(=\ell_1-\ell_2)$ の行路差があるため，往復では $2\Delta\ell$ となる．このときの往復の光学長差（位相差）は

$$\Delta\varphi = 2k\Delta\ell \tag{4.23}$$

となる．このとき，片道の行路差 $\Delta\ell$ に対し，合波された光の強度が図 **4.10** に示すように小さくなる場合を不完全な**時間的コヒーレンス**と呼ぶ．目安として，光強度分布の包絡線の値が最大値の 0.75 となる距離を**コヒーレンス長** L_c と呼び，

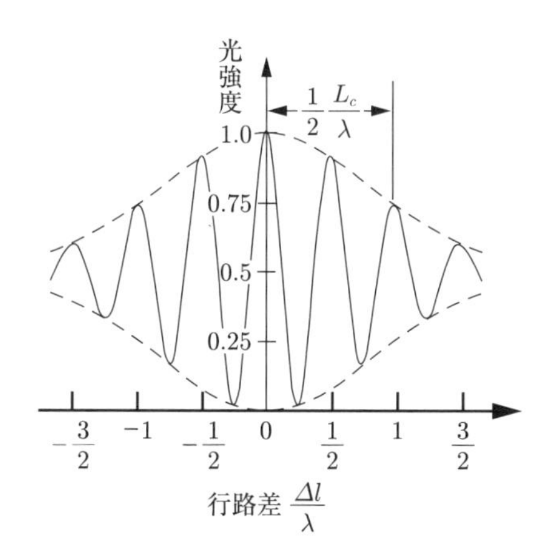

図 4.10 行路差 $\Delta\ell(=\ell_1-\ell_2)$ に対する光強度
(不完全なコヒーレント波源による干渉．ハーフミラーで二等分した場合．λ：光源の中心波長.)

これを時間に換算すると，

$$\Delta t = \frac{L_c}{c} \tag{4.24}$$

となる．Δt は光源のスペクトル，振幅，位相が同じ状態を持続する時間であり，**コヒーレンス時間**と呼ぶ．持続時間が無限に続くとコヒーレンス長は無限となり，このとき，完全な時間的コヒーレンス波と呼ばれる．しかし，一般に光源のスペクトルは広がっているが，これは光を同じ状態で放射する時間が有限であるために生じる．このことを図 **4.11** に示すマイケルソン干渉計を用いて説明する．

例えば，干渉計の左から持続時間が有限な電磁波が入射するものとする．鏡で反射した電磁波はハーフミラーを介して再び合わさるが，ハーフミラーから各鏡までの距離が等しい場合，完全に重なり合い，一方，距離が異なる場合，重なった部分だけがお互いに結合し合って干渉する．さらに十分距離が離れるともはや干渉しなくなる．この二つの光が結合できる距離がコヒーレンス長である．この

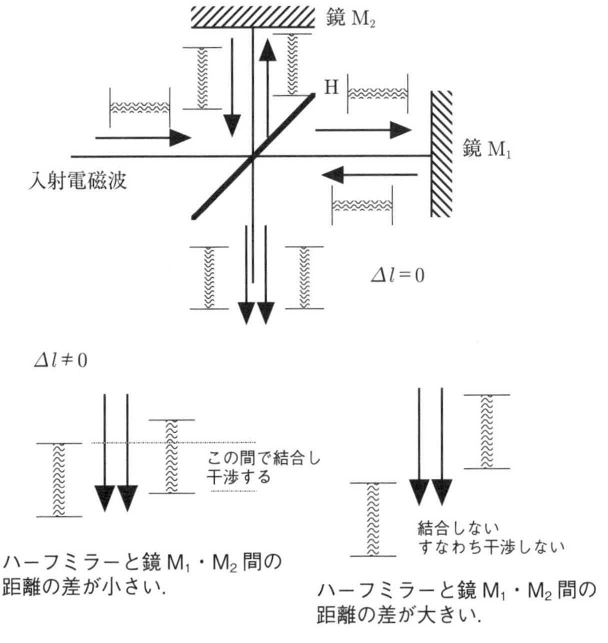

図 **4.11**　有限なコヒーレンス時間をもつ波 (波連) の干渉

ようにして，マイケルソン干渉計は波連の持続時間，すなわちコヒーレンス時間をコヒーレンス長から測定できる．このとき，スペクトルの広がりと持続時間とは逆数の関係にあり，持続時間が長くなればスペクトルの広がりは狭くなる．例えば，スペクトル幅が 1000 Å(= 100 nm) の赤色波長の光のコヒーレンス長は約 $3\,\mu$m であり，白色電球などの熱光源のスペクトル幅はより広く，したがってコヒーレンス長も短くなる．なお，代表的なレーザである He–Ne レーザのコヒーレンス長は約 10〜20 cm である．

2. 空間的コヒーレンス

図 4.2 に示したようなヤングのダブルスリット実験系を考える．遮蔽板の 2 か所にスリットが設けられ，一方の空間から光波がスリットに向かって進み，スリットを介して出射し，そして，スリットから十分離れたところにあるスクリーンで観察する系である．このとき，スクリーン上には周期的な縞模様が観察される．その際，時間的コヒーレンスが完全な光源が無限に小さければ (最初のスリットの幅が無限小) 明暗縞の可視度は一定となる．しかし，大きさが有限の場合，スリット間の中心から離れるにしたがい，不完全な時間的コヒーレンスの場合と同様に可視度は小さくなる．

このような場合，**空間的コヒーレンス**が悪いとされ，光源の広がりを表していることになる．

4.4 回　折

図 4.12 のように小さな光源により不透明な物体 P を照らし，後ろに白いスクリーンを置くと，物体と同じ形の影ができる．しかし，よく観察すると，図に示すようにスクリーン上には光源から光が到達しない暗い部分と光源から直接照らされている部分，そして，これらの両極端の間に半影の部分がある．この半影のところからは直接光源は見えない．実は，いま述べた現象は,「光は直進する」というモデルだけでは説明することはできず，障害物の端で影側に回り込むことを考慮する必要がある．

このような現象は**回折**と呼ばれる．例えば，レンズに平行光を入射しても，焦

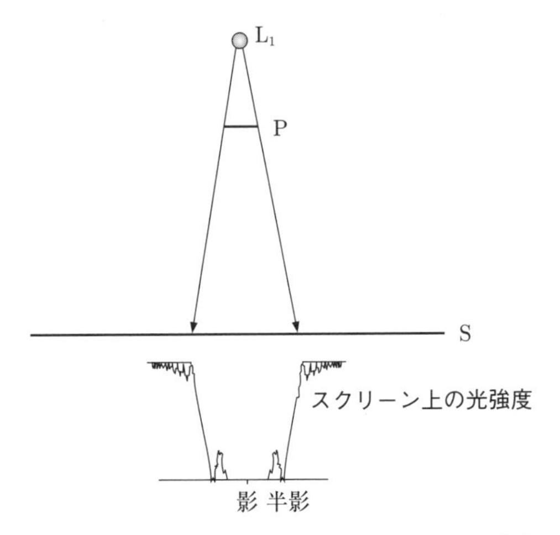

図 4.12 障害物を照らした場合のスクリーン上の光強度分布

点で1点には絞られず，必ず有限の大きさになることが知られているが，これはレンズが有限な大きさをもつための回折による効果である．

さらに，ラジオなどに利用されている中波放送が可聴領域よりも遠くまで聴こえることがあり，これも電波が山などにより回折された結果，生じる回折現象によるものである．このように回折は光に限らず電波においてもみられる現象である．以下では，この回折現象について説明する．

1. 回折公式の導出

先に説明したように，回折とは障害物に電磁波を照射したとき，離れた場所で観測される像に関する現象であり，コヒーレントな電磁波ほど鮮明に現れる．この回折された像を理論的に求める方法として，ホイゲンスの原理にもとづいた方法，平面波展開による方法，そしてグリーン関数による方法などがある．ここでは，ホイゲンスの原理にもとづいた方法について述べる．

ホイゲンスの原理とは，「波面上の点は球面波を励振（れいしん）する2次波源として考えることができ，ある時間が経った後の波面は，この2次波源から励振された球面波の包絡線（すべての球面波に接する線）によって記述できる」という仮説であり，ホイゲンスが光の波動説を説明するために提案したものである．この仮説にもと

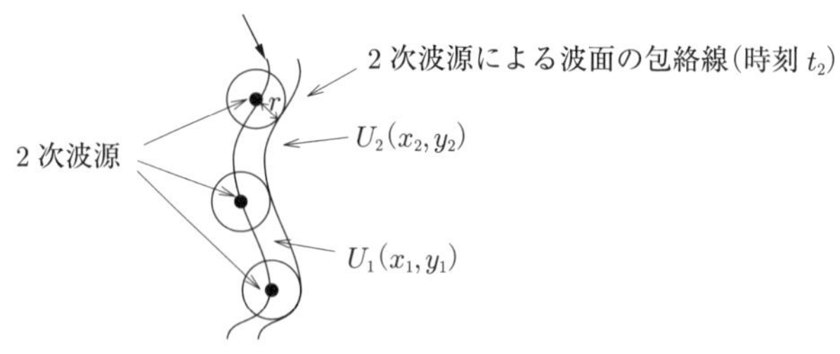

図 4.13 ホイゲンスの原理

づいて回折現象を取り扱うと次のようになる．

図 **4.13** に示すように，時刻 t_1 に存在した波から時刻 t_2 の波を求めるために，それぞれの波の波面を考える．まず時刻 t_1 の波の波面上に波源が並んでいると考え，これらの波源から放射される波の包絡線によって t_2 での波面が形成されるとする．

それぞれの波源からは次式で表されるような球面波が放射されるとする．

$$\frac{A}{r}\exp[-jkr] \tag{4.25}$$

ここで，A は球面波の振幅，r は波源からの距離である．時刻 t_2 での波面は，時刻 t_1 の波面が $U_1(r_1)$ で与えられたとき，

$$U_2(x_2, y_2) = K\iint U_1(x_1, y_1)\frac{\exp[-jkr]}{r}\ dx_1dy_1 \tag{4.26}$$

と書ける．ただし，K は比例定数であり，厳密な理論より，$\dfrac{j}{\lambda}$ に等しくなる．また，$U_1(x_1, y_1)$ は，平面波を入射した場合，遮蔽板の透過関数となる．通常，回折パターンは，この透過関数について求めることになる．

2. 近軸近似

図 **4.14** に示すように，平面電磁波が z 軸方向に伝搬しているものとし，時刻 t_1 において位置 z_1 にある透過関数を有する遮蔽板に入射した平面波が，時刻 t_2 における位置 z_2 でどのように表されるかを求める．

ここで伝搬軸付近のふるまいに注目すると，式 (4.26) 中の距離 r は，

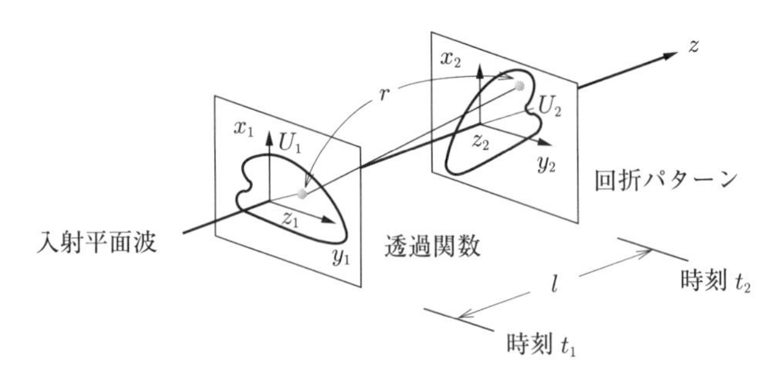

図 **4.14**　回折パターンを求めるための系

$$r = l + \frac{1}{2l}\left[(x_1 - x_2)^2 + (y_1 - y_2)^2\right] \tag{4.27}$$

のように近似できる．これは**近軸近似**と呼ばれ，よく用いられる近似である．ただし，$l = z_2 - z_1$ とおいており，遮蔽板とパターンを形成する場所の距離を表している．なお，近軸近似の条件は，

$$l \gg |x_1 - x_2|, \qquad l \gg |y_1 - y_2| \tag{4.28}$$

として与えられる．式 (4.27) を式 (4.26) に代入することにより，

$$\begin{aligned} U_2(x_2, y_2) = &\frac{j\exp[-jkl]}{\lambda l} \\ &\times \iint U_1(x_1, y_1)\exp\left[-jk\frac{(x_2 - x_1)^2 + (y_2 - y_1)^2}{2l}\right]dx_1dy_1 \end{aligned} \tag{4.29}$$

が得られる．式 (4.29) を変形すると，

$$\begin{aligned} U_2(x_2, y_2) = &\frac{j\exp[-jkl]}{\lambda l}\exp\left[-jk\frac{{x_2}^2 + {y_2}^2}{2l}\right] \\ \times &\iint U_1(x_1, y_1)\exp\left[jk\frac{x_2x_1 + y_2y_1}{l}\right]\exp\left[-jk\frac{{x_1}^2 + {y_1}^2}{2l}\right]dx_1dy_1 \end{aligned} \tag{4.30}$$

となり，これは3次元空間での**回折公式**を表している．これを2次元空間へ適用すると，

$$U_2(x_2) = \sqrt{\frac{j}{\lambda l}} \exp[-jkl] \exp\left[-jk\frac{{x_2}^2}{2l}\right] \times \int U_1(x_1) \exp\left[jk\frac{x_2 x_1}{l}\right] \exp\left[-jk\frac{{x_1}^2}{2l}\right] dx_1 \tag{4.31}$$

となる．式 (4.30) の被積分関数のうち，特に，次の項が積分を実行する際に問題となる．

$$\exp\left[-jk\frac{{x_1}^2 + {y_1}^2}{2l}\right] \tag{4.32}$$

透過関数の透過部の大きさが十分小さく，${x_1}^2$ および ${y_1}^2$ の最大値が $\dfrac{2l}{k}$ に比べて十分小さければ，式 (4.32) はほぼ 1 となる．しかしながら，透過部が大きい場合，あるいは l が小さい場合，式 (4.32) を考慮する必要がある．このような領域の回折を**フレネル回折**と呼び，この回折が起こる範囲を**フレネル領域**という．

さらに，透過部が小さく，式 (4.32) が無視できるような範囲を**フラウンホーファー回折領域**と呼び，得られる回折を**フラウンホーファー回折**という．この回折された光波の像を**遠視野像**と呼ぶ．

3 次元空間でのフラウンホーファー回折公式は，

$$U(x_2, y_2) = \frac{j\exp[-jkl]}{\lambda l} \iint U_1(x_1, y_1) \exp\left[jk\frac{x_2 x_1 + y_2 y_1}{l}\right] dx_1 dy_1 \tag{4.33}$$

となり，2 次元空間では，

$$U(x_2) = \sqrt{\frac{j}{\lambda l}} \exp[-jkl] \int U_1(x_1) \exp\left[jk\frac{x_2 x_1}{l}\right] dx_1 \tag{4.34}$$

と表される．これらは 1 次元，2 次元のフーリエ変換形になっており，フラウンホーファー回折によって図形のフーリエ変換が得られることがわかる．なお，フラウンホーファー領域は入射面の広がり範囲を d とすると，

$$\frac{k\left(\dfrac{d}{2}\right)^2}{2l} = \frac{\pi d^2}{4\lambda l} \ll 1 \tag{4.35}$$

と書け，さらに，$\dfrac{\pi}{4} = 1$ として近似すると，

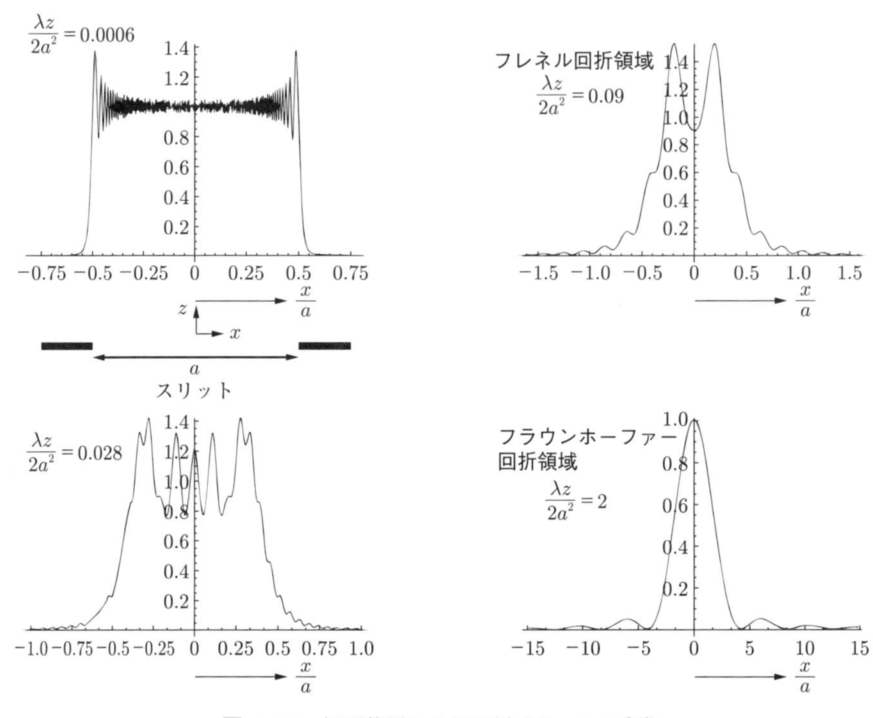

図 **4.15**　観測位置による回折パターンの変化

$$l \gg \frac{d^2}{\lambda} \tag{4.36}$$

と表される.

図 **4.15** は単スリットに平面波が入射した場合，観測位置によって回折パターンがどのように変化するかを示している．このように，スリットに近いフレネル回折領域ではほぼスリットの形と似た強度分布を示し，スリットから離れるにしたがって回折の影響を受け，十分遠いフラウンホーファー回折領域では次節で導出される回折パターンになる.

4.5 簡単な回折パターン

本節では簡単な形状をした単スリットや複スリット，円形開口の透過関数からのフラウンホーファー回折像 (回折パターン) を求める．

1. 単スリット

次式のように表した透過関数を有する遮蔽板 (**単スリット**と呼ぶ) に平面波を垂直に入射させた場合を考える．

$$U_1(x_1) = \begin{cases} A_0 & \left(|x_1| < \dfrac{a}{2}\right) \\ 0 & \left(|x_1| > \dfrac{a}{2}\right) \end{cases} \tag{4.37}$$

式 (4.37) は，y 方向には一様なため，1 次元の回折公式が適用でき，回折像の振幅分布は，

$$\begin{aligned} U_2(x_2) &= \sqrt{\frac{j}{\lambda l}} \exp[-jkl] \exp\left[-jk\frac{{x_2}^2}{2l}\right] \int_{-\frac{a}{2}}^{\frac{a}{2}} A_0 \exp\left[j\frac{2\pi x_1 x_2}{\lambda l}\right] dx_1 \\ &= aA_0\sqrt{\frac{j}{\lambda l}} \exp[-jkl] \exp\left[-jk\frac{{x_2}^2}{2l}\right] \frac{\sin\left(\dfrac{\pi a}{\lambda l}x_2\right)}{\left(\dfrac{\pi a}{\lambda l}x_2\right)} \end{aligned} \tag{4.38}$$

となる．さらに，強度分布を求めると，

$$I(x_2) = \frac{a^2 {A_0}^2}{\lambda l}\left[\frac{\sin\left(\dfrac{\pi a}{\lambda l}x_2\right)}{\dfrac{\pi a}{\lambda l}x_2}\right]^2 = \frac{a^2 {A_0}^2}{\lambda l}\left[\mathrm{sinc}\left(\frac{\pi a}{\lambda l}x_2\right)\right]^2 \tag{4.39}$$

となる．ここに，sinc は**シンク関数**と呼ばれ，次式で定義される回折問題によく現れる重要な関数である．

$$\mathrm{sinc}(x) = \frac{\sin(x)}{x} \tag{4.40}$$

図 4.16 には 2 次元の平面に現れる回折像を示す．左の挿入図は $\theta = \dfrac{x_2}{l}$ に対する強度分布を表している．右のグラフの横軸は空間周波数に対応しており，回折パターンの広がりを表している．$\theta = 0$ で極大値をとり，$\dfrac{\pi a \theta}{\lambda} = \pm\dfrac{3\pi}{2}$ を満たす θ においてその次の極大点をもつ．さらに，

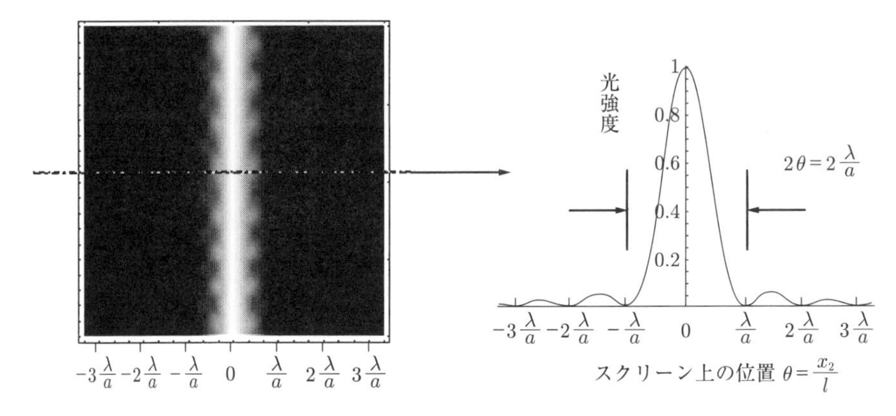

図 4.16　単スリットからの回折光強度分布

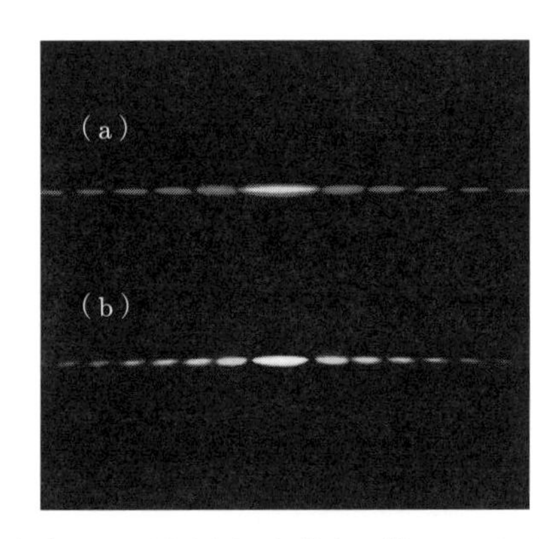

図 4.17　赤色，緑色レーザ光を用いた場合の単スリットからの回折パターン
(a) $\lambda = 0.63\,\mu m$ (赤色)，(b) $\lambda = 0.53\,\mu m$ (緑色)

$$\theta = n\frac{\lambda}{a} \tag{4.41}$$

の θ (ただし，n は0を除く整数) において，強度が0となるような，周期的なパターンを示す．

実際に波長の異なるレーザ光を入射させた場合の単スリットの回折パターンを**図 4.17** に示す．ただし，レーザ光の波長は，(a) では $0.63\,\mu$m，(b) では $0.53\,\mu$m である．スリットの幅は 0.1 mm，スリットからスクリーンまでの距離は 1.5 m である．回折光は，波長が長い (a) のほうが (b) より外に現れている．

2. 複スリット

次に，図 **4.18** に示すような，幅 a，中心間隔 $c\ (> a)$ の 2 本のスリットからなる複スリットからの回折像の分布を求める．このとき，透過関数 U_1 は，

$$U_1(x_1) = \begin{cases} 0 & \left(\dfrac{a+c}{2} < |x_1|\right) \\ A_0 & \left(\dfrac{c-a}{2} < |x_1| < \dfrac{a+c}{2}\right) \\ 0 & \left(|x_1| < \dfrac{c-a}{2}\right) \end{cases} \tag{4.42}$$

で与えられ，これを 79 ページの式 (4.34) へ代入し，積分を実行すると，

$$U_2(x_2) = 2aA_0\sqrt{\frac{j}{\lambda l}}\exp[-jkl]\,\mathrm{sinc}\left(\frac{\pi a}{\lambda l}x_2\right)\cos\left(\frac{\pi c}{\lambda l}x_2\right) \tag{4.43}$$

となる．この複スリットからの強度分布の $\theta\left(= \dfrac{x_2}{l}\right)$ に対する変化を図 **4.19** に示す．

複スリットの場合，回折による広がりと，スリットが 2 か所あることによる干渉効果の結果として，回折像が形成される．右のグラフに破線で示した包絡線は単スリットのみの場合の強度分布であり，二つのスリットの間隔による効果は実線で表される変化に対応している．スリット間隔が狭いほど周期は長くなる．

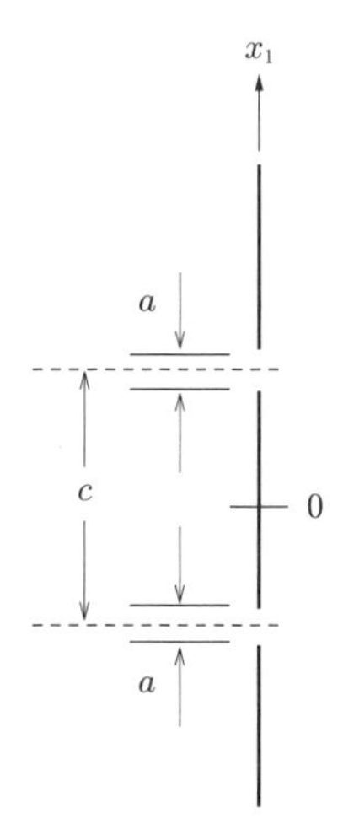

図 **4.18** 複スリット

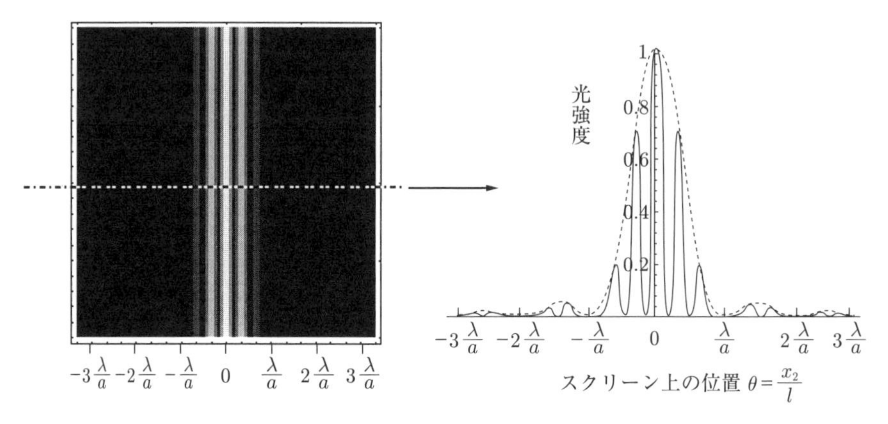

図 **4.19**　複スリットからの回折光強度分布

3.　円形開口

半径 a の円を開口とした透過関数の回折パターンは式 (4.33) を極座標表示することにより求めることができる．この場合の透過関数 U_1 は，

$$U_1(r_1,\varphi_1)=\begin{cases}A_0 & (r_1<a)\\ 0 & (r_1>a)\end{cases} \tag{4.44}$$

と書け，これを式 (4.33) に代入すると，

$$\begin{aligned}U_2(r_2,\varphi_2)&=\frac{jA_0}{\lambda l}\exp\left[-jkl\right]\\&\quad\times\int_0^{2\pi}\!\!\int_0^{\infty}U_1(r_1,\varphi_1)\exp\left[j\frac{2\pi r_1r_2}{\lambda l}\cos\left(\varphi_1-\varphi_2\right)\right]dr_1d\varphi_1\\&=\frac{jA_0}{\lambda l}\exp\left[-jkl\right]\exp\left[-jk\frac{{r_2}^2}{2l}\right]\times 2\pi a^2\frac{J_1\left(2\pi ar_2/\lambda l\right)}{\dfrac{2\pi ar_2}{\lambda l}}\end{aligned} \tag{4.45}$$

となる．ここで，J_1 は1次のベッセル関数である．

図 **4.20** は，この場合の回折像を示しており，明るいディスク (円盤) とリング (環) とからなっている．なお，右のグラフは $\theta=\dfrac{r_2}{l}$ とした場合のディスクの中心を通る断面での強度変化を表している．中心部の明るいディスクはエアリーディ

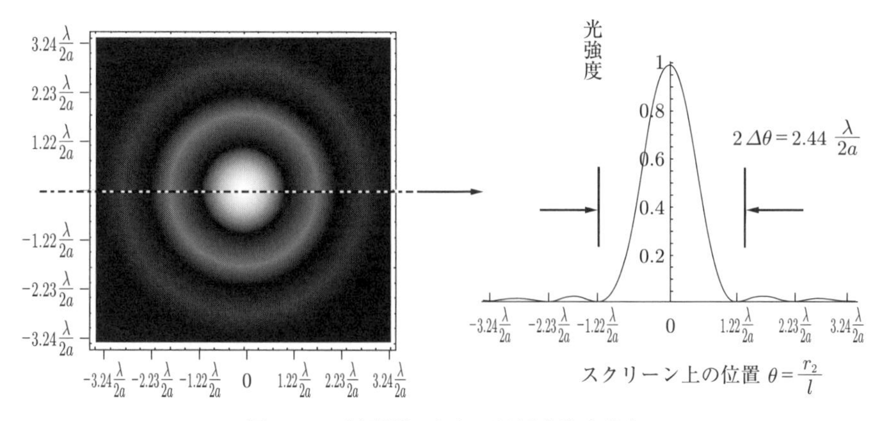

図 4.20 円形開口からの回折光強度分布

スクと呼ばれ，全光量の 84％が，この円盤内に集中している．なお，エアリーディスクの直径の見込角 $2\Delta\theta$ は，

$$2\Delta\theta = \frac{2.44\lambda}{2a} \tag{4.46}$$

となり，スリット開口の見込角の式 (4.41) (82 ページ) に対応する．

これは「波長 λ の電磁波が円形開口を通過したとき，回折のために広がり，式 (4.46) で与えられる見込角より小さく絞ることができない」ことを示している．これは**回折限界**と呼ばれ，回折によって絞りの制限を受けていることを表している．

4.6 日常生活にみる回折現象

回折は波動全般にみられる現象であり，隣りの部屋の声が聞こえたり，港の防波堤の内側に波が現れたり，建物の陰や山の向こうでも電波が届くのはすべて回折によるものである．特に山で遮られて受信できないはずの場所でも，電波は弱いながらも受信できる回折現象は**山岳回折**と呼ばれ，このおかげで山越えで通信（見通し外通信）が可能になる．

しかし，光については，日常生活で回折現象を直接見たりすることはあまりないが，小さな波長オーダのサイズのものを見る場合，回折現象を考慮する必要がある．そのようなことを可能にするレンズの設計を考えてみる．

いま，開口の直径を D，光の波長を λ とすれば，回折による広がり角 $\Delta\theta$ は，エアリーディスクの直径の見込角 (式 (4.46)) の $\dfrac{1}{2}$ で与えられ，

$$\Delta\theta = \frac{1.22\lambda}{D} \tag{4.47}$$

となる．

この開口の後ろに焦点距離 f のレンズを置いた場合，回折による角度広がり $\Delta\theta$ により，焦点のまわりの光の強度分布はほぼ $2f\Delta\theta$ に広がる．これが回折によるスポット径（ビームの直径）の広がり s を与えるので，次式のようになる．

$$s \approx 2.44\frac{f\lambda}{D} = 2.44\lambda F \tag{4.48}$$

ただし，$F = \dfrac{f}{D}$ はレンズの $\boldsymbol{F}$ **値**（**口径比**）と呼ばれ，レンズが光を取り込むことのできる最大角度を表す開口数 NA と F 値との間には

$$NA = \frac{1}{2F} \tag{4.49}$$

の関係がある．したがって，スポット径の広がり s は

$$s = 1.22\frac{\lambda}{NA} \tag{4.50}$$

となる．もしレンズが理想的で収差がないとすれば，上式より NA を大きくするほど，スポット径は小さくなり，解像度は大きくなることがわかる．上式は**レンズの回折限界**と呼ばれている．

したがって，レンズの解像力を上げるには，レンズが理想的で収差がない場合，NA を大きく，あるいは波長を短くする必要がある．

なお，写真撮影において光の回折により，画質の鮮明さが失われる現象がある．これは「小絞りボケ」と呼ばれ，どのカメラにも生じる．したがって，F 値を大きくして開口の絞りを絞るほど，ピントが合う光軸方向の範囲は広くなる（焦点深度が深くなる）が，画像の鮮明さが失われ，全体的にはぼけた画像となってしまう，写真を撮る際の悩ましい問題である．

また，電波に関する回折についてはアンテナの指向特性があげられる．放物線

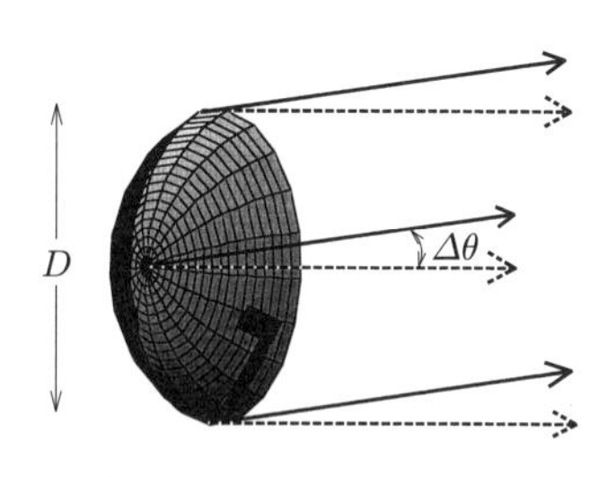

図 **4.21**　パラボラアンテナ

を対称軸で回転させた，図 **4.21** に示すような，回転放物面を反射面として使用したアンテナを**パラボラアンテナ**と呼び，放送衛星や通信衛星など遠方からの電波の受信，公衆網通信システムにおける電波の送受信に用いられている．

このようなアンテナの性能を表す重要なパラメータの一つに**指向特性** (**放射パターン**) がある．指向特性はパラボラ面を，円形開口とする回折として考えることから求めることができ，その広がり角 $\Delta\theta$ はレンズの場合と同様に次式で与えられる．ただし，D はパラボラアンテナの直径，λ は電波の波長である．

$$\Delta\theta = 1.22\frac{\lambda}{D} \tag{4.51}$$

— 影の輪かくと光の回折，光源の大きさについて —

日影を見ると影の縁がはっきりしないことに気づくことがあるだろう．特に細い電線の影はぼやけて見える．また，地面近くの電柱の影ははっきりと見えるが，電柱の上の部分の影はぼやけて見える．

これは回折現象として説明されることが多い．しかし，確かに，回折も生じているが，実際は太陽が大きさをもっていることによるものである．太陽の**角直径**（ある位置から天体を見たときの見かけの大きさを，その天体の直径を見込む角度で表した値．**視直径**とも呼ばれる）は 0.5° であり，したがって例えば 2 m 離れた場所では 1.75 cm 程度幅のぼけた部分ができる．

そのため，電線や電柱の先端はぼけた影を，地面に近い電柱の影は比較的はっきりと見えるのである．

演習問題

1. 膜厚が一様に変化した単層膜に平行光が入射した場合，反射光，透過光はどのようになるかを示せ．ただし，膜厚は線形に変化し，その傾斜角度は十分小さいものとする．
2. 単スリットのスリット幅を 0.05 mm，0.1 mm，0.5 mm とした場合のフラウンホーファー回折パターンを求め，スリット幅による回折パターンを比較せよ．なお，波長を 0.63 μm とせよ．
3. 複スリットのスリット間隔を変化させた場合のフラウンホーファー回折パターンを図示せよ．なお，スリット幅を 0.5 mm，スリット間隔を 1.0 mm，2.0 mm，5.0mm，波長を 0.63 μm とせよ．

   次に，スリット間隔を 1.0 mm とし，スリット幅を 1 μm，0.01 mm，0.1 mm とした場合のフラウンホーファー回折パターンを求め，スリット幅が回折パターンに与える影響を考察せよ．
4. 単スリットが等間隔に 5 か所開いた複スリットのある遮蔽板からのフラウンホーファー回折パターンを以下の条件で図示せよ．
   (1) スリット幅：1.0 μm，スリット間隔：1.0 mm，波長：0.63 μm
   (2) スリット幅：0.1 mm，スリット間隔：1.0 mm，波長：0.63 μm
5. エアリーディスク内の光量が全光量の 84％であることを示せ．
6. 単スリットに白色光を入射させた場合，図 4.17 (82 ページ) の回折パターンからはカラーではなく，白黒の明暗の縞になることが予想される．このとき，明瞭なカラーの縞を形成させるにはどのようなスリットを用いればよいか．また，その理由を述べよ．

第5章
電波の伝送路

電波 (光より波長の長い電磁波) の伝送路は，コンピュータ，高度情報通信，航空宇宙，精密，生物医療から，さらには身近な交通や家庭にいたるまで，あらゆる電子機器・システムに半導体技術と融合する形で，基本回路や集積回路として広く使われている．実際，最近の PC のクロック周波数の目覚ましい向上は，実にミクロンオーダのストリップ線路の回路技術そのものに負っている．

本章では，センチ波・ミリ波などのマイクロ波帯において，比較的短距離の 2 点間で電波を送受信する伝送路，または導波路にどのようなものがあり，電波がいかに伝わるか，またそれらの等価回路表示や基本回路素子，さらにはマイクロ波応用などについて解説する．

5.1　電波は伝送路をどのように伝わるか

1.　さまざまな伝送路

今日，放送，電話や移動通信などいろいろの分野に固定無線または移動無線が実用されている．これら無線放送や無線通信は，空間を一種の電波の伝送路とみなして利用するものであり，特別に伝送路を設置する必要がないという利点があるが，それゆえに地上の建物などの障害物の影響を強く受けるという欠点もある．地上空間での電波伝搬については他書[1)]を参照されたい．

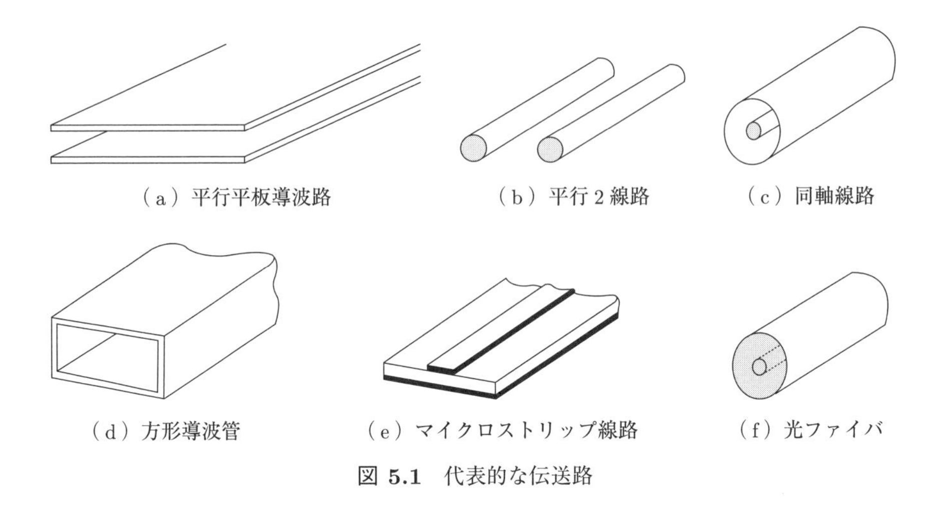

図 5.1　代表的な伝送路

伝送路としては，電波を比較的広い周波数帯域で，減衰が少なく伝送できることが重要である．代表的な伝送路の例を図 **5.1** に示す．(a) は2枚の良導体板からなる**平行平板導波路**である．これは，電波を閉じ込めて伝送させるタイプの線路の基本であり，伝送特性を学ぶのに適している点で，重要な線路である．(b) の**平行 2 線路**は比較的低周波数の電波の伝送によく用いられる開放形の線路であり，テレビのフィーダ線や電話用の平衡対ケーブルなどに用いられている．マイクロ波などの高周波帯では，この線路はアンテナのように電波を空間に放射するため，高減衰が生じ，使用できなくなる．

(c) の**同軸線路**は，電磁界を内外導体間に閉じ込めて伝送するため放射は起こらず，マイクロ波帯まで使用できるが，減衰が周波数の平方根に比例して増大するため，マイクロ波帯では比較的近距離の伝送のみに用いられる．

(d) の**方形導波管**は断面が方形の中空のパイプであり，壁面は銅などの良導体でつくられている．同軸線路と同様に内部に電波を閉じ込めて伝送する．これはマイクロ波帯の代表的な伝送線路であり，断面が円形の**円形導波管**もよく用いられる．導波管には，その断面の構造寸法により定まる**遮断周波数**があり，それ以下の周波数では電波を伝送できない．このことについては，次節以降で詳しく述べる．

(e) の**マイクロストリップ線路**は，マイクロ波回路の平面状構成要素として重要である．誘電体基板の厚さやストリップ導体の幅は波長に比べて十分小さい値が選ばれる．ストリップ線路は導波管よりも減衰定数は大きいが，薄形化や小形化が可能なため，**マイクロ波集積回路**に広く用いられている．

(f) は誘電体導波路の代表である光ファイバであり，その構造は中心部の屈折率が周囲より高くしてあり，電磁波のエネルギーの大部分は中心部を伝送する．光ファイバについて詳しくは第 6 章で取り扱う．

2.　モードと位相速度

電波は横波であるので，自由空間を z 軸に沿って伝搬する電波の電界成分および磁界成分は，図 **5.2** に示すように，すべて z 軸に垂直な xy 平面内のみにある (2.4 節参照)．したがって，その電波の z 方向の電界成分および磁界成分はともに存在しない．すなわち，$E_z = 0$，$H_z = 0$ である．

しかしながら，伝送路を伝搬する電波は，伝送路表面での境界条件を満たさなければならないので，その伝送形態が異なってくる．この伝送形態を**モード**といい，きわめて重要な概念である．一般に次のようなモードに分類できる．

(1)　TEM モード (Transverse ElectroMagnetic mode，$E_z = H_z = 0$)

(2)　TE モード (Transverse Electric mode，$E_z = 0$, $H_z \neq 0$)

(3)　TM モード (Transverse Magnetic mode，$H_z = 0$，$E_z \neq 0$)

(4)　混成モード (hybrid mode，$E_z \neq 0$, $H_z \neq 0$)

TEM モードとは，自由空間を伝搬する電波のように，断面成分だけしか電磁

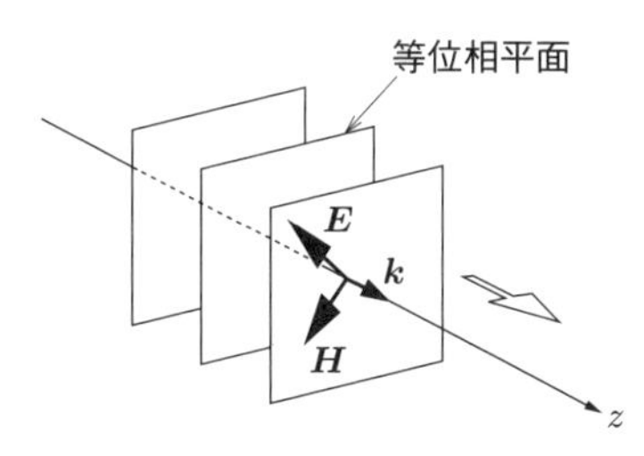

図 **5.2**　自由空間中を伝搬する電波 (平面波) の様子

界成分をもたない伝送形態をいい，通常，2導体で構成される線路に存在する．また，**TE** モードとは，その電界は断面成分のみで，電界の z 方向成分がない伝送形態をいい，**TM** モードとは，その磁界は断面成分のみで，磁界の z 方向成分がない伝送形態をいう．この両モードはたいていの伝送路に存在する．

これらのモードの**位相速度**（等位相面の移動速度）はモードによって異なり，TEM モードの位相速度は，自由空間を伝搬する電波と等しく，$(\varepsilon\mu)^{-\frac{1}{2}}$ で与えられる光速である．しかし，TE モードおよび TM モードの位相速度は一般に光速より速くなり，そのため伝送路上（内）での波長は自由空間中よりも大きくなる．これについては，次節で説明する．

3.　一様伝送路における電磁界導出の基本式

図 5.2 に示したように，伝搬方向（これを z 方向とする）には断面形状および媒質定数が変わらない一様な伝送路を伝搬する電波を求める基本式を導出しておく．ここで，電波は時間的には $e^{j\omega t}$ で正弦波振動し，z 方向には $e^{-j\beta z}$ で変化するものとする．β は**位相定数**と呼ばれる．

媒質中に電流が存在しないとき，電界 $\boldsymbol{E}$〔V/m〕，磁界 $\boldsymbol{H}$〔A/m〕に関するマクスウェルの方程式 (2.1)（13 ページ），(2.2)（15 ページ）は次のように書きかえられる．

$$\begin{cases} \mathrm{rot}\boldsymbol{E} = -j\omega\mu\boldsymbol{H} & (5.1) \\ \mathrm{rot}\boldsymbol{H} = j\omega\varepsilon\boldsymbol{E} & (5.2) \end{cases}$$

この両式を直角座標系における各成分に分けて記述すると（付録 3.〔203 ページ〕参照），次式が得られる．

$$\begin{cases} \dfrac{\partial E_z}{\partial y} - \dfrac{\partial E_y}{\partial z} = -j\omega\mu H_x \\ \dfrac{\partial E_x}{\partial z} - \dfrac{\partial E_z}{\partial x} = -j\omega\mu H_y \\ \dfrac{\partial E_y}{\partial x} - \dfrac{\partial E_x}{\partial y} = -j\omega\mu H_z \end{cases} \qquad (5.3a)$$

$$
\begin{cases}
\dfrac{\partial H_z}{\partial y} - \dfrac{\partial H_y}{\partial z} = j\omega\varepsilon E_x \\
\dfrac{\partial H_x}{\partial z} - \dfrac{\partial H_z}{\partial x} = j\omega\varepsilon E_y \\
\dfrac{\partial H_y}{\partial x} - \dfrac{\partial H_x}{\partial y} = j\omega\varepsilon E_z
\end{cases}
\tag{5.3b}
$$

ここで，$\dfrac{\partial}{\partial z} = -j\beta$ であることを考慮して，これらの式を整頓すると，E_x, E_y, H_x, H_y が E_z, H_z から求められることがわかる．

$$
\begin{cases}
E_x = -\dfrac{j}{k^2-\beta^2}\left(\beta\dfrac{\partial E_z}{\partial x} + \omega\mu\dfrac{\partial H_z}{\partial y}\right) & \text{(5.4a)} \\
E_y = -\dfrac{j}{k^2-\beta^2}\left(\beta\dfrac{\partial E_z}{\partial y} - \omega\mu\dfrac{\partial H_z}{\partial x}\right) & \text{(5.4b)} \\
H_x = \dfrac{j}{k^2-\beta^2}\left(\omega\varepsilon\dfrac{\partial E_z}{\partial y} - \beta\dfrac{\partial H_z}{\partial x}\right) & \text{(5.4c)} \\
H_y = -\dfrac{j}{k^2-\beta^2}\left(\omega\varepsilon\dfrac{\partial E_z}{\partial x} + \beta\dfrac{\partial H_z}{\partial y}\right) & \text{(5.4d)}
\end{cases}
$$

また，E_z，H_z は波動方程式 (2.21) にしたがっているはずであるから，それにしたがって書きかえると，次となる．

$$
\begin{cases}
\left(\dfrac{\partial^2}{\partial x^2} + \dfrac{\partial^2}{\partial y^2}\right) H_z + (k^2-\beta^2)H_z = 0 & \text{(5.5a)} \\
\left(\dfrac{\partial^2}{\partial x^2} + \dfrac{\partial^2}{\partial y^2}\right) E_z + (k^2-\beta^2)E_z = 0 & \text{(5.5b)}
\end{cases}
$$

これらの式は次節以降において，伝送路中の電磁界分布を求める際に使用される．

5.2 平行平板導波路

1. 平行平板導波路におけるモード

無限に広がっている 2 枚の完全導体平板 (間隔 a) からなる最も簡単な平行平板導波路を用いて，モードについて，さらに理解を深めていく．

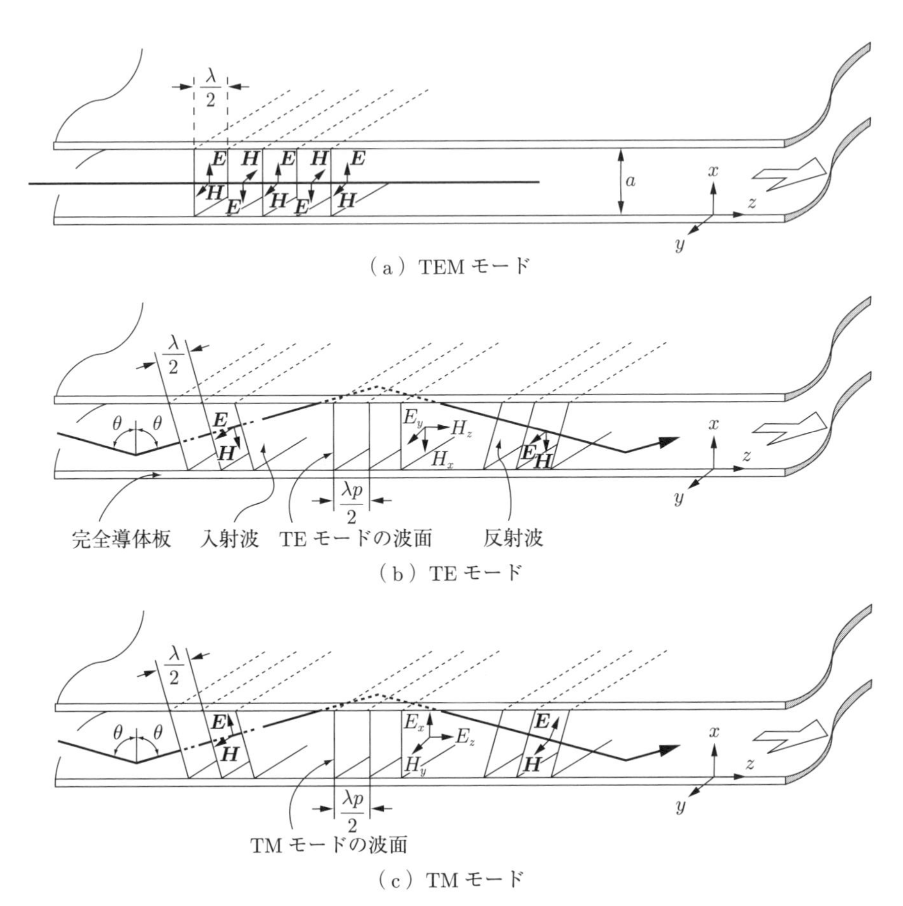

図 5.3　平行平板導波路中を伝搬する三つのモード

図 **5.3** には，直線偏波である平面電磁波が，この線路を伝搬する様子が描かれている．(a) は電界が x 方向に偏波している電波が z 軸に平行に伝搬している場合であり，(b) は，電界が y 方向に偏波している電波が x 軸に対して角度 θ で伝搬している場合であり，また (c) は，磁界が y 方向に偏波している電波が x 軸に対して角度 θ で伝搬している場合である．このとき，(b)，(c) では，電波は平板面上において完全導体であることの境界条件を満足するように反射を繰り返しながら z 軸に沿って伝搬していく．そして，それぞれ TEM モード，TE モード，

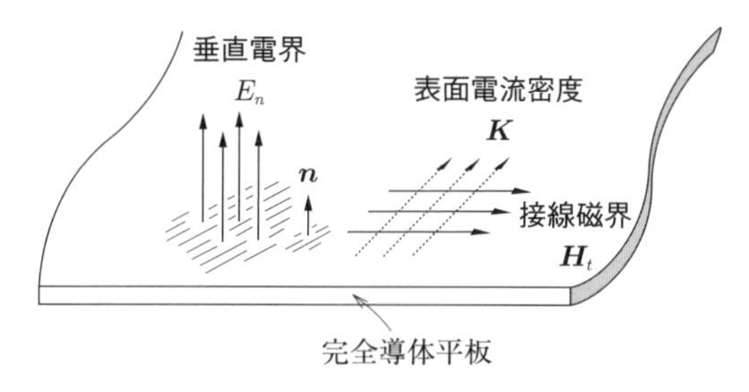

図 **5.4**　完全導体平板面での電界および磁界に対する境界条件

TM モードが形成される※1.

完全導体面での境界条件は 3.2 節「1. 境界条件」(44〜46 ページ) ですでに説明がなされている．再記すると次のとおりである.

$$\text{電界：接線成分 } \boldsymbol{E}_t = 0, \quad \text{垂直成分 } E_n \neq 0 \tag{5.6a}$$

$$\text{磁界：接線成分 } \boldsymbol{n} \times \boldsymbol{H}_t = \boldsymbol{K}, \quad \text{垂直成分 } H_n = 0 \tag{5.6b}$$

ここで，添字 n は垂直成分，t は接線成分を表し，$\boldsymbol{n}$ は図 **5.4** に示すように境界面から外向きの単位ベクトル，$\boldsymbol{K}$ は完全導体表面での表面電流密度ベクトル〔A/m〕である.

2.　TEM モード

平行平板導波路における TEM モードの電磁界分布を調べる．図 5.3(a) に示したような E_x と H_y のみをもつ電波は，式 (5.6a)，(5.6b) の境界条件を満たす．したがって，電磁界成分は次式で与えられる.

$$\begin{cases} E_x(z) = E_0 e^{-j\beta z} & (5.7\text{a}) \\ \zeta H_y(z) = E_0 e^{-j\beta z} & (5.7\text{b}) \end{cases}$$

ここで,

※1 ちなみに，(a) において，電界が y 方向に偏波している電波が入射した場合には，境界条件が満たされないので，TEM モードは存在できない.

$$\begin{cases} \zeta = \left(\dfrac{\mu}{\varepsilon}\right)^{\frac{1}{2}} \\ \beta = k = \dfrac{2\pi}{\lambda}, \qquad k = \omega(\varepsilon\mu)^{\frac{1}{2}} \end{cases}$$

で表される ζ は，TEM モードの**波動インピーダンス**であり，自由空間中を伝搬する平面波の波動インピーダンスに等しい．

また，伝搬波長は自由空間中の平面波の波長 λ に等しく，その**位相速度** v_p は光速度 $c = \dfrac{\omega}{k}$ に等しい．このように，TEM モードは自由空間を伝搬する平面波と同じ特性をもつ．

3. TE モード

平行平板導波路において，TE モードが伝搬するときの電磁界の分布を調べてみる．TE モードの特徴は，すでに述べたように H_z をもっており，それゆえに H_z は波動方程式 (5.5a) (93 ページ) を満足していなければならない．線路が y 方向に一様であることを考慮すると次式が得られる．

$$\frac{\partial^2 H_z}{\partial x^2} + {k_c}^2 H_z = 0 \tag{5.8}$$

ここで，

$${k_c}^2 \equiv k^2 - \beta^2 \tag{5.9}$$

とおいた．k_c は x 方向の伝搬定数であり，後述する遮断波長に対応する伝搬定数でもある．この波動方程式を解くと，一般解は次式で与えられる．

$$H_z = A_1 e^{-jk_c x} + A_2 e^{+jk_c x} \qquad (A_1, A_2 : \text{定数}) \tag{5.10}$$

この H_z を式 (5.4b) に代入することにより，E_y の表現式が得られる．E_y は，$x = 0$ において $E_y = 0$ なる境界条件を満たさなければならないから，これを実行すると，$A_1 = A_2$ が導かれ，次式の H_z が得られる．

$$H_z = A \cos k_c x \tag{5.11}$$

ここで，未知数の k_c は，$x = a$ で $E_y = 0$ なる境界条件から求められる．すなわち，

$$\sin k_c a = 0 \tag{5.12}$$

となる．この解は，

$$k_c a = m\pi \qquad (m = 1, 2, 3, \cdots) \tag{5.13}$$

である．式 (5.11) の H_z を式 (5.4a)，(5.4b) に代入することにより，TE モードのほかの電磁界成分が求められる．

$$\begin{cases} H_x = \dfrac{j\beta}{k_c} A \sin\left(\dfrac{m\pi}{a} x\right) \\ E_y = -\dfrac{j\omega\mu}{k_c} A \sin\left(\dfrac{m\pi}{a} x\right) \\ E_x = 0 \\ H_y = 0 \end{cases} \tag{5.14}$$

このように，電界，磁界は正弦波分布することがわかる．

4. TM モード

TM モードが伝搬するときの電磁界の分布を調べてみる．

TM モードの特徴は，すでに述べたように，E_z をもっており，E_z は波動方程式 (5.5b) を満足していなければならない．線路が y 方向に一様であることを考慮すると次式が得られる．

$$\frac{\partial^2 E_z}{\partial x^2} + {k_c}^2 E_z = 0 \tag{5.15}$$

ここで，前と同様に

$$ {k_c}^2 \equiv k^2 - \beta^2 \qquad (5.9)$$

とおいた．この波動方程式を解き，E_z に，$x = 0$ および a において $E_z = 0$ なる境界条件を適用すると，次式の E_z が得られる．

$$E_z = A \sin k_c x \tag{5.16}$$

ここで，

$$k_c a = m\pi \qquad (m = 1, 2, 3, \cdots) \tag{5.17}$$

である．同様に，上式 (5.16) の E_z を式 (5.4a)，(5.4b) に代入することにより，TM モードのほかの電磁界成分が求められる．

$$\begin{cases} E_x = -\dfrac{j\beta}{k_c} A \cos\left(\dfrac{m\pi}{a}x\right) \\ H_y = -\dfrac{j\omega\varepsilon}{k_c} A \cos\left(\dfrac{m\pi}{a}x\right) \\ H_x = 0 \\ E_y = 0 \end{cases} \tag{5.18}$$

5. 物理的考察

以上は，平行平板内の電磁界を解析的に導出したのであるが，これを物理的に考察してみる．

図 5.3 (94 ページ) に示したように，平面波が上下の平板で反射を繰り返して伝搬していくモデルで考えてみる．その反射の様子を物理的に考察するために，まず図 **5.5** に示すような 1 枚の無限に広い導体板に，その法線から θ の角度で平面波 (y 方向直線偏波) が入射して反射する場合を考えてみる．いま，ある瞬間の入射波および反射波のそれぞれの山 (正の最大値)，節 (0)，谷 (負の最大値) を図

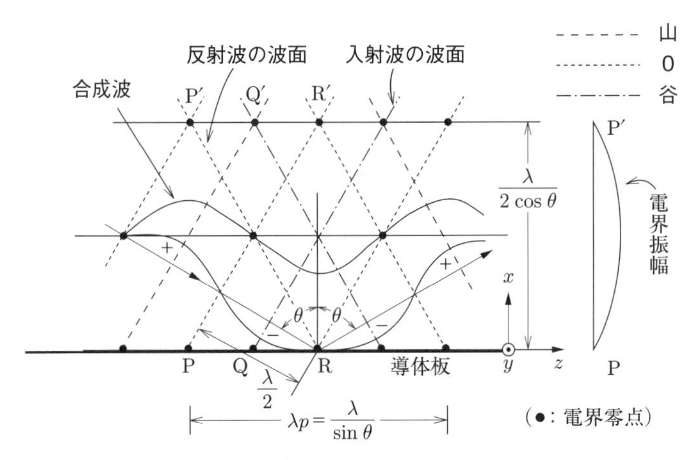

図 5.5 導体板表面へ入反射する平面波の合成

のように表示すると，山と谷，節と節の交点はいずれも電界ゼロの位置を示すことになるから，それらの点を結ぶ線上も正負の電界が互いに打ち消し合い，ゼロとなる．

したがって，この位置にもう一つの導体板を置いても，この電界に何ら影響を与えないので，$a = \dfrac{m\lambda}{2\cos\theta}$ $(m = 1, 2, \ldots)$ の位置に導体板を置いたとみれば，平行平板導波路を伝搬する電磁界分布を実現できることになる．

このとき，入射波が 1 波長 λ 進むと，反射波との合成波は z 方向に $\lambda_p = \dfrac{\lambda}{\sin\theta} (> \lambda)$ の波長で伝搬する．したがって，a の式を用いて $\sin\theta$ を消去すると λ_p は，

$$\lambda_p = \frac{\lambda}{\sqrt{1 - \left(\dfrac{\lambda}{\lambda_c}\right)^2}} \tag{5.19}$$

と表される．これを**伝搬波長**または**管内波長**という．ただし，$\lambda_c = \dfrac{2a}{m}$ である．

式 (5.19) において，伝搬モードの λ_p は実数であるので，そのためには $\dfrac{\lambda}{\lambda_c} < 1$ でなければならない．したがって，この TE モードの伝搬波長は，自由空間中の平面波の波長よりも長くなる．その位相速度 v_p は，

$$v_p = \frac{\omega}{\beta} = \frac{ck}{\beta} = \frac{\dfrac{2\pi c}{\lambda}}{\dfrac{2\pi}{\lambda_p}} = \frac{c\lambda_p}{\lambda} = \frac{c}{\sqrt{1 - \left(\dfrac{\lambda}{\lambda_c}\right)^2}} \tag{5.20}$$

のように導かれ，光速度 c より速くなる．このような波を**速波**という．

モードが伝搬するためには位相定数 $\beta = \dfrac{2\pi}{\lambda_p}$ は実数，すなわち $\lambda < \lambda_c$ $\left(f > f_c = \dfrac{c}{\lambda_c}\right)$ でなければならない．もしも $\lambda > \lambda_c$ ならば，β は純虚数となり，電波は z 方向に指数関数的に急激に減衰する．この λ_c を**遮断波長**，f_c を**遮断周波数**と呼ぶ．

遮断波長の物理的な意味を考えてみる．式 (5.13) (97 ページ) および式 (5.17) (前ページ) から遮断波長は，$m = 1$ の場合，$\lambda_c = \dfrac{2\pi}{k_c} = 2a$ によって与えられることがわかる．したがって，平板間隔 a が与えられると，遮断波長が決まることになる．一方，前ページの図 5.5 に示した平面波の伝搬方向 (平板の垂線に対する

角) θ との関係から，$\cos\theta = \dfrac{\lambda}{2a} = \dfrac{\lambda}{\lambda_c}$ となる．この式の意味することは，上述したように，入射波長 λ は $\lambda < \lambda_c$ でなければならないこと，および λ_c に近くなるにしたがって，θ が 0 に近くなり，波は平板間の反射を繰り返すだけで，z 方向には伝搬しなくなることである．これが遮断状態 (cut off) の物理的な意味である．

与えられた導波路を伝搬する電磁界は境界条件を満足し，それらの k_c は特定の不連続値をとる．そのときの電磁界を**固有モード**といい，$k_c = \dfrac{2\pi}{\lambda_c}$ を**固有値**という．また，最大の遮断波長に対応する最低次の伝搬モードを**基本モード**，ほかを**高次モード**と呼ぶ．一般に TE，TM モードの固有値は異なる．伝送路内の任意の電磁界は，上述のような固有値に対する**モード関数**を用いて，異なるモードの和で表すことができる (**伝搬モード**).

6.　位相速度と群速度

平行平板導波路において平面波が上下の平板で反射を繰り返しながらジグザグに伝搬する様子を図 **5.6** に示す．A から B へ光速 c で伝搬する時間に，波面は A から C まで移動する．この速度は**位相速度** v_p である．また，同じ時間に z 軸に沿う波の移動は A から D である．この速度を**群速度**という．図 5.6 の関係から，次式となる．

$$v_g = c\sin\theta = c\sqrt{1 - \left(\frac{\lambda}{\lambda_c}\right)^2} \tag{5.21}$$

式 (5.20) に示されるように，位相速度が自由空間中の平面波の波長 λ の関数と

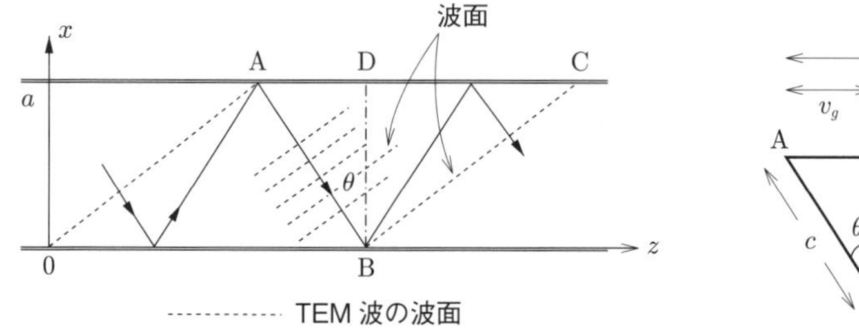

（a）ジグザグに伝搬する平面波の様子

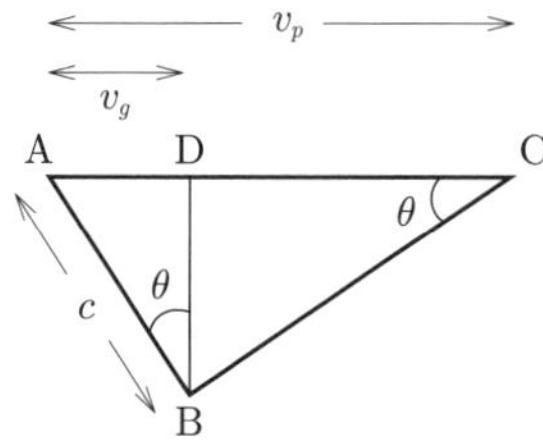

（b）位相速度 v_p と群速度 v_g

図 **5.6**　平行平板導波路における位相速度と群速度の関係

なっている特性を**分散性**という．このように伝搬波が分散性をもつ場合には，**電波エネルギー**は位相速度ではなく，群速度 v_g で伝送されることが示される．一方，通信では，マイクロ波のモードを信号波によって変調して送るので，周波数のわずかに異なる多数の波が合成されて群をつくって伝搬することになる．このときの群速度は，

$$v_g = \left(\frac{d\beta}{d\omega}\right)^{-1} = c\sqrt{1-\left(\frac{\lambda}{\lambda_c}\right)^2} = \frac{c^2}{v_p} = \frac{c\lambda}{\lambda_p} \leq c \qquad (5.22)$$

として求められ (式 (6.35)，142 ページ参照)，前ページの式 (5.21) と一致する．また，式 (5.22) から群速度は光速度以上にはならないことがわかる．

以上，述べてきた電波のモードは，電力を伝送路に沿って伝送する波であるが，これ以外にも，伝送路の外側に放射する波，またはモードが存在する．例えば，伝送路の急激な曲がり部分から外部方向に出ていく**放射波**，さらには，伝搬しながら伝送路の外部の，ある特定の角度方向に位相のそろった波を放射する**漏れ波**などである．この漏れ波は速波であり，**漏れ波アンテナ**などに利用される．

5.3　導波管およびストリップ線路

マイクロ波・ミリ波帯では，導体壁をもつ方形，または円形導波管がよく使われている．本節では，まず導波管の基本的なモードについて考える．この導波管内では TEM モードは境界条件を満足しないので存在できない．一方，平行平板導波路の変形であるストリップ線路では近似 TEM モードが伝搬する．

1.　方形導波管の TE モードと TM モード

方形導波管は，図 **5.7**(a) に示すように，(前節で考察した) 平行平板導波路 (間隔 a) に，さらに xz 面に平行に 2 枚の平行導体板 (間隔 b) を設けて，断面を $a \times b$ の方形の導体パイプ状にした導波路である．したがって，方形導波管では x 方向のみならず，y 方向にも電波は反射を繰り返すことになる．

まず，TE モードの電磁界分布を求めてみる．

93 ページの式 (5.5a) の波動方程式の解 H_z を求める (5.2 節 3. 参照)．式 (5.11) (96 ページ) の類推から，$x = 0, a$ および $y = 0, b$ における境界条件を満足する

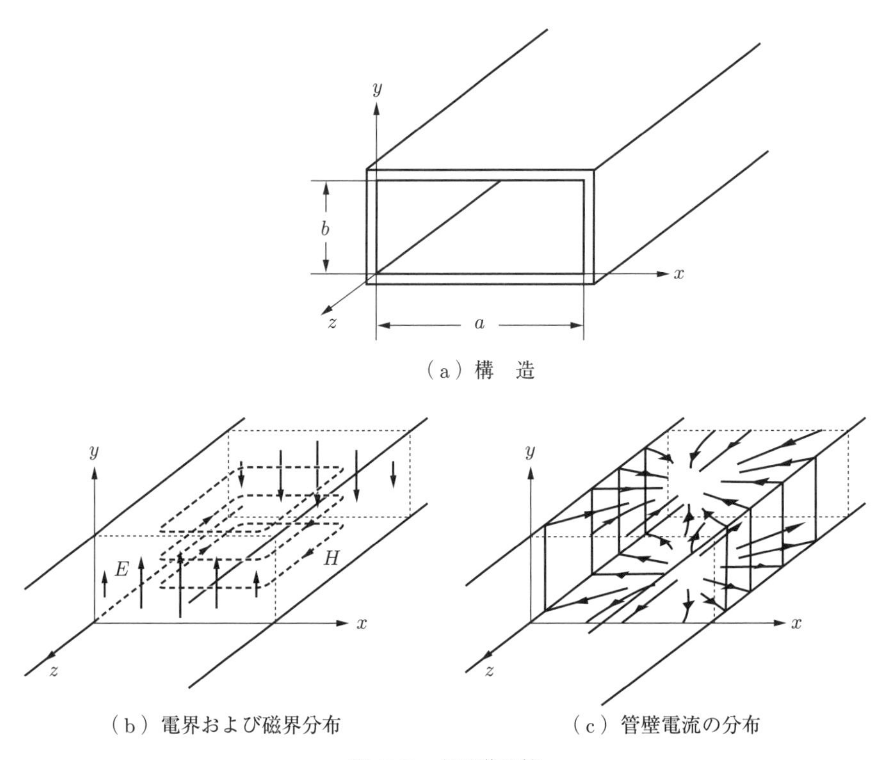

図 5.7　方形導波管

H_z として，次のように仮定するのが妥当であろう．

$$H_z = A\cos(k_x x)\cos(k_y y) \tag{5.23}$$

ここで，

$$k_x{}^2 + k_y{}^2 \equiv k_c{}^2 = k^2 - \beta^2 \tag{5.24}$$

であり，A は未定定数，k_x，k_y はそれぞれ x 方向および y 方向の位相定数であり，その 2 乗の和を $k_c{}^2$ とおいた．

管壁面上では電界の接線成分に対する境界条件 $\boldsymbol{E}_t = 0$ を満足しなければならない．よって式 (5.4a)，(5.4b) から次式が得られる．

$$E_x = -\frac{j\omega\mu}{k^2 - \beta^2}\frac{\partial H_z}{\partial y} = 0 \qquad (y = 0, b)$$

$$E_y = \frac{j\omega\mu}{k^2 - \beta^2}\frac{\partial H_z}{\partial x} = 0 \qquad (x = 0, a)$$

これらの式に，前ページの式 (5.23) で与えられる H_z を代入することによって k_x と k_y が決定される．

$$\begin{cases} k_x = \dfrac{m\pi}{a} \\ k_y = \dfrac{n\pi}{b} \end{cases} \qquad (m, n = 0, 1, 2, \cdots) \tag{5.25}$$

ただし，m と n とが同時に 0 となる場合を除く．これを $\mathbf{TE}_{mn}$ モードと呼び，その電磁界成分は式 (5.4a)～(5.4d) から次のように求められる．

$$\begin{cases} H_z = A\cos(k_x x)\cos(k_y y) \\ E_x = j\dfrac{\zeta k_y \lambda_c}{k_c \lambda} A\cos(k_x x)\sin(k_y y) \\ E_y = -j\dfrac{\zeta k_x \lambda_c}{k_c \lambda} A\sin(k_x x)\cos(k_y y) \\ H_x = -\dfrac{E_y}{\zeta_{\mathrm{TE}}} \\ H_y = \dfrac{E_x}{\zeta_{\mathrm{TE}}} \\ \zeta_{\mathrm{TE}} = \dfrac{\zeta}{\sqrt{1 - \left(\dfrac{\lambda}{\lambda_c}\right)^2}}, \quad \zeta = \sqrt{\dfrac{\mu}{\varepsilon}} \end{cases} \tag{5.26}$$

方形導波管の伝送モードの中で $a > b$ の場合，最大の遮断波長をもつ基本モードは TE_{10} モード ($\lambda_c = 2a$) であり，このモードが最もよく用いられる．このとき，各成分は以下のように表される．

$$\begin{cases} H_z = A\cos\left(\dfrac{\pi x}{a}\right) \\ E_x = E_z = 0 \\ E_y = -j\dfrac{\omega\mu}{k_c} A\sin\left(\dfrac{\pi x}{a}\right) \\ H_x = j\dfrac{\beta}{k_c} A\sin\left(\dfrac{\pi x}{a}\right) \\ H_y = 0 \end{cases} \tag{5.27}$$

ここに，$k_c = \dfrac{\pi}{a}$，$\beta = \dfrac{2\pi}{\lambda_p} = (k^2 - {k_c}^2)^{\frac{1}{2}}$ であるので，λ_p は平行平板導波路に対する式 (5.14) において，$m = 1$ とした場合と同じになる．このときの電磁界分布および管壁電流分布の概略を図 5.7(b)，(c) に示した．

同様に，TM_{mn} モードは E_z から求められ，その解は，管壁上で $E_z = 0$ を満足する E_z として，式 (5.16) (97 ページ) の類推から次式のように仮定するのが妥当であろう．

$$E_z = B\sin(k_x x)\sin(k_y y) \tag{5.28}$$

k_c，k_x，k_y は式 (5.24)，(5.25) で得られたものと同じであるが，$m \neq 0$，$n \neq 0$ である．式 (5.4a)〜(5.4d) を用いて，ほかの電磁界成分を求めることができる．

市販されている方形導波管 (WRJ–n シリーズ) は，標準寸法 $a \times b$ $(a = 2b)$ と使用周波数帯域が定められており，TE_{10} モードのみ伝搬するようになっている．f_{c10}，f_{c20} をそれぞれ TE_{10}，TE_{20} モードの遮断周波数とすると，$f_{c10} < f < f_{c20}$ (波長では $a < \lambda < 2a$) の範囲で単一モードとなる．しかし，実際には，遮断周波数の近くでは線路減衰が増大し，かつ分散特性が悪くなるなどのため，$1.05a \leq \lambda \leq 1.3a$ の波長範囲の電波が用いられる．例えば，WRJ–12 では $a \times b = 19.0 \times 9.5$〔mm〕で $f = 10$〜15〔GHz〕，WRJ–40 では $a \times b = 5.70 \times 2.85$〔mm〕で $f = 33$〜50〔GHz〕である．

2. 円形導波管の TE モードと TM モード

図 **5.8**(a) の円柱座標 (ρ, φ, z) において，TE モードの境界条件は円管壁面上 $(\rho = a)$ で $E_\varphi = \dfrac{j}{\omega\varepsilon}\dfrac{\partial H_z}{\partial \rho} = 0$ となる．この境界条件を満足する H_z の解は，結果のみを示すと，

$$H_z = AJ_m\left(x'_{mn}\frac{\rho}{a}\right)\cos(m\varphi + \theta_m) \tag{5.29a}$$

$$\begin{cases} {J_m}'(x'_{mn}) = 0 \\ x'_{mn} = k_c a \end{cases} \qquad (m = 0, 1, 2, \cdots;\ n = 1, 2, \cdots) \tag{5.29b}$$

となる．ここで，$J_m(x)$ は m 次のベッセル関数，${J_m}'$ はその導関数，θ_m は励振(れいしん)条件により定まる角度，さらに ${x_{mn}}'$ は ${J_m}' = 0$ の n 番目の根である．また，遮

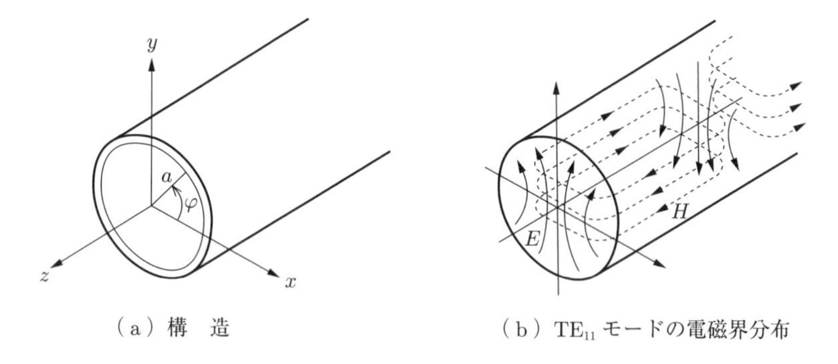

（a）構　造　　（b）TE$_{11}$ モードの電磁界分布

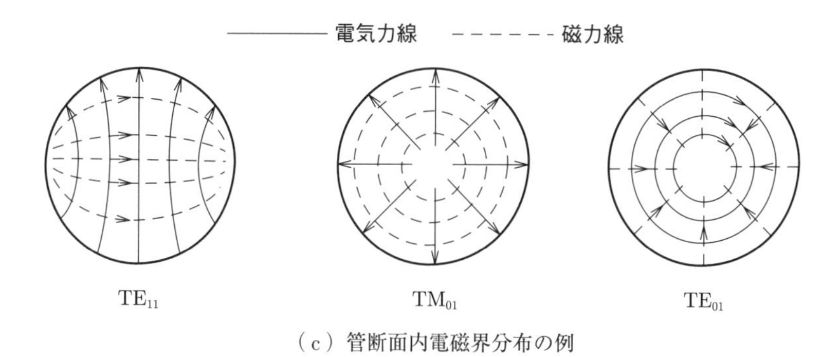

（c）管断面内電磁界分布の例

図 **5.8**　円形導波管

断波長は $\lambda_c = \dfrac{2\pi a}{x_{mn}{}'}$ であり，これより TE$_{mn}$ モードの電磁界成分は，式 (5.4a)〜(5.4d) に対応する円柱座標系の表現式から求めることができるが，ここでは省略する．

最低次モードである TE$_{11}$ モードの電磁界分布の様子を図 5.8(b) に示す．なお $x_{11}{}' = 1.841$ である．一例として直径 $2a = 20$〔mm〕の場合には，TE$_{11}$ モードの遮断波長は $\lambda_c = 34.1$〔mm〕(周波数 8.8 GHz) となる．

同様に，TM モードの E_z は次式で与えられる．

$$E_z = AJ_m\left(x_{mn}\frac{\rho}{a}\right)\sin(m\varphi + \theta_m) \tag{5.30a}$$

$$J_m(x_{mn}) = 0, \quad x_{mn} = k_c a \qquad (m = 0, 1, 2, \cdots ; \ n = 1, 2, \cdots) \tag{5.30b}$$

ここで，x_{mn} は $J_m = 0$ の n 番目の根である．遮断波長は $\lambda_c = \dfrac{2\pi a}{x_{mn}}$ であり，これより TM_{mn} モードの電磁界成分は式 (5.4a)〜(5.4d) に対応する円柱座標系の表現式から求めることができるが，ここでは省略する．

また，図 5.8(c) にいくつかのモードの円形導波管内での電磁界分布の様子を示す．

3.　導波管における低次モードの減衰

これまでの議論では導体壁面の損失を無視してきたが，実際には銅 (固有抵抗 $\rho = 1.73 \times 10^{-6}$〔$\Omega\,\mathrm{cm}$〕) などの導体を用いるので，線路減衰が生じる．その減衰量の例を図 **5.9** に示す．

方形導波管では，いずれのモードも減衰量がある周波数で最小値を示した後，ほぼ $f^{\frac{1}{2}}$ で増大する (本章末の演習問題 6. 参照)．また，円形導波管では，ミリ波帯で実用されている TE_{0m} モードの減衰量は，周波数とともに $f^{-\frac{3}{2}}$ で減少し，ほかのモードの減衰量は方形導波管と類似の特性をもつ．

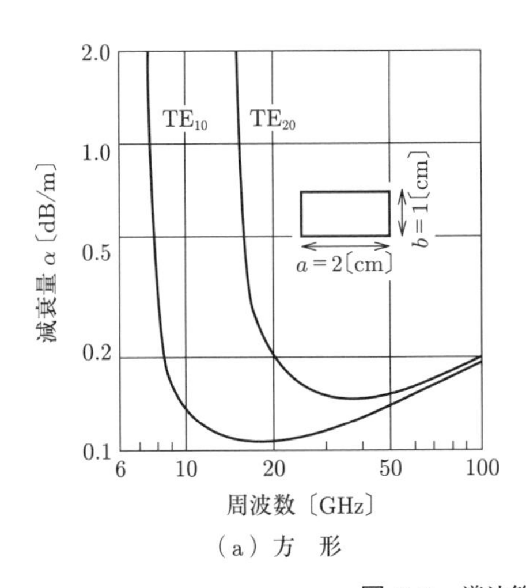

（a）方　形

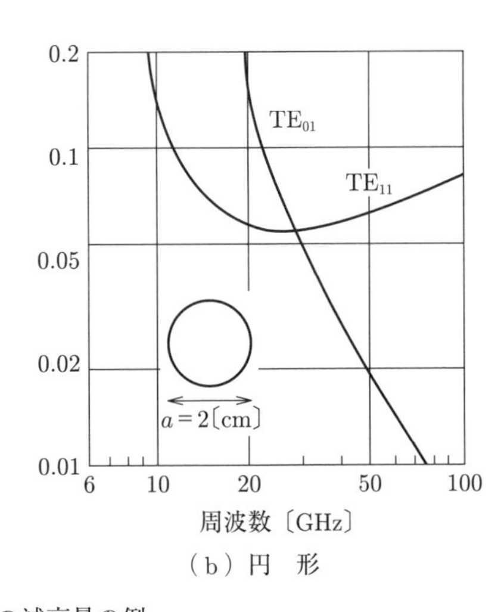

（b）円　形

図 5.9　導波管の減衰量の例

4. ストリップ線路

ストリップ線路は，同軸線路や導波管に比べてきわめて小形軽量につくることができるので，現在マイクロ波・ミリ波帯で回路素子用，**MIC**(Microwave Integrated Circuit) や **MMIC**(Monolithic MIC) 用として広く用いられている．基本的なストリップ線路を図 **5.10** に示す．

図 5.10(a) の**マイクロストリップ線路**は，図 5.1(a) (90 ページ) の平行平板導波路の上部導体板を狭くしたものと考えればよく，開放線路のため電波がわずかに外部空間にもれて放射損を生じるので，厳密には TEM 線路ではない．一方，図 5.10(b) の**平衡形ストリップ線路**は**トリプレート線路**とも呼ばれ，中央のストリップ導体をはさんだ 2 枚の誘電体基板の外側に接地導体板を密着した遮蔽形の線路で，放射損失がない．これらのストリップ線路には，TEM 波に非常に近い伝送モードが伝わるため，波形ひずみが非常に少なく，かつ構造寸法が波長に比べてきわめて小さいので高次モードの遮断周波数も高くなり，したがって，より高い周波数まで使用可能である．

位相定数およびインピーダンスは 5.2 節に述べた諸量がそのまま利用できる．

$$\begin{cases} \beta = k(\varepsilon_e)^{\frac{1}{2}} \\ Z_c = \dfrac{h\zeta}{w_e}(\varepsilon_e)^{-\frac{1}{2}} \end{cases} \tag{5.31}$$

ここで，ε_e，w_e はそれぞれ**実効比誘電率**，**実効幅**である．

マイクロストリップ線路の一例として，誘電体基板がポリエチレン ($\varepsilon_r = 1.77$) の場合には，12 GHz で $Z_c = 50$〔Ω〕とするためには，厚み $h = 0.6$〔mm〕のとき $w = 2.11$〔mm〕，また $h = 1.0$〔mm〕のとき $w = 3.67$〔mm〕となる．

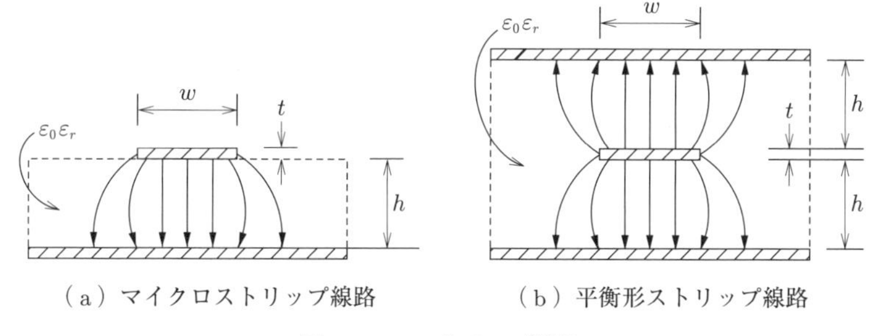

(a) マイクロストリップ線路　(b) 平衡形ストリップ線路

図 **5.10** ストリップ線路

5.4 伝送線路の分布定数回路表示

1. 伝送路の分布定数線路的取扱い

一つのモードに着目した伝搬軸方向に沿う電波のふるまいは，分布定数回路的に取り扱うことができる．一例として，平行平板導波路における TEM モードに関して，対応する分布定数回路を求めることにする．

図 **5.11**(a) に電磁界 E_x，H_y および導体上の面電流密度 K_z の様子を示す．E_x，H_y はすでに式 (5.7a)，(5.7b) (95 ページ) で与えられている．したがって，面電流密度は，

$$K_z(z) = H_y(z) = \frac{E_0}{\zeta} e^{-j\beta z}$$

と書ける．また波動インピーダンス ζ および位相定数 β も，すでにそれぞれ次式で与えられている．

$$\zeta = \left(\frac{\mu}{\varepsilon}\right)^{\frac{1}{2}}, \quad \beta = \omega(\varepsilon\mu)^{\frac{1}{2}}$$

ここでまず，伝送路としての諸量を求める．平板間電圧 $V(z)$〔V〕は次式によって求められる．

$$V(z) = \int_0^a E_x(z)\, dx = aE_0 e^{-j\beta z} \tag{5.32a}$$

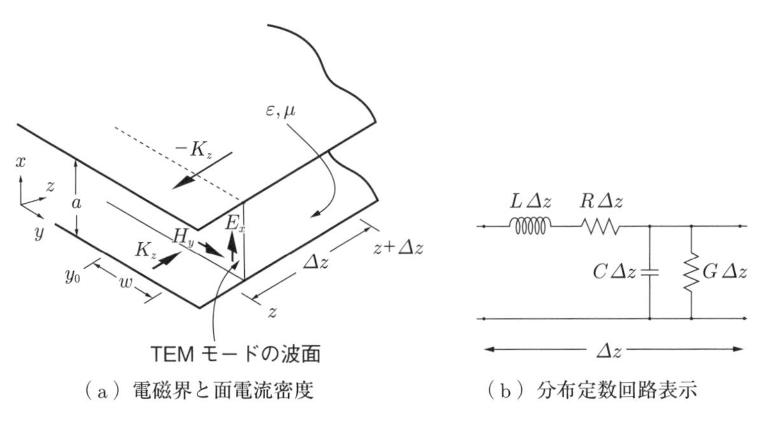

（a）電磁界と面電流密度　（b）分布定数回路表示

図 **5.11**　平行平板導波路における TEM モードに対する分布定数回路表示

また，y 軸に沿う幅 w における下部平板の面電流 $I(z)$〔A〕は，

$$I(z) = \int_{y_0}^{y_0+w} K_z \, dy = wH_y = \frac{wE_0}{\zeta} e^{-j\beta z} \tag{5.32b}$$

となる．したがって，特性インピーダンスは，

$$Z_c = \left| \frac{V}{I} \right| = \frac{a}{w} \zeta \tag{5.33a}$$

となる．また位相定数は $e^{-j\beta z}$ の項から，

$$\beta = \omega(\varepsilon\mu)^{\frac{1}{2}} \tag{5.33b}$$

であることがわかる．以上で，この平行平板導波路の TEM モードに関する諸量が明らかになった．

一方，単位長さあたりの静電容量 C〔F/m〕およびインダクタンス L〔H/m〕をもつ分布定数回路における電圧，電流は一般に次の関係がある．

$$\begin{cases} \dfrac{dV}{dz} = -j\omega LI \\ \dfrac{dI}{dz} = -j\omega CV \end{cases} \tag{5.34}$$

ただし，実際の伝送路では，わずかに導体損や誘電体損が存在するので，その場合には，

$$\begin{cases} \dfrac{dV}{dz} = -(R + j\omega L)I \\ \dfrac{dI}{dz} = -(G + j\omega C)V \end{cases} \tag{5.35}$$

と表される．ここで，R，G は単位長さあたりの直列抵抗〔Ω/m〕と並列コンダクタンス〔S/m〕である．これを分布定数回路で表すと前ページの図 5.11(b) になる．したがって，式 (5.35) の二つの関係式から，I および V を消去して得られる V および I に関する波動方程式の解は，前進波のみをとると次式のように与えられる．

$$\begin{cases} V(z) = V_i e^{-\gamma z} \\ Z_c I(z) = V_i e^{-\gamma z} \end{cases} \tag{5.36a}$$

ただし,

$$\begin{cases} \gamma = \sqrt{(R + j\omega L)(G + j\omega C)} \\ Z_c = \sqrt{\dfrac{R + j\omega L}{G + j\omega C}} \end{cases} \tag{5.36b}$$

である. ここで, $\gamma = \alpha + j\beta$ は伝搬定数, α, β はそれぞれ減衰定数および位相定数, Z_c は線路の特性インピーダンスである. 特に無損失線路 $(R = G = 0)$ の場合, 特性インピーダンスと位相定数は次式で表される.

$$\begin{cases} Z_c = \sqrt{\dfrac{L}{C}} \\ \beta = \omega\sqrt{LC} \end{cases} \tag{5.37}$$

また, 平行平板の y 軸に沿う幅 w, z 軸に沿う単位長さあたりにおける静電容量 C, およびインダクタンス L は, その定義により容易に求められ, それぞれ次式で与えられる.

$$C = \frac{(\text{電荷}/m)}{\text{電圧}} = \frac{\varepsilon E_x w}{E_x a} = \frac{\varepsilon w}{a} \quad 〔\text{F/m}〕 \tag{5.38a}$$

$$L = \frac{(\text{磁束}/m)}{(\text{電流})} = \frac{\mu H_y a}{w K_z} = \frac{\mu a}{w} \quad 〔\text{H/m}〕 \tag{5.38b}$$

この C および L を式 (5.37) に代入すると, 分布定数線路の特性インピーダンスと位相定数は次のように求められる.

$$\begin{cases} Z_c = \sqrt{\dfrac{\mu a}{w}\dfrac{a}{\varepsilon w}} = \zeta\dfrac{a}{w} \\ \beta = \omega\sqrt{\dfrac{\mu a}{w}\dfrac{\varepsilon w}{a}} = \omega\sqrt{\varepsilon\mu} \end{cases} \tag{5.39}$$

この Z_c と β は, それぞれ前ページの式 (5.33a) と式 (5.33b) に一致していることがわかる. また, $V_i = aE_0$ とおくと, この分布定数回路の電圧, 電流の式 (5.36a) は平行平板導波路の電圧, 電流の式 (5.32a), (5.32b) に一致する. したがって, 分布定数線路は平行平板導波路に等価になっていることがわかる.

分布定数回路表示をしておくと, 種々の取り扱いが容易になる (次節参照). 一例として, よく使用される同軸線路 (図 5.1(c), 90 ページ参照) の場合, 内外導体の半径をそれぞれ a, b とすると,

$$\begin{cases} C = \dfrac{2\pi\varepsilon_0\varepsilon_r}{\ln\dfrac{b}{a}} \quad \text{〔F/m〕} \\ L = \dfrac{\mu_0}{2\pi}\ln\dfrac{b}{a} \quad \text{〔H/m〕} \end{cases} \tag{5.40}$$

で与えられる．銅などの金属壁面の導体損失による減衰定数が最小となる $\dfrac{b}{a} = 3.59$ の場合，$\varepsilon_r = 1$ のとき $Z_c = 76.7$〔Ω〕，$\varepsilon_r = 2.3$ のとき $Z_c = 50.6$〔Ω〕となる．

2. 反射波と定在波

線路に障害物などがあり，反射波が生じている場合は，109 ページの式 (5.36a) の電圧，電流は一般に次のように与えられる．

$$V(z) = V_i e^{-\gamma z} + V_r e^{+\gamma z}, \quad Z_c I(z) = V_i e^{-\gamma z} - V_r e^{+\gamma z}$$

第 1 項は入射波，第 2 項は反射波を表し，入射波と反射波が合成されて**定在波**を生じる．この様子を図 **5.12**(a) に示す．以下簡単のため，減衰が無視できる程度に短い線路を考え，$\alpha = 0$ と近似して上式を次式のようにおく．

$$\begin{cases} V(z) = V_i e^{-j\beta z}(1 + \Gamma) \\ Z_c I(z) = V_i e^{-j\beta z}(1 - \Gamma) \end{cases} \tag{5.41a}$$

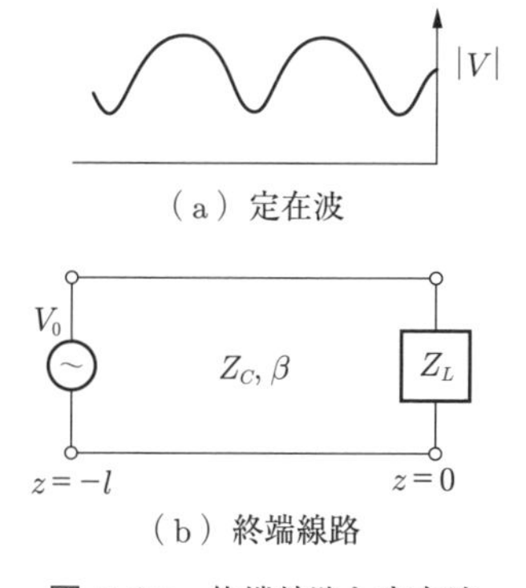

図 **5.12** 終端線路と定在波

$$\begin{cases} \Gamma(z) = \dfrac{V_r e^{j2\beta z}}{V_i} = |\Gamma(0)|e^{j(2\beta z+\varphi)} \\ \Gamma(0) = \dfrac{V_r}{V_i} = \left|\dfrac{V_r}{V_i}\right| e^{j\varphi} \end{cases} \tag{5.41b}$$

ここで，Γ は**電圧反射係数**である．さらに反射の度合いを表す量として電圧の最大最小の比を，

$$S = \frac{|V_i| + |V_r|}{|V_i| - |V_r|} = \frac{1 + |\Gamma(0)|}{1 - |\Gamma(0)|} \tag{5.42}$$

で定義する．この S は**電圧定在波比** (Voltage Standing Wave Ratio；VSWR) と呼ばれており，$1 \leq S$ である．

3. インピーダンスとスミス図表

いま図 5.12(b) のように，終端に Z_L の負荷インピーダンスを接続した線路の任意点より，負荷側を見たインピーダンス $Z(z)$ は次のようになる．

$$Z(z) = \frac{V(z)}{I(z)} = \frac{Z_c(1 + \Gamma(z))}{1 - \Gamma(z)} \tag{5.43a}$$

$$Z(z) = Z_c \frac{Z_L \cos(\beta z) - jZ_c \sin(\beta z)}{Z_c \cos(\beta z) - jZ_L \sin(\beta z)} \tag{5.43b}$$

いくつかの負荷インピーダンスの値に対する $\Gamma(0)$，S，$Z(-l)$ の値を以下に示す．

(1) $Z_L = Z_c$；$\Gamma(0) = 0, \quad S = 1, \quad Z(-l) = Z_c$

(2) $Z_L = 0$；$\Gamma(0) = -1, \quad S = \infty, \quad Z(-l) = jZ_c \tan(\beta l)$

(3) $Z_L = \infty$；$\Gamma(0) = 1, \quad S = \infty, \quad Z(-l) = -\dfrac{jZ_c}{\tan(\beta l)}$

(4) $Z_L = jZ_c$；$\Gamma(0) = j, \quad S = \infty, \quad Z(-l) = jZ_c \exp(j2\beta l)$

また，

$$\frac{Z\left(z \pm \dfrac{\lambda_p}{4}\right)}{Z_c} = \frac{Z_c}{Z(z)} = \frac{Y(z)}{Y_c} \tag{5.44}$$

が成り立ち，ある点から $\dfrac{1}{4}$ 波長移動した点から見た，特性インピーダンス Z_c で正規化されたインピーダンス $\dfrac{Z}{Z_c}$ は，もとの位置における正規化アドミッタンス $\dfrac{Y}{Y_c}$ になっていることがわかる．

TEM モードを導く線路は一義的に特性インピーダンスが定まるが，そのほかの導波管などは定義のしかたによって特性インピーダンスの値が異なる．しかし正規化インピーダンスは一義的に決定される．

いま，式 (5.43a) において，正規化インピーダンス，反射係数を，

$$\begin{cases} \dfrac{Z(z)}{Z_c} = r + jx \\ \Gamma(z) = u + jv = \dfrac{r - 1 + jx}{r + 1 + jx} \end{cases} \tag{5.45}$$

とおくと，以下の式を得る．

$$\left(u - \frac{r}{r+1}\right)^2 + v^2 = \left(\frac{1}{r+1}\right)^2 \tag{5.46a}$$

$$(1-u)^2 + \left(v - \frac{1}{x}\right)^2 = \left(\frac{1}{x}\right)^2 \tag{5.46b}$$

式 (5.46a) は r が一定の円群を表し，式 (5.46b) も x が一定の円群を表すが，$|u + jv| \leq 1$ であるから単位円内の曲線部分のみが有効であり，図 **5.13** のよう

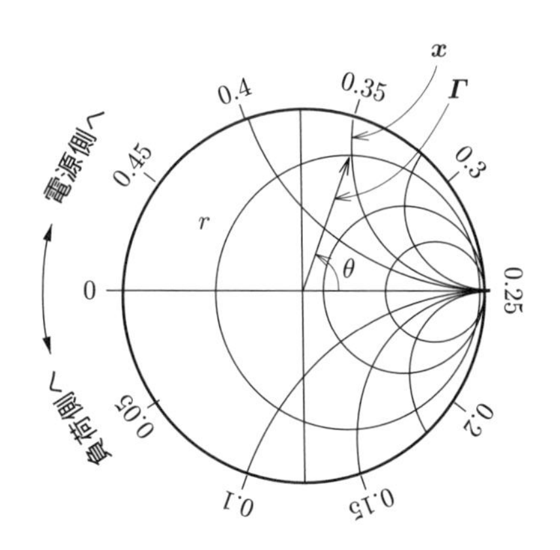

図 **5.13** スミス図表

なスミス図表 (Smith chart) が得られる．112 ページの式 (5.41b) から反射係数の位相 $\theta = 2\beta z + \varphi$ は，z がある位置から正の向きに移動 (負荷側へ) すると増加 (左回り) し，逆に負の向きに (電源側へ) 移動すると減少 (右回り) する．

$$2\beta z = \frac{2\pi z}{\dfrac{\lambda}{2}}$$

であるから，z が半波長移動すれば 2π，すなわち 360° 回転することになる．また z が $\dfrac{1}{4}$ 波長移動すると 180° 回転し，式 (5.44) から，もとの位置の量の逆数，すなわち正規化アドミッタンスまたはインピーダンスを与えることになる．いいかえると，スミス図表は反射係数の位相を角度で示すとともに，位置を線路波長で正規化して示している．

スミス図表を用いると，複雑な複素数の計算なしで，特性インピーダンス Z_c の線路と異なる負荷インピーダンスや，別の線路を反射なく接続すること (これを**インピーダンス整合**という) が容易に設計できる．

5.5 マイクロ波回路素子

マイクロ波・ミリ波帯で用いられる各種回路においても，集中定数線路の場合と同様に各種の回路素子が必要となる．以下では，マイクロ波・ミリ波帯における代表的なリアクタンス素子，共振器，方向性結合器などについて解説する．

1. リアクタンス素子

リアクタンス素子とは，伝送路に誘導性または容量性のリアクタンス成分を与えるために付加される伝送路素子である．リアクタンス素子として代表的なものを図 **5.14** に示す．(a)～(c) では，TE_{10} モードのみが伝搬できる方形導波管の途中に挿入されるリアクタンス素子例を示している．これらの電界は図の上下方向を向いており，金属板や金属棒を導波管内に挿入すると障害物となり，電磁界は，TE_{10} モードのみでは障害物上で境界条件を満たせず，多数の高次モードが障害物近傍に発生する．これらの高次モードは遮断域にあるため，障害物のまわりにエネルギーが蓄積され，リアクタンスを生じる．(a) の金属の絞りは，電界が絞り (または窓) の方向に集中するため**容量性**となり，また (b) の絞りは，磁界が左

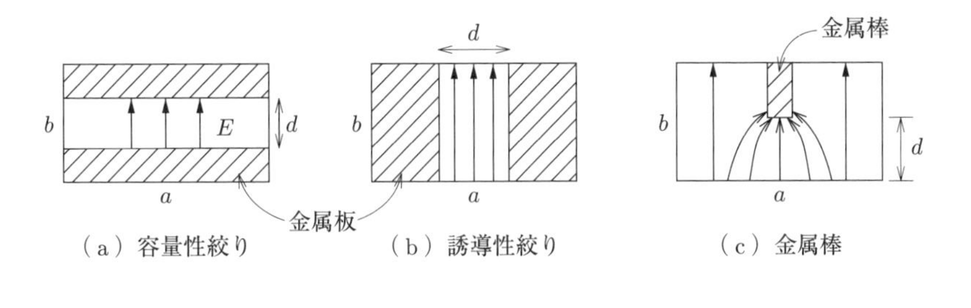

（a）容量性絞り　（b）誘導性絞り　（c）金属棒

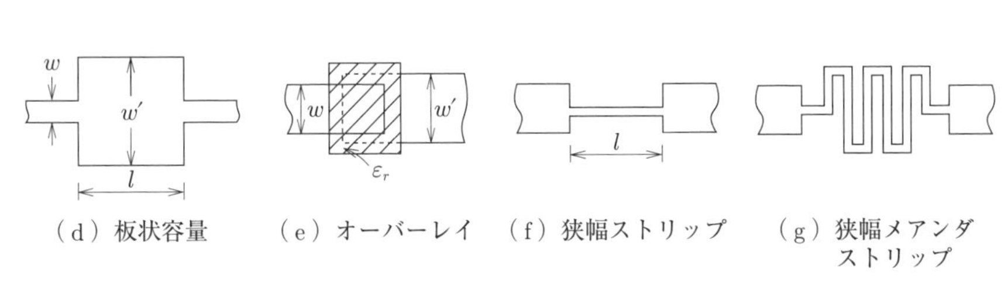

（d）板状容量　（e）オーバーレイ　（f）狭幅ストリップ　（g）狭幅メアンダストリップ

図 5.14　導波管およびストリップ線路のリアクタンス素子の例

右に集中するため**誘導性**を呈する．(c) では細い金属棒の先端部に電界が集中し，金属棒側面には磁界が集中して電流が流れるので，金属棒の効果はインダクタンス L と容量 C の直列の等価回路で表される．棒の挿入長が短いときには容量的に，長いときには誘導的に働き，挿入長がほぼ $\dfrac{\lambda_p}{4}$ のとき棒は直列共振を起こし短絡状態となる．このような金属棒は**スタブ**とも呼ばれ，その挿入長を変えることにより，等価サセプタンスを広く変えられるので，インピーダンス整合素子として広く実用されている．

(d)，(f) のように，ストリップ線路の途中の部分を広くしたり，狭くしたりしても，リアクタンス素子が得られるが，それらの容量やインダクタンスの値は数 pF や数 nH 程度と小さい．大きい値の容量やインダクタンスを得るためには，(e) の薄い誘電体層をはさんでストリップ導体を重ねた**オーバレイコンデンサ**や，(g) の導体薄膜の**メアンダ状インダクタ**などを用いる必要がある．

(a)，(b)，(c) に示すような方形導波管のリアクタンス素子の手法は，マイクロストリップ線路の場合にも適用されており，例えば (c) に対応するストリップ線路のスタブは，終端を短絡，または開放した別のストリップ線路をストリップ導体の側方に接続することによって得られる．

2. 共振器

共振器は，ある特定の周波数の電波エネルギーを蓄積する素子であり，ある周波数の電波を発生させたり，選択したりするために用いられる．低周波の集中定数回路では LC 共振器となる．マイクロ波・ミリ波帯では伝送路の一部を用い，その周囲を電気壁，磁気壁で覆って電波エネルギーを閉じ込めて共振器を構成することが多く，高い **Q 値** (quality factor) が得られる．それらのいくつかを図 **5.15** に示す．Q 値は蓄積エネルギーを W，失われる電力を P_l とすると，$Q = \dfrac{\omega W}{P_l}$ で与えられる．

(a) は**円形空胴共振器**で TE_{01n} モードを用いた場合を示す．このモードは無負荷の Q 値が $Q_0 = 10^4 \sim 10^5$ と高く，精密級の波長計に用いられている．このような導波管形空胴共振器は長さ $l = \dfrac{n\lambda_p}{2}$ $(n = 1, 2, \ldots)$ で両端を短絡してつくられる．

(b) は TEM 波の**同軸共振器**であり，l は励振波長の $\dfrac{1}{2}$ の整数倍の長さに選ばれる．(c) は内導体を短くした**半同軸形空胴共振器**で，全長を極端に短くした**リエントラント形空胴共振器**は発振器用として用いられている．

ストリップ線路用の共振器としては，(d) の $\dfrac{\lambda_p}{2}$ 線形，(e) の U 字形，(f) の円

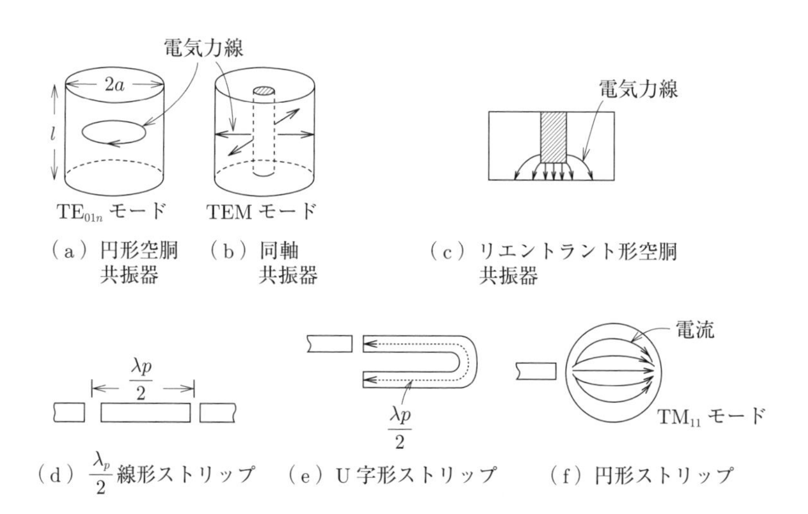

（a）円形空胴共振器　（b）同軸共振器　（c）リエントラント形空胴共振器

（d）$\dfrac{\lambda_p}{2}$ 線形ストリップ　（e）U 字形ストリップ　（f）円形ストリップ

図 **5.15**　さまざまな共振器

形などのストリップ共振器がある．円形ストリップ共振器は $Q_0 = 300$〜400 であり，マイクロストリップでこれを構成すると，共振形のパッチアンテナとなり，広く使用されている．

3.　方向性結合器

方向性結合器とは，図 **5.16**(a) に示すように，主線路が副線路と結合しているとき，ポート 1 からの入力波はポート 2 およびポート 4 に結合するが，ポート 3 には結合しない，すなわち結合に方向性をもっている素子のことをいう．

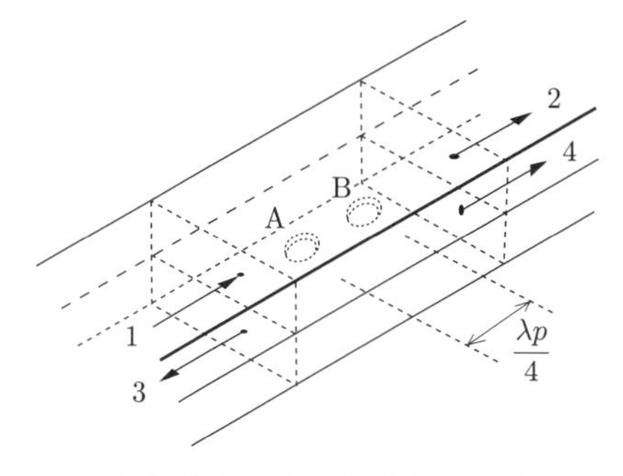

（a）導波管形 2 孔方向性結合器

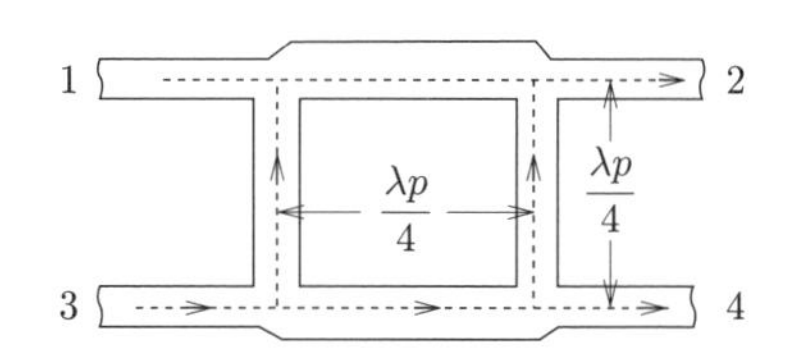

（b）ストリップ形分岐方向性結合器

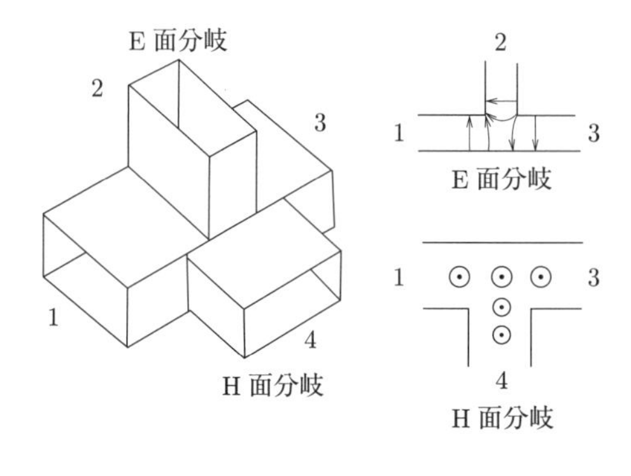

（c）導波管形マジック T

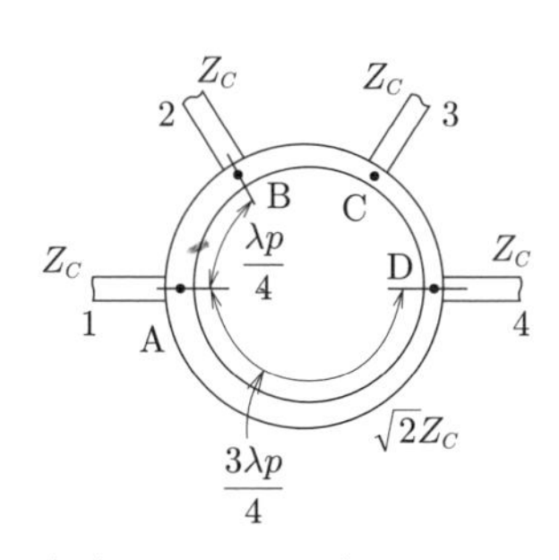

（d）ストリップ形マジック T

図 5.16　方向性結合器とマジック T

最も簡単なものは，2孔結合導波管形の方向性結合器で，図5.16(a)に示すように，2本の導波管を密着させ，密着面に $\frac{\lambda_p}{4}$ 間隔で2個の結合孔A，Bのある構造をもっている．図で上側の導波管の1から入射した電力は，AおよびBを通って下側の導波管中にそれぞれ左右に半分ずつ分かれて伝搬する．このとき4へ進む波は，A，Bいずれを通ってもそれらの走行距離が等しく同位相で相加わり合う．一方，3へ出ていく波は，A，Bそれぞれを通ってきたものの走行距離差は $\frac{\lambda_p}{2}$ となって，π の位相差があり，互いに打ち消し合って合成波はゼロとなる．同様に，2から1のほうへ伝搬する波は，3へは出ていくが4へは出ていかないことになる．(b)は，この種の回路をストリップ線路で構成した分岐形方向性結合器である．

(c)は**導波管形マジックT**といい，重要な回路素子である．TE_{10} モードのみ伝搬可能な方形導波管において，広い管壁面でT字形に別の導波管を接続したものを**E面分岐回路**，同様に狭い管壁面で接続したものを**H面分岐回路**と呼ぶ．図には，これらの回路の分岐近傍の電界も示している．E面分岐回路ではポート1と3は互いに逆位相となり，H面回路ではそれらが同相となる．もしも導波管形マジックTのすべてのポートが整合されているとき，2から電力を入射したとすると，ポート1および3には等振幅逆位相の伝送波が生じるが，4には奇モードの高次モードしか生じず，これらは遮断域にあるため4には電力が出ていかない．次に，4から電力を入射すると，1および3には等振幅同位相の伝送波が生じ，2には電力は出ていかない．また，1から入射された波は等分されて2および4に出ていき，3へは出ていかない．同様に，3からの入射波は二分されて2と4に出ていき，1へは出ない．このような特性を利用して，導波管形マジックTはインピーダンスブリッジや低雑音の周波数変換器などに応用されている．

(d)はストリップ線路で構成した**3dBハイブリッド結合器**またはストリップ形マジックTである．弧AB，BC，CDはすべて $\frac{1}{4}$ 波長，弧ADは $\frac{3}{4}$ 波長に選んである．したがって，線路1から入射した電力は点Aで二等分され，右または左回りに進むが，この二つの波は点Bおよび点Dでは同相で相加され，点Cでは逆相で打ち消し合う．すなわち，線路2と4には入射電力の $\frac{1}{2}$ の出力が得られるが，線路3には出力が出ないので3dBのハイブリッド結合器またはストリップ形マジックTとして働く．

5.6 マイクロ波の利用システム

マイクロ波はすでに衛星通信，衛星放送，レーダ，移動体通信，電子レンジなど広範囲に利用されているが，さらに宇宙発電衛星からのマイクロ波電力伝送システムなども計画されており，今後も，その利用範囲は広がることが予想される．

ここでは，レーダおよび移動体通信システムの基本について簡単に触れよう．

1. レーダ

レーダ (RAdio Detection And Ranging；RADAR) の原理の発明は1925年であり，電波による検知と距離測定をする装置と訳されるが，今日では，それ以上の働きをするものになっている．

(1) レーダの働き

レーダは，反射波 (エコー) の受信によって，遠隔点の目標物の距離，方位，形状，組成などの情報を得て映像化する装置である．光学機器による測定よりも検知距離が格段に大きく，かつ正確であり，暗夜，雲，霧，雨など視界不良の場合における効果が大である．そのため，レーダは船舶航行，航空管制，宇宙開発，天文学，地形・資源探査，気象など多方面に利用されている．

図 **5.17** は，ある一つの端子からの入力信号が定まった方向の隣接端子にのみ出力されるサーキュレータを利用して，一つのアンテナで送信し，目標物から反射してきた電波を同じアンテナで受信するレーダの例を示している．

(2) レーダの形式

レーダを電波の形式によってみると，1935年ごろまでは**CW**(連続波) レーダが用いられ，それ以後パルスレーダが登場し，次いで**FM**(周波数変調) レーダが開発されている．

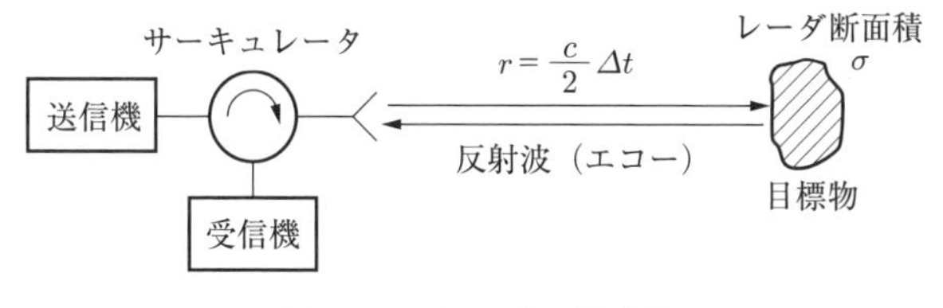

図 **5.17** レーダの構成例

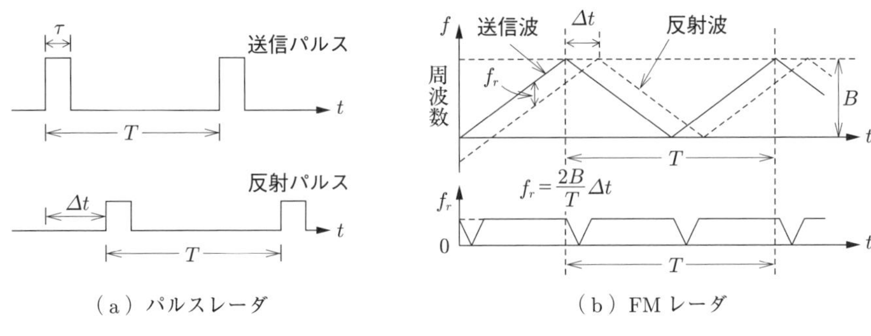

（a）パルスレーダ　（b）FM レーダ

図 5.18 レーダの送信波と反射波の関係

CW レーダはドップラー効果 (Doppler effect) を利用することで，物体の速度は測ることができるが，自らとの間の距離は測定できない．レーダによる距離測定方法についてパルス方式と FM 方式について示したのが図 **5.18** である．

パルスレーダでは，幅 τ〔s〕のパルスをある周期で送信し，反射波との往復の時間差 Δt を測定すれば距離 r が $r = \frac{c\Delta t}{2}$ として求められる．FM 方式では，送信波の周波数を時間とともに一定の割合で変化させれば，反射波の周波数は送信波の周波数と異なってくるので，それらの周波数差を測定すれば電波の往復に要した時間 Δt がわかり，レーダと物体間の距離が求められる．

なお，目標物が移動し反射波にドップラー周波数 f_d が加わる場合は，周波数差は $f_1 = f_r - f_d$，$f_2 = f_r + f_d$ の二つが生じ，これらより $f_r = \frac{f_1 + f_2}{2}$ を求めると，Δt が求められ，距離が決定できる．

(3) 分解能

目標物を分離識別できる能力を**分解能**といい，距離分解能，方位分解能，速度分解能がある．電波は $1\,\mu$s の間に 150 m 往復するので，距離分解能 Δr は送信パルス幅 τ〔μs〕とは，$\Delta r = 150\tau$〔m〕の関係にある．したがって，距離分解能を上げるには，原理的にはパルス幅をできるだけ小さくすればよい．

2. 移動体通信システム

いつでもどこからでも，通話ができ，情報を送受できることを通信は目指している．そのような通信を可能にしているのが電波を利用している**移動体通信システム**である．

図 **5.19** に移動体通信システムの概略を示す．携帯電話（スマートフォンを含む）などの**移動体端末**は音声，文字，画像や動画を電気信号に変えて，電波を用いて最も近くの無線基地局と通信を行っている．一つの無線基地局がカバーする通信可能な範囲を**セル**と呼ぶ．セルの大きさは，狭いもので半径数 10 m（都市部），広いもので半径数 km（郊外）の範囲である．多くの基地局を設置してセルをつなげることで，広い範囲で携帯電話を使うことができる．

携帯電話は，通話をしていなくても，自動的に電波を発射して近くの無線基地局と通信を行い，その携帯電話がどのセルの中にあるかをホームメモリ局に位置情報として登録している．移動体通信ネットワークでの通信量は年々大きくなっており，ネットワークには高速大容量の光ファイバが使われている．携帯電話と無線基地局の間は移動可能な電波が使われているが，それ以外はほとんどすべて光ファイバが通信を担っている．

携帯電話から電話をかけると，電波を受け取った無線基地局は，光ファイバを通して信号を**交換局**に送る．交換局はホームメモリ局にある相手の携帯電話の位

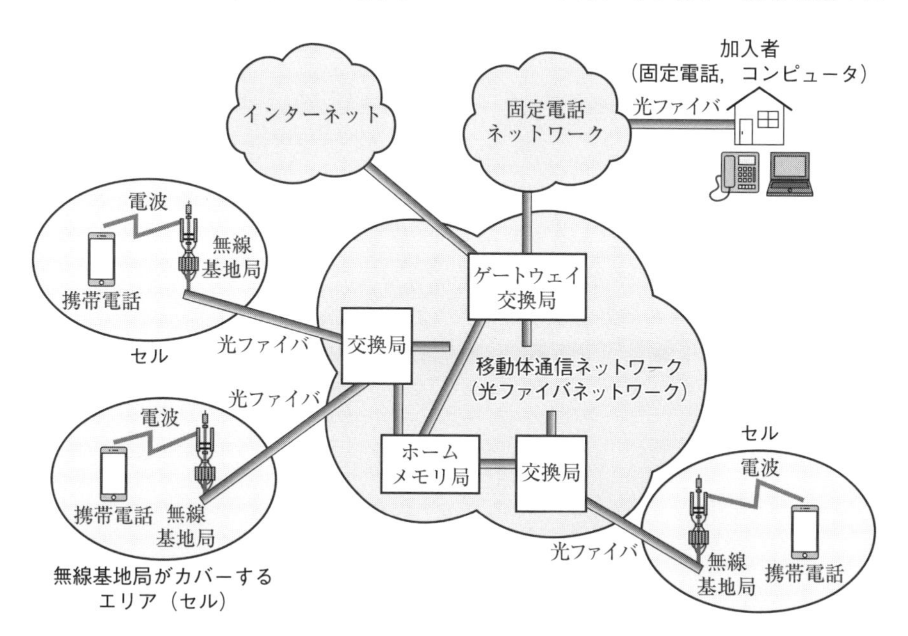

図 **5.19** 移動体通信システム

置情報を調べて，相手の携帯電話のあるセルの無線基地局に回線をつなぎ，電波を発信して相手を呼び出す．携帯電話から固定電話に接続するには，ゲートウェイ交換局を通って，固定電話ネットワークに入り，加入者の固定電話に接続する必要がある．インターネットを利用するには，ゲートウェイ交換局からインターネットに入ることが必要で，これによってウェブ（World Wide Web; WWW）ページの閲覧，電子メール，ファイル転送などを行うことができる．

一般に無線基地局は地上にある．台風，地震，津波などの自然災害で，地上にある基地局が破壊されると，携帯電話は使えなくなる．人工衛星を基地局とすれば，地上の災害による影響も受けず，また世界中どこからでも通話ができるようになる．静止衛星は地上から 36000 km も離れているために，遅延時間は 0.24 秒もあり，しかも衛星からの電波は弱くなるために受信するには大きな地上アンテナが必要となる．遅延時間とアンテナの大きさを小さくするために，低い軌道を周回する低軌道周回衛星を用いて全地球をカバーした衛星携帯電話の通信システムもある．この場合，衛星間は電波で通信を行い，衛星携帯電話間では地球上の基地局を使わない．固定電話や通常の携帯電話と通信するときは，地球上の基地局を通して行う．

衛星携帯電話は通常の携帯電話とあまり変わらない大きさで，携帯電話とほとんど同じ感覚で会話ができ，しかも地球上どこからでも通話できる．移動体通信ネットワークが十分に整備されていない地域，山岳地帯，砂漠や洋上でも使用でき，地上で災害が起こったときでも通話可能である．したがって，警察署，消防署，市町村，企業などの非常災害時のバックアップとして，また，自衛隊，調査船，漁船，商船・客船などの海上での安定的な通信手段として，さらには山岳会，森林組合，登山家や冒険家などの固定・携帯電話エリア外での利用に使われている．

演習問題

1. 電磁界が固有抵抗 ρ〔Ωm〕の良導体表面から侵入したときの表面抵抗 R_s は，表皮厚 $\Delta = \left(\dfrac{2\rho}{\omega\mu_0}\right)^{\frac{1}{2}}$ を用いて $R_s = \dfrac{\rho}{\Delta}$〔Ω〕で与えられる．これは線路方向の断面 $\Delta \times 1$〔m^2〕，長さ 1 m の薄い板状体の示す抵抗値である．また線路の減衰定数 α〔dB/m〕は式 (5.36b) から $\alpha = \dfrac{R}{2Z_c}$〔Np/m〕$= 8.686\dfrac{R}{2Z_c}$〔dB/m〕で近似される．この考えを同軸線路に適用して，銅の線路の減衰定数 α を，$a = 0.5$〔mm〕，$b = 1.8$〔mm〕，導体間媒質の比誘電率 $\varepsilon_r = 1$ または 2.3 の同軸線路の場合で，周波数 $f = 200$〔MHz〕，10〔GHz〕について求めよ．
2. 間隔 $a = 10$〔mm〕の平行平板導波路の $\mathrm{TE}_1(m = 1)$ モードのみを伝搬させるためには，どのような周波数で励振すればよいか．また $f = 20$〔GHz〕のとき，このモードの位相速度 v_p，群速度 v_g はそれぞれ光速 c の何倍になるか．
3. 同軸線路の内外導体の半径を a，b とし，b を一定にしたとき，減衰量が $\dfrac{b}{a} = 3.59$ のとき最小値をとることを示せ．
4. 間隔 a の平行平板導波管内で反射を繰り返す波は，二つの平面波

$$E_{y1} = Ae^{-jk(x\cos\theta + z\sin\theta)}, \qquad E_{y2} = -Ae^{-jk(-x\cos\theta + z\sin\theta)}$$

の合成であると考えられる．この合成波は方形導波管の TE_{m0} モードと同じ電磁界を与えることを示せ．

5. $a = 13$〔mm〕，$b = 6.5$〔mm〕の空気で満たされた方形導波管に，(a) 5 GHz，(b) 10 GHz，(c) 15 GHz，(d) 20 GHz の電波は伝搬可能か．また，伝搬可能な場合の管内波長を求めよ．
6. 問題 1. で TEM 線路の導体壁面の表面抵抗 R_s のオーム損による減衰量 α について考察したが，この減衰量は一般に $\alpha = \dfrac{P_l}{2P}$〔Np/m〕で与えられる．ここに P〔W〕は伝送路の軸方向に運ばれる全伝送電力，P_l〔W/m〕は線路単位長さあたりに導体壁面上の電流による全オーム損で，

$$P = \frac{1}{2}\mathrm{Re}\int_S (\boldsymbol{E} \times \boldsymbol{H}^*)_z\, dxdy, \quad P_l = \frac{R_S}{2}\int_C |\boldsymbol{H}_t|^2\, dl$$

で表される．積分記号 S は伝送路の全断面を，C は断面 S 内の導体表面上の電流が流れる部分の長さである．$\boldsymbol{H}_t$ は導体表面における完全導体の場合の磁界の接線方向成分である．$a = 10$〔mm〕，$b = 5$〔mm〕の方形導波管 TE_{10} モードの $f = 20$

〔GHz〕における減衰定数を求めよ．

7. 無損失線路において，任意点の複素電圧が $V(z) = 25e^{-j4\pi z} + 5e^{j4\pi z}$〔V〕，特性インピーダンスが $Z_c = 50$〔Ω〕であるとき，以下を求めよ．

(1) 電流 $I(z)$

(2) 線路波長 λ

(3) 負荷端 $z = 0$ における電圧反射係数 $\varGamma$

(4) 負荷インピーダンス Z_L

(5) 電圧定在波比 S

(6) 負荷から最短の電圧最小点の距離 d

8. 特性インピーダンス 75 Ω の線路と 300 Ω の負荷を接続する場合，それらの間に $\dfrac{1}{4}$ 波長線路を挿入して 75 Ω の線路との接続点で反射をなくしたい．
このとき，$\dfrac{1}{4}$ 波長線路の特性インピーダンスを何 Ω にすればよいか．

第6章
光の伝送路

最近の携帯電話 (スマートフォンなど) を用いた移動体通信システムには，5G (第 5 世代の移動体通信規格) が導入されている．5G では通信速度が格段に上がる高速化，リアルタイムで通信や遠隔地の機器を操作できる低遅延化，スマートフォンだけでなく，身のまわりのあらゆる機器をインターネットに接続可能にする多数同時接続が実現される．いまや情報端末，家庭内機器，遠隔操作のロボットや重機，自動車などすべてのものがインターネットにつながる IoT (Internet of Things) の時代である．さらなる高速・大容量化を目指して 6G の開発も始まっている．

移動体通信では，4K／8K 動画に代表される動画コンテンツの大容量化，IoT により多くの機器が接続されることによる情報量の増大，また，医療，教育，セキュリティなどの分野における高精細静止画・動画コンテンツの大容量化などにより，今後とも情報のトラフィックの増大は続くと思われる．移動体通信は，移動体端末 (スマートフォンなど) と基地局のアンテナの間は無線で通信されるが，アンテナから先は光ファイバを用いて情報が高速で送られている．このような情報化社会になくてはならないものが，超高速・大容量の光ファイバ通信である．

本章では，光ファイバの中をどのように光が伝わるかについて学ぶ．さらに，光ファイバ通信はどのように大容量化されているかについて解説する．

6.1 光はどのように光導波路を伝わるか

1. 種々の光導波路

光はどのようにして光導波路の中を導かれるのだろうか．光も電磁波であるので，金属で囲って，反射させながら光を導けばよいように考えられる (第5章参照)．しかしながら，光の周波数では，金属は導体として働かず，損失の大きな誘電体となってしまう．それでは，ほかに方法はないであろうか．第2章で学んだことを思い出していただきたい．

光を反射させる方法としては，**全反射**というものがある．全反射は，光が屈折率の高い媒質から低い媒質に入るときに起こる．したがって，光を導くためには屈折率の高い媒質を低い媒質で囲み，光を媒質の境界で全反射させて，屈折率の高い媒質中に閉じ込めて導くことが考えられる．

図 6.1 に示すように，さまざまな形の光導波路が提案されたり使われたりしている．図で屈折率の高い部分 (n_{co}) は濃く，低い部分 (n_{cl}) は淡く示してある．(a) の**スラブ導波路** (2次元導波路) では，横方向の閉込効果がないために実際には使用されないが，理論的な説明をするためによく用いられる．(b) は熱拡散，イオン交換などにより基板表面近くに屈折率の高い部分をつくり，光を横方向にも全反射させて閉じ込め，光を導いている．(c) のリッジ形導波路は横方向の閉込めを得るために，高屈折率層の一部分を厚くして，等価的に屈折率を大きくしている．(d) の埋込形導波路は，基板表面近くに光を導く屈折率の高い導波部分はなく，光が外部の影響を受けないように，完全に埋め込まれている．(e) は光ファイバで，屈折率の高いコアと呼ばれる部分を，低いクラッドと呼ばれる部分で囲んだ2層構造をしている．

2. 光線による説明 (スラブ導波路)

屈折率の高い部分 (コア) を低い部分 (クラッド) で囲い，全反射を利用して光が屈折率の低い部分に広がらないようにしたものが**光導波路**である．図 6.1(b)〜(e) のように，導波路断面内で2次元的に屈折率が変化している導波路は，**3次元導波路**と呼ばれるが，光の伝わるしくみを理解するためには少し複雑である．ここでは，光導波の基礎的なしくみを理解するために，最も構造の簡単な，厚さ方

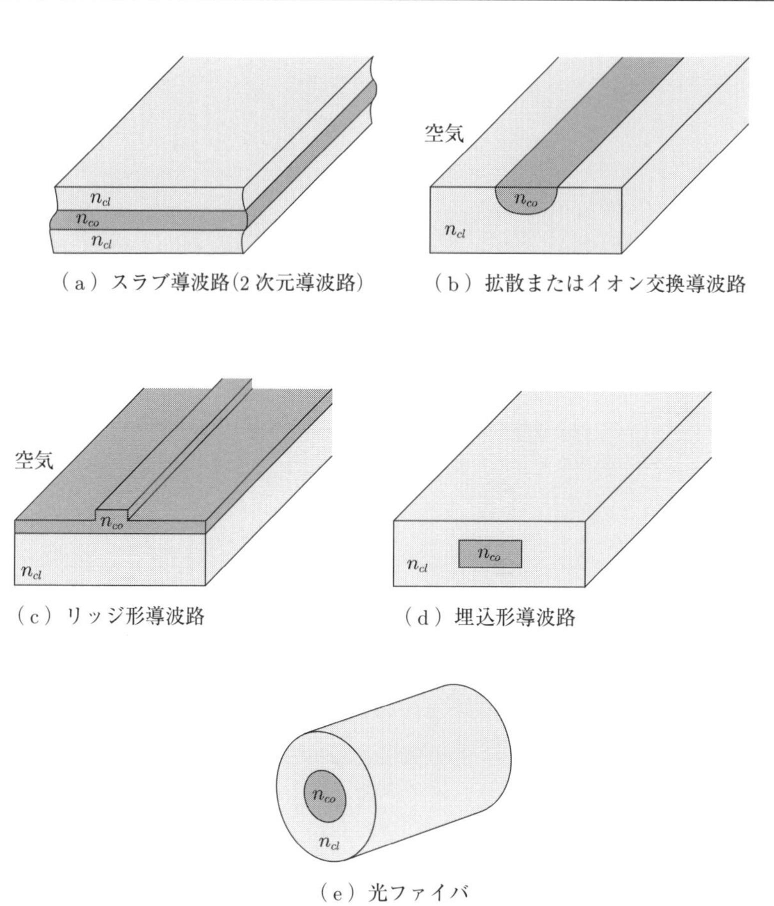

（a）スラブ導波路(2次元導波路)　（b）拡散またはイオン交換導波路

（c）リッジ形導波路　（d）埋込形導波路

（e）光ファイバ

図 6.1　種々の光導波路 ($n_{co} > n_{cl}$)

向にのみ光を閉じ込めたスラブ導波路 (2 次元導波路) について考えることにする．

図 6.2 のような板状のスラブ導波路において，平面波が境界で全反射しながら，z 方向に伝搬していく様子を調べることにする．平面波の等位相面に垂直な方向を光線として白色の矢印で示している．コアとクラッドの屈折率をそれぞれ，n_{co} と n_{cl}，真空中の波数を $k \left(= \dfrac{2\pi}{\lambda}\right)$ とすると，コアを進む平面波の波数は $n_{co}k$ となる．ここで，光線が z 軸と交わる角度を θ とすると，$\theta < 90^\circ - \sin^{-1} \dfrac{n_{cl}}{n_{co}}$ のときに全反射が起こる．z 方向および x 方向の伝搬定数はそれぞれ $\beta = n_{co}k\cos\theta$,

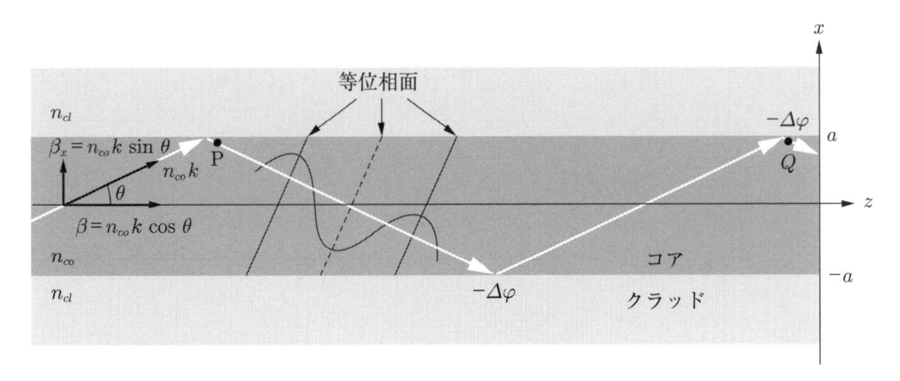

図 **6.2** スラブ導波路における光線の軌跡

$\beta_x = n_{co}k\sin\theta$ となる．

導波路の中を光がジグザグに点 P から Q へ進むまでが，光線の 1 周期となっている．そこで，z 方向に進む波の上に乗って位相変化をみると，横方向を上下する平面波の位相変化のみが観測される．したがって，幅 $2a$ の導波路の横方向の 1 周期の位相変化は，距離 $4a$ 伝わる間に受ける位相変化 $4a\beta_x$ と上下の境界面で反射されるときに受ける位相変化 $-2\Delta\varphi$ との和で表される．

この 1 周期の位相変化が 2π の整数倍となっていれば定在波をつくれることになり，z 軸方向に進むことによっても，電磁界分布のパターンは変化することはない．この条件を式に表すと，

$$4an_{co}k\sin\theta - 2\Delta\varphi = 2\pi N \qquad (N : \text{整数}) \tag{6.1}$$

となる．

ここで，位相変化 $\Delta\varphi$ は偏光の方向により異なり，

$$\tan\left(\frac{\Delta\varphi_{\perp}}{2}\right) = \frac{\left\{\cos^2\theta - \left(\dfrac{n_{cl}}{n_{co}}\right)^2\right\}^{\frac{1}{2}}}{\sin\theta} \tag{6.2}$$

$$\tan\left(\frac{\Delta\varphi_{/\!/}}{2}\right) = \frac{\left(\dfrac{n_{co}}{n_{cl}}\right)^2\left\{\cos^2\theta - \left(\dfrac{n_{cl}}{n_{co}}\right)^2\right\}^{\frac{1}{2}}}{\sin\theta} \tag{6.3}$$

で表されることが知られている[1)]．ただし，⊥ は電界が紙面に垂直な場合を，// は平行な場合を示す．

式 (6.1) を満たす角度 θ は，その式の右辺から連続な値をとらず，離散的な値をとる．整数 N の値によって光線の反射する角度 θ が決まり，光の強度分布も決まるので，このような伝わり方をする光を**導波モード**または**伝搬モード**と呼び，整数 N を**モード番号**，β を**伝搬定数** (減衰がないので**位相定数**) と呼ぶ．

前ページの式 (6.2) と式 (6.3) を比較すると $\left(\dfrac{n_{co}}{n_{cl}}\right)^2$ をかけているところだけ異なっている．通常の光導波路では $n_{co} \approx n_{cl}$ なので，式 (6.1) の根は偏光方向によってわずかに違ったものになる．式 (6.2) を用いて得られる根は，電界の成分が進行方向 (z 方向) にはないので **TE** モードと呼ばれ，式 (6.3) を用いて得られる根は，磁界の成分が進行方向にはないので，**TM** モードと呼ばれる (5.2 節，93 ページ～参照)．

図 6.3 には低次のモード番号 N に対する TE モードの電界分布と，モードを構成している光線が示してある．モード番号 N は横方向の電界分布における節

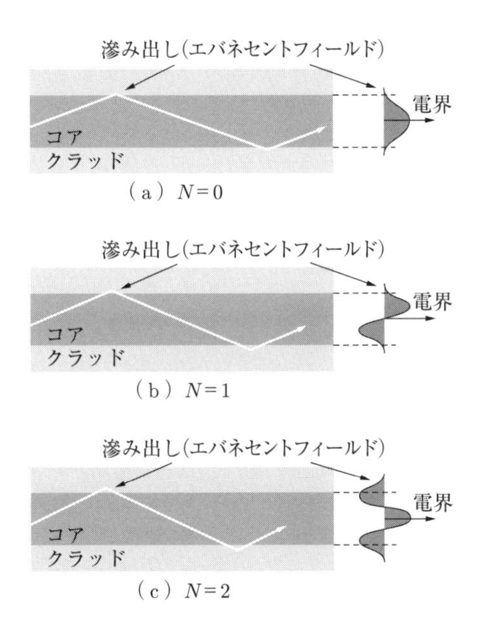

図 6.3　スラブ導波路における導波モードの光線と電界分布

の数を表している．全反射するときには光はクラッド部へ滲み出し，位相変化を受けるので，光線はクラッド部へ滲み出すように描いてある．モード番号が大きくなるにしたがって，モードを構成している光線の角度 θ は大きくなる．θ が臨界角を越えると，光は全反射しなくなり，式 (6.1) を満たすモード番号 N が存在しなくなる．したがって，波長と導波路の構造が決まれば，導波できるモードの数が決まる．

また，高次モードほど角度 θ は大きくなるので，導波モードの伝搬定数 β も小さくなる．そして，導波モードの光線の角度が臨界角を越えると，光は屈折してコアから出ていくために，コア内に閉じ込められなくなり，導波モードは伝搬しなくなる．この状態を，カットオフ (遮断) 状態と呼ぶ．モード番号 $N=0$ は最低次のモードを表し，基本モードと呼ばれている．

6.2 光はどのように光ファイバを伝わるか

前節では，スラブ導波路における光の伝わり方について光線を用いて解析し，導波路における光の伝わり方を解説した．一方，光線を用いた解析では物理的なイメージはつかみやすいが，2 方向に光の閉込めを行う 3 次元導波路の解析は困難である．

このため，3 次元導波路の解析は，通常，マクスウェル方程式を用いて行うことが多い．本節では，マクスウェル方程式を用いて，最も簡単な構造のステップ形光ファイバの解析を行い，光の伝わり方や導波モードについての理解を深める．

1. スカラー近似によるスカラー波動方程式の導出

一般に光ファイバは，中心の屈折率の高い物質 (コア) を屈折率の低い物質 (クラッド) で囲んだ構造をしている．コア–クラッド境界で光を全反射させてコア内に光を閉じ込め，光ファイバに沿って光を伝えている．

実際の光ファイバは傷が付いて破断しないように樹脂で被覆されている．コアやクラッドの大きさがいろいろな光ファイバがあるが，図 **6.4**(a) には標準的な通信用光ファイバの構造を示している．コア直径は数 μm から数 10 μm，クラッド直径は 125 μm である．日本人の髪の毛の太さは 50 μm～150 μm といわれている

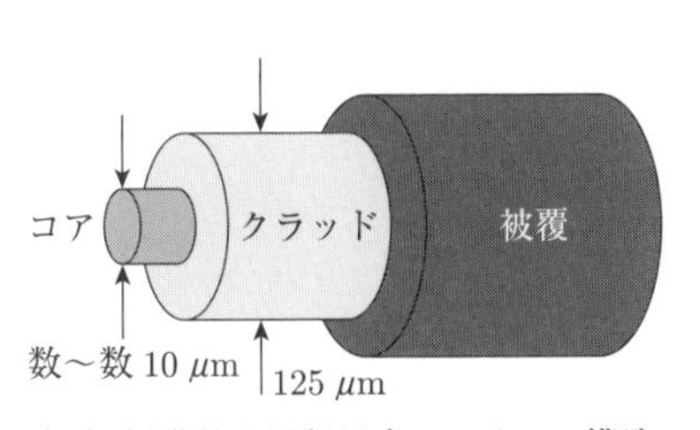

（a）標準的な通信用光ファイバの構造

街路での光ファイバケーブル布設状況

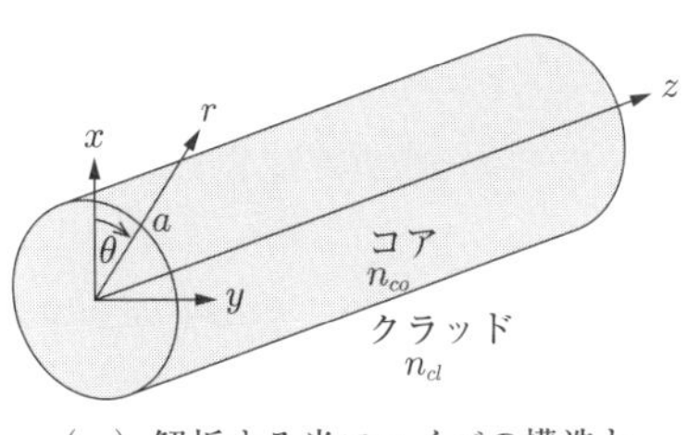

（c）解析する光ファイバの構造と座標系

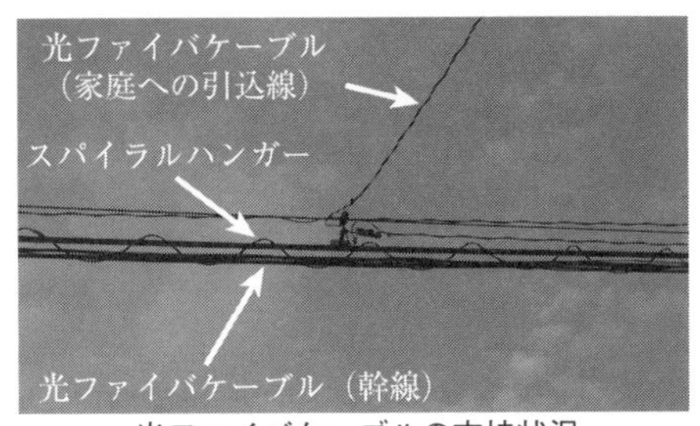

光ファイバケーブルの支持状況

（b）布設光ファイバケーブル

図 6.4　光ファイバの構造と光ファイバケーブル

ので，髪の毛の太さ程度である．導波光がコア–クラッドの境界面で全反射する際に，クラッド層には光が滲み出し，被覆方向に指数関数的に減衰している．このため，光が被覆にほとんど届かないように，クラッド層を十分厚くして被覆で保護している．

このような通信用光ファイバは石英ガラスでできており，引張強度は鉄鋼の 2 倍以上ある．しかし，布設時や使用環境下において，光ファイバに直接張力がかからず，また，長期的に破断が起きないように，テンションメンバ (鋼線などの抗張材) を用いてケーブル化されている．図 6.4(b) には街路に布設されている光ファイバケーブルの状態を示している．光ファイバケーブルに直接張力がかからないように，多くの光ファイバが入っている幹線のケーブルはこのようにスパイラルハンガーでつるされている．また，家庭への引込線は支持線 (鋼線) のまわりにらせん状に巻いて，張力がかからないように布設されている．

ケーブルの中に入っている実際の光ファイバはクラッド層の厚さは有限である

が，十分に厚く，被覆には光はほとんど届かないので，図 6.4(c) に示すように，クラッド層を無限として解析を行う．コアの半径 a，コアの屈折率 n_{co}，クラッドの屈折率 n_{cl} とする．

光ファイバは円筒状であるので，境界条件を用いるのに都合のよいように，円筒座標系 (r,θ,z) を用いて電磁界成分を表すことにする．光ファイバの中を角周波数 ω，伝搬定数 β の導波モードが z 方向に進行しているとき，その電磁界成分は，

$$\begin{cases} \boldsymbol{E}(r,\theta,z,t) = \boldsymbol{E}_0(r,\theta)\exp\{j(\omega t-\beta z)\} & (6.4) \\ \boldsymbol{H}(r,\theta,z,t) = \boldsymbol{H}_0(r,\theta)\exp\{j(\omega t-\beta z)\} & (6.5) \end{cases}$$

と表すことができる．ここで，$\boldsymbol{E}_0$ と $\boldsymbol{H}_0$ は導波モードの電界と磁界分布を表しており，光ファイバを伝わっても，その形は変わらないので，座標 z の関数とはなっていない．さらに，導波モードの電界と磁界分布 $\boldsymbol{E}_0$ と $\boldsymbol{H}_0$ を，光ファイバ断面内の成分 $\boldsymbol{E}_t$，$\boldsymbol{H}_t$ と伝搬方向成分 E_z，H_z に分けると，

$$\boldsymbol{E}_0(r,\theta) = \boldsymbol{E}_t(r,\theta) + \boldsymbol{i}_z E_z(r,\theta) \tag{6.6}$$

$$\boldsymbol{H}_0(r,\theta) = \boldsymbol{H}_t(r,\theta) + \boldsymbol{i}_z H_z(r,\theta) \tag{6.7}$$

と表すことができる．ここで，式 (6.4) と式 (6.5) をマクスウェル方程式

$$\begin{cases} \mathrm{rot}\boldsymbol{E} = -j\omega\mu_0\boldsymbol{H} & (6.8) \\ \mathrm{rot}\boldsymbol{H} = j\omega\varepsilon(r)\boldsymbol{E} & (6.9) \end{cases}$$

に代入する．ただし，光ファイバは軸対称であるとしているために，誘電率 $\varepsilon(r)$ は r のみの関数としている．電界および磁界に対するガウスの法則

$$\begin{cases} \mathrm{div}\,\varepsilon(r)\boldsymbol{E} = 0 & (6.10) \\ \mathrm{div}\,\mu_0\boldsymbol{H} = 0 & (6.11) \end{cases}$$

を用いて，代入した式を整理すると，

$$
\begin{cases}
\mathrm{grad\,div}\boldsymbol{E}_t - \mathrm{rot\,rot}\boldsymbol{E}_t + (\omega^2\varepsilon\mu_0 - \beta^2)\boldsymbol{E}_t + \mathrm{grad}\left(\dfrac{\mathrm{grad}\,\varepsilon}{\varepsilon}\cdot\boldsymbol{E}_t\right) = 0 & (6.12) \\
\mathrm{grad\,div}\boldsymbol{H}_t - \mathrm{rot\,rot}\boldsymbol{H}_t + (\omega^2\varepsilon\mu_0 - \beta^2)\boldsymbol{H}_t + \dfrac{\mathrm{grad}\,\varepsilon}{\varepsilon}\times(\mathrm{rot}\boldsymbol{H}_t) = 0 & (6.13)
\end{cases}
$$

が得られる．

誘電率 $\varepsilon(r)$ と屈折率 $n(r)$ の関係は，真空中の誘電率 ε_0 を用いると $\varepsilon(r) = \varepsilon_0 n(r)^2$ と表される．したがって，コアの屈折率が一定のステップ形光ファイバでない場合は，屈折率は半径 r の関数となり，式 (6.12) と式 (6.13) を解析的に解くことができなくなる．通常の光ファイバではコアとクラッド間の屈折率差は小さく，波長あたりの屈折率変化も小さくなる．ここでは，それらの条件を用いて近似し，非常に簡単なスカラー量で表された波動方程式を導き，導波モードの解析を行う．

コアとクラッド間の屈折率差が小さいと，誘電率の変化 (屈折率の変化) が波長あたり十分に小さい $\left(\left|\dfrac{\mathrm{grad}\,\varepsilon}{\varepsilon}\right|\lambda \ll 1\right)$ ので，式 (6.12) と式 (6.13) の第 4 項は無視できて，近似的に，

$$
\begin{cases}
\nabla^2\boldsymbol{E}_t + (\omega^2\varepsilon_0\mu_0 n(r)^2 - \beta^2)\boldsymbol{E}_t = 0 & (6.14) \\
\nabla^2\boldsymbol{H}_t + (\omega^2\varepsilon_0\mu_0 n(r)^2 - \beta^2)\boldsymbol{H}_t = 0 & (6.15)
\end{cases}
$$

なる方程式が得られる．ここで，$\nabla^2 = \mathrm{grad\,div} - \mathrm{rot\,rot}$ で，∇^2 はベクトル量に対する演算子である．電磁界の断面内成分 $\boldsymbol{E}_t$，$\boldsymbol{H}_t$ をさらに x，y 成分 E_x，E_y，H_x，H_y に分解すると上式は，

$$
\begin{cases}
\nabla^2 E_i + (\omega^2\varepsilon_0\mu_0 n(r)^2 - \beta^2)\,E_i = 0 & (6.16) \\
\nabla^2 H_i + (\omega^2\varepsilon_0\mu_0 n(r)^2 - \beta^2)\,H_i = 0
\end{cases}
$$

$$
(i = x, y) \qquad (6.17)
$$

となる．ここでは，$\nabla^2 = \mathrm{div\,grad}$ で，∇^2 はスカラー量に対する演算子で，**ラプラスの演算子**と呼ばれている．E_i，H_i はベクトルではなくスカラー量な

ので，式 (6.16) と式 (6.17) は**スカラー波動方程式**と呼ばれる．式 (6.16) を変数分離法により解くために，E_i を次のように r と θ の関数の積で表す．

$$E_i(r,\theta) = R(r)\Theta(\theta) \tag{6.18}$$

これを式 (6.16) に代入して整理すると，θ および r だけの常微分方程式

$$\frac{d^2\Theta}{d\theta^2} + l^2\Theta = 0 \tag{6.19}$$

$$\frac{d^2R}{dr^2} + \frac{1}{r}\frac{dR}{dr} + \left(\omega^2\varepsilon_0\mu_0 n(r)^2 - \beta^2 - \frac{l^2}{r^2}\right)R = 0 \tag{6.20}$$

が得られる．式 (6.20) の微分方程式を R および $\dfrac{dR}{dr}$ がコア–クラッド境界で連続という条件のもとで解くと，導波モードの電磁界分布および伝搬定数が求められる．こうして求めた導波モードの電界分布は，E_x または E_y のみであるので，**LP モード** (Linearly Polarized mode，**直線偏光モード**) と呼ばれる．式 (6.19) の一般解は，

$$\Theta(\theta) = \begin{cases} \sin(l\theta) \\ \cos(l\theta) \end{cases} \tag{6.21}$$

であり，l は周方向のモード番号で，導波モードの光強度分布の周方向の節の数に一致する．式 (6.20) を解いて電界を求めれば，磁界は電界を用いて，

$$\boldsymbol{H}_t = \frac{\beta}{\omega\mu_0}\boldsymbol{i}_z \times \boldsymbol{E}_t \tag{6.22}$$

と表せる．コア–クラッド間の屈折率差が小さいために，導波モードを構成している光線はほぼ伝搬方向 (z 方向) を向いていることになる．そのために，スカラー近似では電界および磁界の z 方向成分は非常に小さいとして無視でき，電磁界の成分は光ファイバ断面内の成分 $\boldsymbol{E}_t$ と $\boldsymbol{H}_t$ のみと近似できる．

2. ステップ形光ファイバのスカラー近似による導波モードの解析

実際の光ファイバでは，コアの屈折率 n_{co} が半径 r の関数となることがある．しかし，光の伝わり方についてはほぼ同じであるので，最も簡単なステップ形光ファイバについて，導波モードの解析を行い，導波モードについて理解を深める．

ステップ形光ファイバでは，コアの屈折率 n_{co} が場所の関数ではないために，前ページの式 (6.20) はベッセルの**微分方程式**となり，その解は，

$$R(r)=\begin{cases} AJ_l\left(\dfrac{ur}{a}\right) & (r\leq a),\quad u^2=(\omega^2\varepsilon_0\mu_0{n_{co}}^2-\beta^2)a^2 \\ CK_l\left(\dfrac{wr}{a}\right) & (r\geq a),\quad w^2=(\beta^2-\omega^2\varepsilon_0\mu_0{n_{cl}}^2)a^2 \end{cases} \tag{6.23}$$

となる．ただし，A と C は境界条件より決まる未知係数，J_l は l 次の**第一種ベッセル関数**，K_l は l 次の**第二種変形ベッセル関数**である．R および $\dfrac{dR}{dr}$ がコア–クラッド境界 $(r=a)$ で連続という境界条件から，**特性方程式** (6.24) と未知係数 C が得られる．

$$\begin{cases} \dfrac{uJ_l{}'(u)}{J_l(u)}=\dfrac{wK_l{}'(w)}{K_l(w)} & (6.24) \\ C=\dfrac{AJ_l(u)}{K_l(w)} & (6.25) \end{cases}$$

ただし，“ ′ ” は微分を表している．特性方程式 (6.24) は β のみの関数であるので，これを使って数値計算により β を求めることができる．光の波長 λ と光ファイバの構造 (コア半径 a，屈折率 n_{co}，n_{cl}) を決めると，式 (6.24) より LP_{lm} モードの伝搬定数 β を求めることができ，**図 6.5** のような**分散曲線** (周波数や波長と伝搬定数との関係) が得られる．ここで，B は**規格化伝搬定数**，V は**規格化周波数**と呼ばれており，次の式 (6.26) と式 (6.27) のように与えられ，$\varDelta$ は**比屈折率差**と呼ばれている．

$$\begin{cases} B=\dfrac{\dfrac{\beta^2}{k^2}-{n_{cl}}^2}{{n_{co}}^2-{n_{cl}}^2} & (6.26) \\ V=ka\sqrt{{n_{co}}^2-{n_{cl}}^2}=kan_{co}\sqrt{2\varDelta} & (6.27) \\ \varDelta=\dfrac{{n_{co}}^2-{n_{cl}}^2}{2{n_{co}}^2}\approx\dfrac{n_{co}-n_{cl}}{n_{co}} & (6.28) \end{cases}$$

ただし，真空中の波数 k は $k=\omega\sqrt{\varepsilon_0\mu_0}=\dfrac{2\pi}{\lambda}$ である．

$B=0$ は導波モードがカットオフとなる点で，$\beta=kn_{cl}$ となり，光がクラッドにまで大きく広がることになり，クラッド内を伝わっていくときと同じ伝搬定数

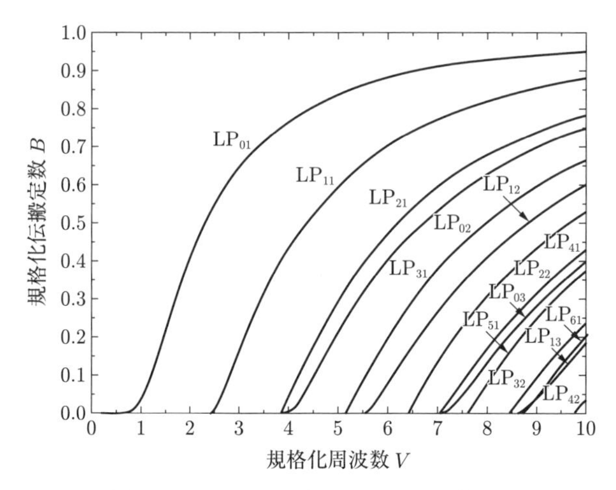

図 **6.5** ステップ形光ファイバの分散曲線

となる．また，$B = 1$ では，$\beta = kn_{co}$ となり，光がコア内に完全に閉じ込められて，まっすぐに伝わるときの伝搬定数と同じになる．波長 λ が大きくなると，V が減少するために，伝搬できる導波モードの数は減少する．

$V = 2.405$ で第2番目の LP_{11} モードの伝搬定数は $\beta = kn_{cl}(B = 0)$ となり，カットオフとなる．したがって，$V < 2.405$ では LP_{01} モードのみが導波されることになる．このような光ファイバを**単一モード光ファイバ** (**シングルモード光ファイバ**) と呼ぶ．これに対して，$V > 2.405$ では二つ以上のモードが導波されるので，このような光ファイバを**多モード光ファイバ** (**マルチモード光ファイバ**) と呼ぶ．

例えば，$a = 4.5$〔μm〕，$\Delta = 0.28$〔%〕，$n_{co} = 1.45$ の光ファイバでは，波長 1.3 μm で $V = 2.36$ となる．このとき，LP_{01} モードの規格化伝搬定数は図 6.5 より $B = 0.52$ となり，LP_{01} モードしか導波しない．波長 1.28 μm で $V = 2.405$ となり，LP_{11} モードは $B = 0$ でカットオフとなる．したがって，この光ファイバは波長 1.28 μm 以上では単一モード光ファイバ，波長 1.28 μm 未満では多モード光ファイバとなる．光通信では，通常 1.3 μm 以上の波長で使用されるために，例に示した値に近い構造をした光ファイバが実際に用いられている．

次に代表的な LP モードの光強度分布を求め，3次元的に表示する．特性方程式 (6.24) (前ページ) を解いて，伝搬定数 β を求め，式 (6.21)，(6.23)，(6.25) を用いて，電界分布 E_i を求める．光強度分布は電界の 2 乗に比例するので，${E_i}^2$ を計算し立体的に表示したものを，**図 6.6** に示す．LP_{01} と LP_{02} を比較すると，LP_{lm} の m は半径方向の山 (明るいピーク) の数を示しているのがわかる．また，LP_{01}，LP_{11}，LP_{21}，LP_{31} を比較すると，l は周方向の節 (暗い線) の数を表しているのがわかる．

また，波長 λ (つまり V) が変化したときに，導波モードの光強度分布はどのように変わるかを，低次の導波モードを例に図 **6.7** に示す．図では，光強度分布を等高線で示し，破線はコアとクラッドの境界を示している．導波モード LP_{01}，LP_{11}，LP_{21} の $V = 10$ と 4 における光強度分布を比べると，V の値の小さいほうは光強度分布がコアから外に広がっているのがわかる．つまり，波長が長くなる (V が小さくなる) と，モードを構成している光線の角度が大きくなり，光のコアへの閉込効果が弱くなり，光のコアからクラッドへの滲み出しが大きくなる．また，V が同じであれば高次モードほど光線の角度が大きいので，光がコアからより多く外に滲み出しているのがわかる．

これまでは計算により，導波モードの光強度分布を調べてきた．次に，光ファイバにレーザ光を入射して，導波モードの光強度分布を実験的に調べる．

光ファイバの端から，一つの導波モードだけを励振するのは難しい．ここでは，光ファイバの横にプリズムを当て，導波モードを構成している光線の伝搬している角度と同じになるように，プリズムを通してレーザ光を入射し，一つのモードだけを励振した．図 **6.8** には，波長 $0.633\,\mu\mathrm{m}$ の光を入射したときの，光ファイバの出射端における顕微鏡写真を示す．(a)～(e) に用いた光ファイバは波長 $1.3\,\mu\mathrm{m}$ では単一モード光ファイバであり，(f) は多くのモードが伝わる多モード光ファイバである．(a)～(d) は同じ光ファイバで，波長 $0.633\,\mu\mathrm{m}$ で四つの導波モードが観測されたが，LP_{31} は観測されなかった．したがって，波長 $0.633\,\mu\mathrm{m}$ では，LP_{31} はカットオフ以下で，図 6.5 より LP_{02} が最高次のモードであることがわかる．一方，(e) を観測した光ファイバでは，LP_{31} まで伝わり，LP_{12} は観察されなかったので，LP_{31} が最高次のモードである．(f) は非常に多くの導波モードを伝える光ファイバのモードで，同心円状に三つの輪ができ，84 個の光のピークが円周上に並んでいるので $\mathrm{LP}_{42\,3}$ である．

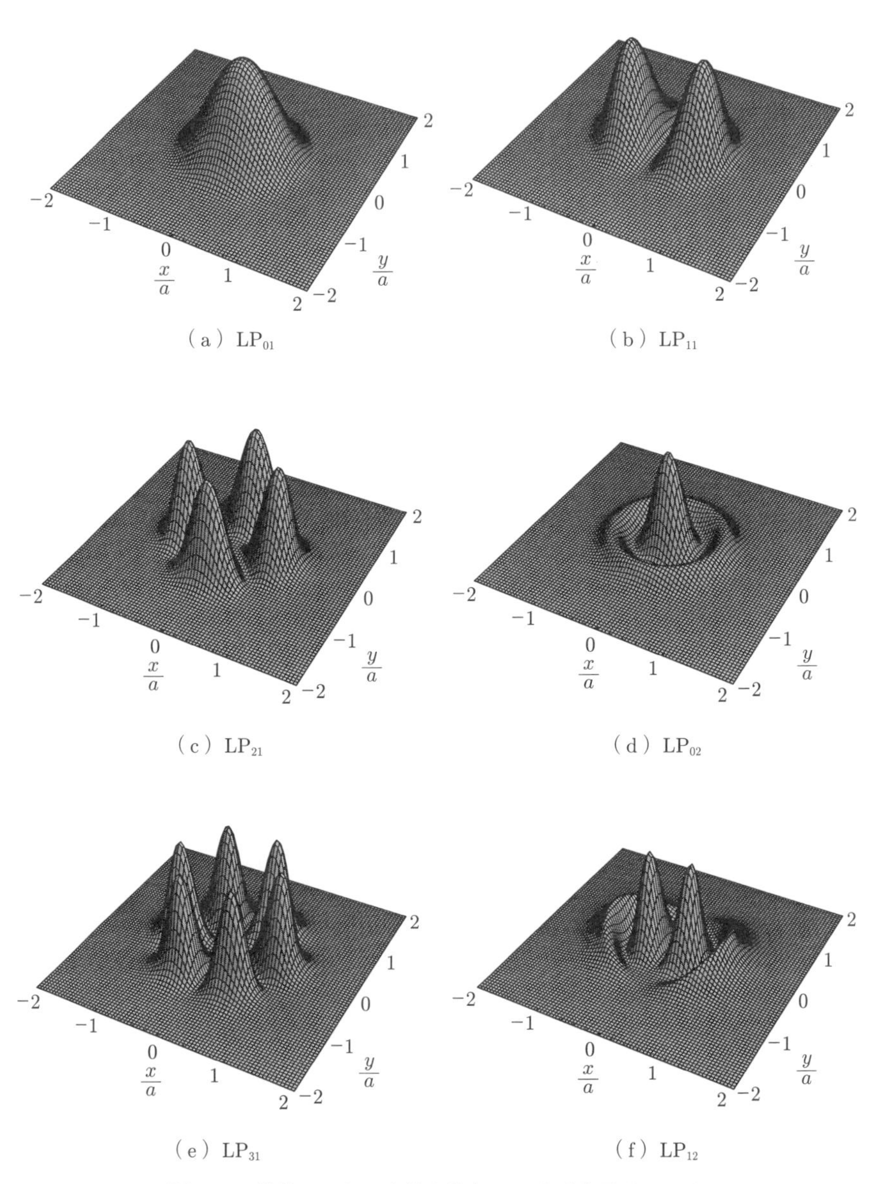

（a）LP_{01}　（b）LP_{11}

（c）LP_{21}　（d）LP_{02}

（e）LP_{31}　（f）LP_{12}

図 6.6　導波モードの光強度分布の 3 次元表示 ($V = 6$)

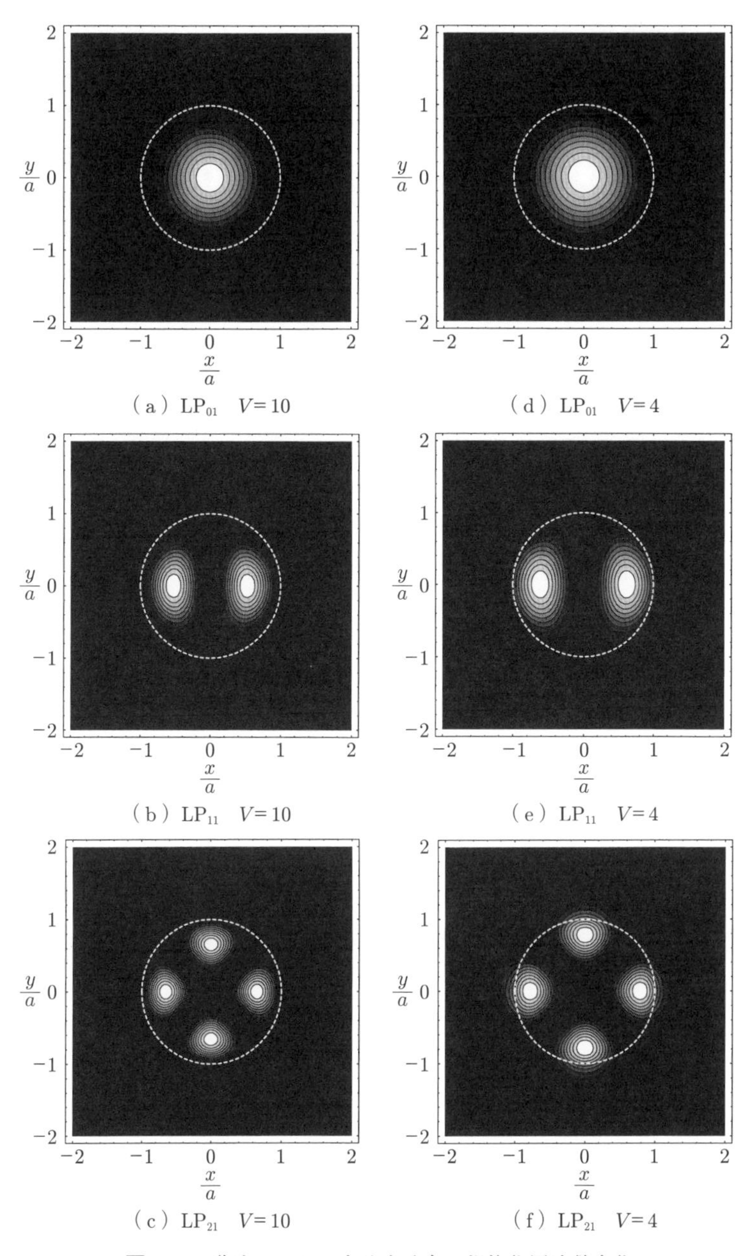

図 **6.7** 導波モードの光強度分布の規格化周波数変化

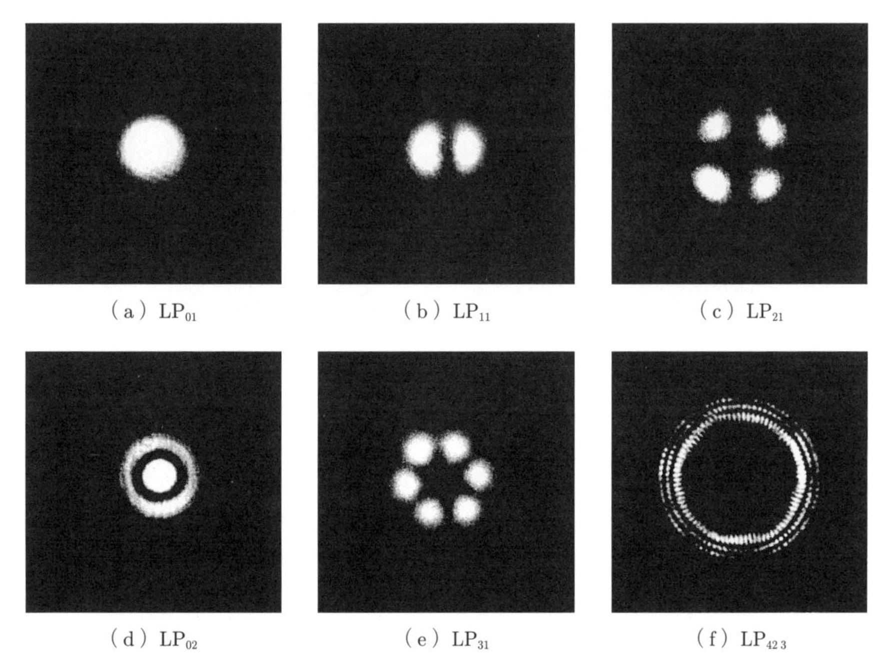

図 **6.8** 導波モードの光強度分布の観察
(a)〜(d)：コア直径 9.0 μm，$\varDelta = 0.31$〔%〕
(e)：コア直径 11.0 μm，$\varDelta = 0.30$〔%〕(f)：コア直径 60 μm

3. 光ファイバを伝わる速度

電磁波の等位相面の移動速度 v_p を**位相速度**と呼び，電磁波のエネルギーが運ばれる速度 v_g を**群速度**と呼ぶ．平面波や光ファイバのような導波路内を伝わる電磁波の電界と磁界成分は，時間および距離に対して一般に次のように表すことができる．

$$f(z,t) = A\cos(\omega t - \beta z) \tag{6.29}$$

ただし，ω は角周波数，β は伝搬定数である．

図 6.9 に示すように，時刻 t から $t + \varDelta t$ の間に距離 $\varDelta z$ だけ**等位相面**が移動したとする．このとき，それぞれの時刻と位置における位相は等しいので，

$$\omega t - \beta z = \omega(t + \varDelta t) - \beta(z + \varDelta z) \tag{6.30}$$

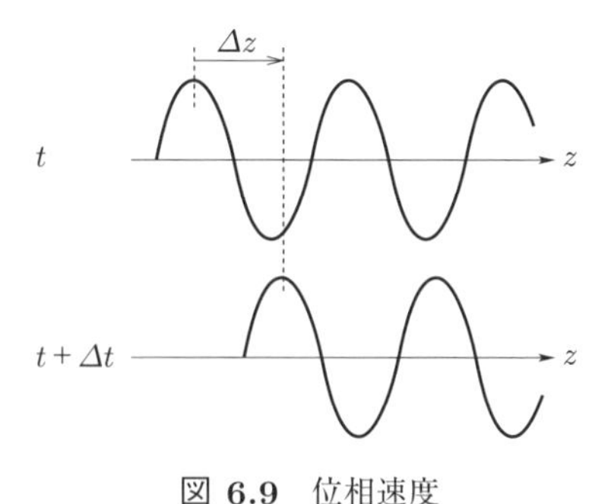

図 **6.9**　位相速度

とおける．この式を整理して，時間 Δt とその間に進んだ距離 Δz との比

$$\frac{\Delta z}{\Delta t} = \frac{\omega}{\beta} = v_p \tag{6.31}$$

が得られる．$\dfrac{\Delta z}{\Delta t}$ は等位相面の z 軸に沿う移動速度を表しているので，式 (6.31) が位相速度となる．

式 (6.29) のような単一の周波数をもった波では，正弦波が無限に続くだけで，信号を伝送することができない．信号を伝送するためには，波の振幅や周波数を変化させて送らなければならない．ここでは，最も簡単な例として，異なった周波数をもった余弦波の和を考え，その包絡線の進む速度を求める．いま，角周波数が $\omega + \Delta\omega$ と $\omega - \Delta\omega$ の二つの余弦波が重なったとすると，全体の波の変化は次のように表せる．

$$\begin{aligned} f(z,t) = & A\cos\{(\omega + \Delta\omega)t - \beta(\omega + \Delta\omega)z\} \\ & + A\cos\{(\omega - \Delta\omega)t - \beta(\omega - \Delta\omega)z\} \end{aligned} \tag{6.32}$$

ただし，β は ω の関数で $\beta(\omega)$ としてある．伝搬定数 β の角周波数 ω に対する依存性は，$\Delta\omega \ll \omega$ のときには近似的に，

$$\beta(\omega \pm \Delta\omega) = \beta(\omega) \pm \frac{d\beta}{d\omega}\Delta\omega \tag{6.33}$$

とおける．したがって，三角関数の和を積に直す公式と，式 (6.33) を用いて，式 (6.32) を変形すると，次が得られる．

$$f(z,t) = 2A\cos\left\{\Delta\omega\left(t - \frac{d\beta}{d\omega}z\right)\right\}\cos(\omega t - \beta z) \tag{6.34}$$

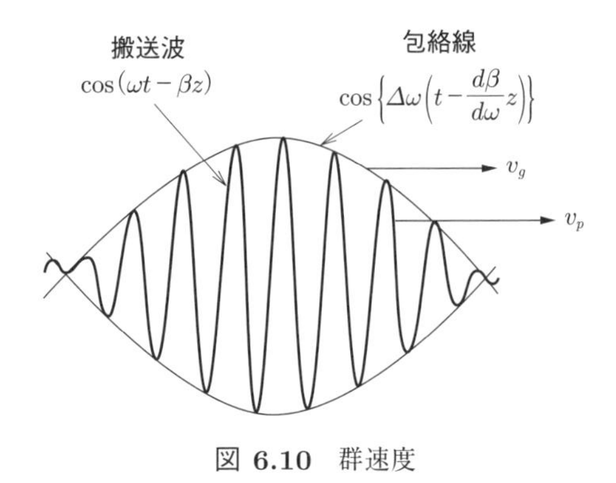

図 **6.10** 群速度

図 **6.10** に式 (6.34) の波の概略図を示す．細かく振動している余弦波を包み込んでいる線を**包絡線**という．包絡線の進む速度 v_g は，時間 Δt とその間に進んだ距離 Δz との比で表されるので，式 (6.31) を導いたのと同様にして，

$$\frac{\Delta z}{\Delta t}=\frac{1}{\dfrac{d\beta}{d\omega}}=v_g \tag{6.35}$$

が得られる．包絡線のふくらんでいるところでは波の振幅が大きく，エネルギーが集まっている．このエネルギーが集まっているところの進む速度，つまりエネルギーの伝わる速度が**群速度**である．

光ファイバを用いた通信では，通常光の点滅 (パルス) で通信することが多い．図 **6.11** には，パルスの伝搬における位相速度と群速度の関係が示してある．時間 t が経過するにしたがって，パルスが z 方向に伝わっていく様子が示してある．このパルスの移動速度が群速度 v_g であり，パルスの中にある細かい振動が搬送波で，その移動速度が位相速度 v_p となっている．図では，群速度のほうが位相速度よりも遅いために，パルス中の振動のピークが少しずつパルスの中を前のほうに移動していくのがわかる．

光通信においては，波長により群速度が異なるために，パルスが伝わるにしたがって，その幅が広がる．高速に通信するためには，パルス幅の広がりを抑える必要があり，実際の光ファイバでは屈折率分布を調節して群速度が波長に大きく依存しないように工夫がなされている．また，導波モードによる群速度の差は大きいので，光ファイバ通信では通常，単一モード光ファイバが使われることが多い．

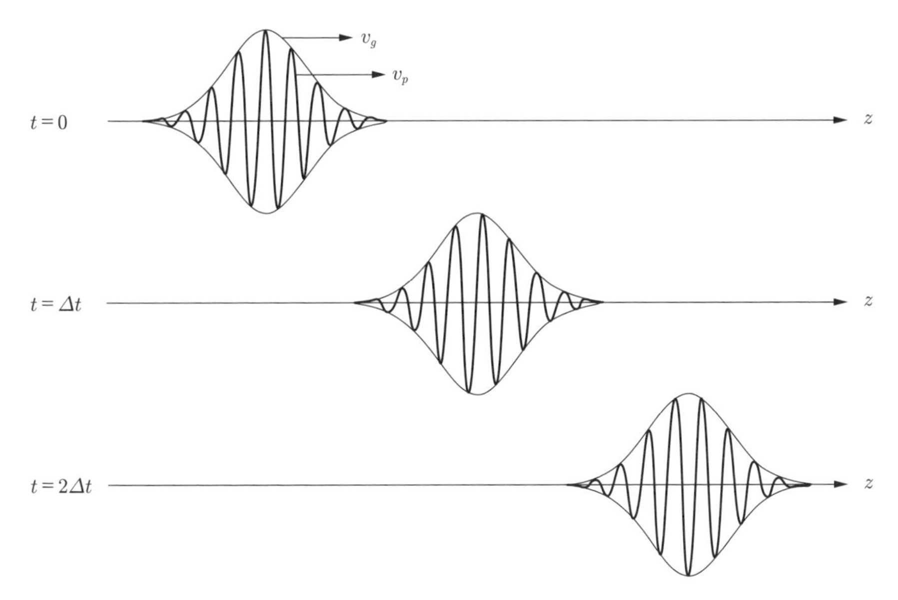

図 **6.11** パルスの伝搬における位相速度と群速度 ($v_p > v_g$)

6.3 さまざまな光素子

1. 微小光学素子

現在では，光の特長を利用して，さまざまな分野で光が使われている．それらは，最先端技術を用いたシステムから簡易なシステムまで，広範囲なものになってきており，種々の光システムを構築するために，多種多様な光素子が必要とされている．図 **6.12** には微小光学素子をその形によって分類したものを示す．

大きく分けると，光ファイバを用いた素子と，一つの基板上に種々の素子を集積させることができる集積形光素子とに分類することができる．さらに，光ファイバを用いた素子は，バルク形，薄膜挿入形，ファイバ形に分けることができる．各素子について，その特徴と問題点について以下に述べる．

図 **6.13** に示すように，**集積形光素子**では，基板上に光源，変調器，分波器，スイッチなどの多くの素子を導波路でつないで集積している．集積形では，多機能な光素子を小型化でき，安定性に優れており，大量生産にも適している．しかし

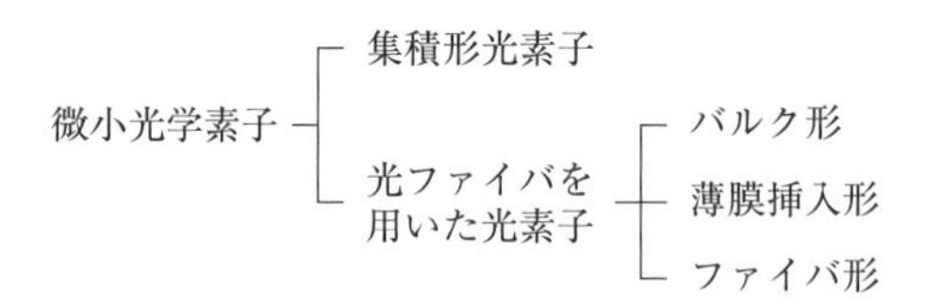

図 **6.12**　微小光学素子の形態的分類

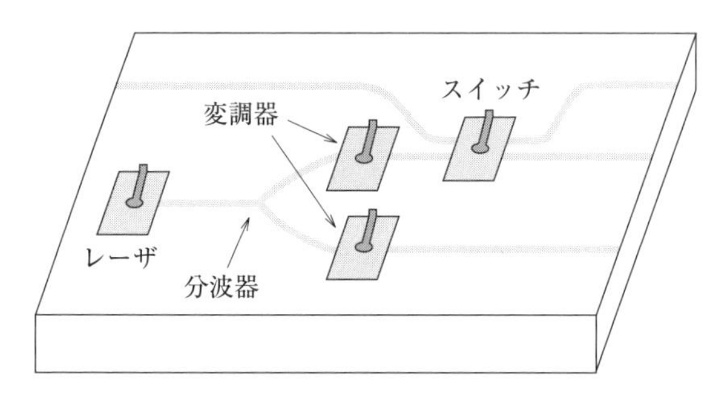

図 **6.13**　集積形光素子

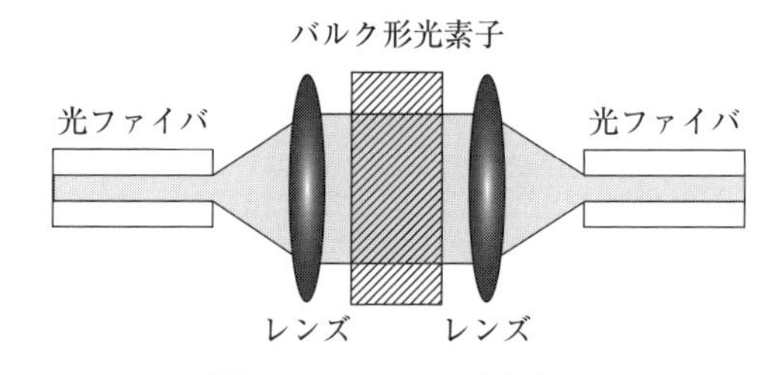

図 **6.14**　バルク形光素子

ながら，光源や変調器などの能動素子に適した材料と，分波器や導波路などの受動素子に適した材料は多くの場合には異なるために，材料の選定と製作技術が今後の課題である．また，光ファイバとの低損失で安定な接続技術の確立も求められている．

バルク形光素子は，図**6.14**に示すように，光を光ファイバの外部に出し，平行光とした後にバルク形の微小光学素子を組み合わせて光を処理し，再度光ファイバに入れるものである．この方法では，レンズ，偏光子，フィルタ，回折格子などのバルク形の素子を用いて組み立てるので，位置合せが難しく，安定性に難があり，損失も大きくなる．今後は，一部のものを除いて，ファイバ形，薄膜挿

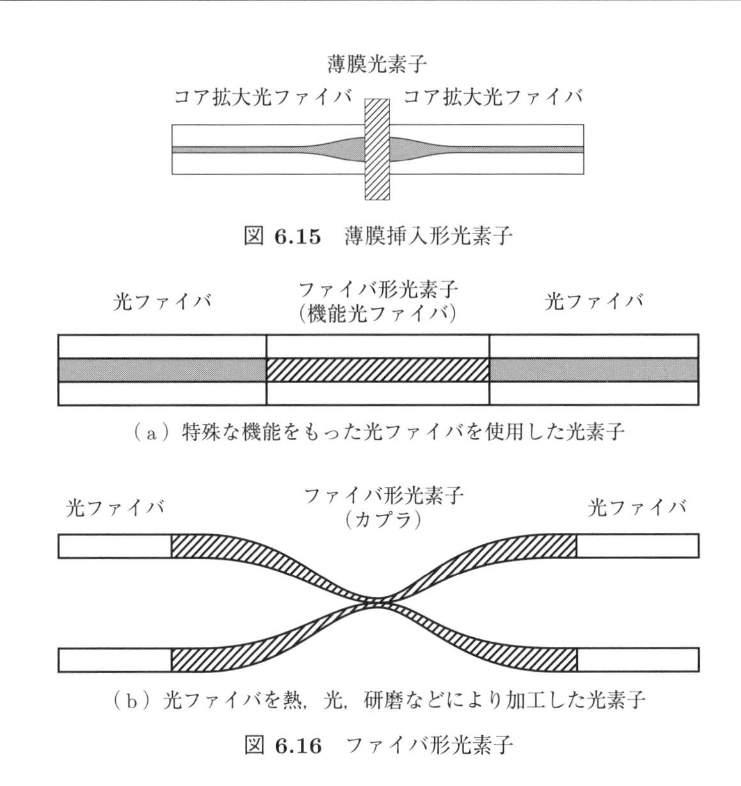

図 **6.15**　薄膜挿入形光素子

（a）特殊な機能をもった光ファイバを使用した光素子

（b）光ファイバを熱，光，研磨などにより加工した光素子

図 **6.16**　ファイバ形光素子

入形，集積形に置き換わるであろう．

バルク形の欠点を解決するために，コア拡大光ファイバと薄膜光素子を組み合わせた**薄膜挿入形光素子**が提案されている．この光デバイスは図 **6.15** に示すように，光ファイバのコア径を熱拡散により局所的に拡大して，光ビームに直進性を与え (レンズの役目)，薄膜状の光素子で処理をした後に，再度コア拡大光ファイバで光を受けるものである．位置合せが容易で，損失も少ない特長をもっているが，薄膜光素子の開発が今後の課題である．

図 **6.16** に示すように，**ファイバ形光素子**は特殊な機能をもった光ファイバを用いたり，光ファイバを熱，光，研磨などにより加工したものを用いて，光ファイバ外に光を出すことなく，合波，分波，フィルタ，偏光，増幅，波長変換などの光処理をするものである．位置合せ，光ファイバとの整合性，安定性などに優れており，損失も小さい．

一般に，素子用光ファイバは通信用と比べて短尺で使用されることが多く，損失よりも機能が重要視される．また，材料の効果が小さくても，デバイス長を長くすることによって効果を蓄積できるので，これまでになかったような光素子を実現することも可能となる．光の増幅作用をもった**希土類添加光ファイバ**もその中の一つの光ファイバであり，光の直接増幅や光ソリトン通信，光ファイバを用いた高出力レーザ加工で脚光を浴びている．

光素子を用いるシステムが多岐にわたるので，今後はさまざまな光素子が必要になると考えられる．集積形，薄膜挿入形，ファイバ形の各光素子は，互いに競合する部分はあるが，それぞれの特長を生かしたものが開発され，分野のすみ分けが進むものと思われる．

2.　ファイバ形光素子の例

ここでは，代表的なファイバ形光素子である光ファイバカプラと光ファイバグレーティングについて，簡単に説明する．

(1)　光ファイバカプラ

光カプラは，光電力の分波や合波，あるいは光の波長ごとに分波や合波を行う光素子である．ファイバ形の光カプラでは，通常2本の光ファイバをガスバーナやヒータで，加熱・溶融しながら結合が起こるまで引き伸ばしてつくられている．生産性に優れ，低損失で，環境の変化にも安定しているので，実用化されて**溶融延伸形光ファイバカプラ**として広く使われている．

図6.17に溶融延伸形光ファイバカプラの模式図を示す(5.5節3.，117ページ参照)．一方の光ファイバにP_0の電力を入力すると，他端ではP_1とP_2に電力が分離されて出力される．2本の光ファイバ間の結合がゆるやかな場合には，入力電力と出力電力の関係は次式のように求められる[2,3]．

$$P_1 = P_0 \cos^2(CL) \tag{6.36}$$

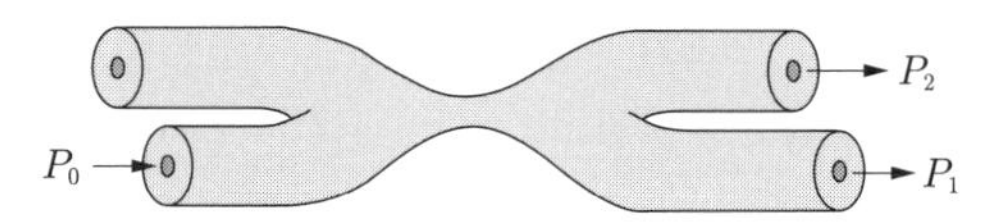

図 **6.17**　溶融延伸形光ファイバカプラ

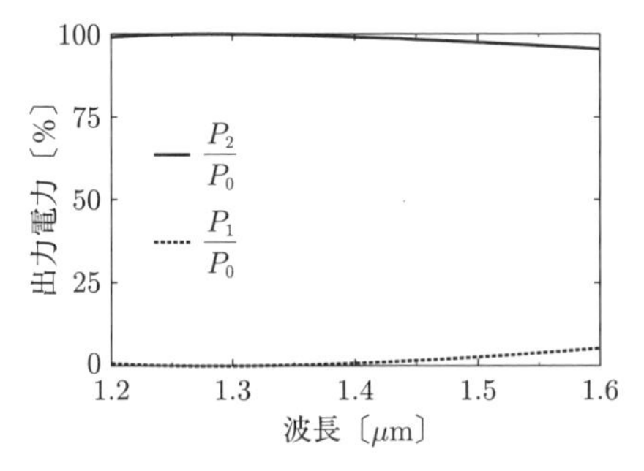

図 **6.18** 光ファイバカプラの出力電力

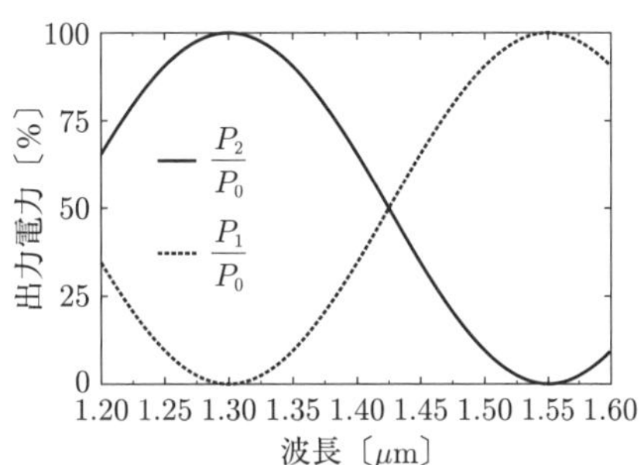

図 **6.19** 波長 1.3 μm と 1.55 μm の合分波光ファイバカプラの出力電力

$$P_2 = P_0 \sin^2(CL) \tag{6.37}$$

ただし，C は結合係数で，L は光ファイバカプラの結合部分の長さである．

溶融延伸法で製作した光ファイバカプラの出力電力の波長変化を図 **6.18** に示す．この光ファイバカプラでは，波長 1.3 μm の光を入力し，加熱，延伸しながら出力光を測定し，完全に光が移ったときに加熱，延伸を停止して，製作を行っている．実線は他方の光ファイバに移った電力 (結合電力) で，破線は入力した光ファイバからの出力電力である．波長 1.3 μm のときに完全に光が移っているのがわかる．また，波長が長くなるにしたがって，光のクラッドへの滲み出しが大きくなるために，結合係数 C が大きくなり，結合電力が変化して，1.3 μm をピークに小さくなっている．

結合係数の波長依存性を積極的に利用して，波長ごとに分波や合波を行う**合分波光ファイバカプラ**も製作されている．光ファイバカプラの結合器長 L が長いと，波長依存性が大きくなる．長さ L と結合の強さ C を調節することにより，特定の波長の光を分離することができるようになる．図 **6.19** に，波長 1.3 μm と 1.55 μm の光を合波や分波する光ファイバカプラの出力電力の波長変化を示す．

波長 1.3 μm と 1.55 μm の光を同時に入力すると，1.55 μm の光は入力した光ファイバから出力され，1.3 μm の光は他方の光ファイバから出力される．逆に，波長 1.3 μm と 1.55 μm の光を別々の光ファイバから入力すると，1 本の光ファイバに合波されて出力される．

図 **6.20** は，図 6.19 で示した合分波光ファイバカプラにおける光の伝搬の様子

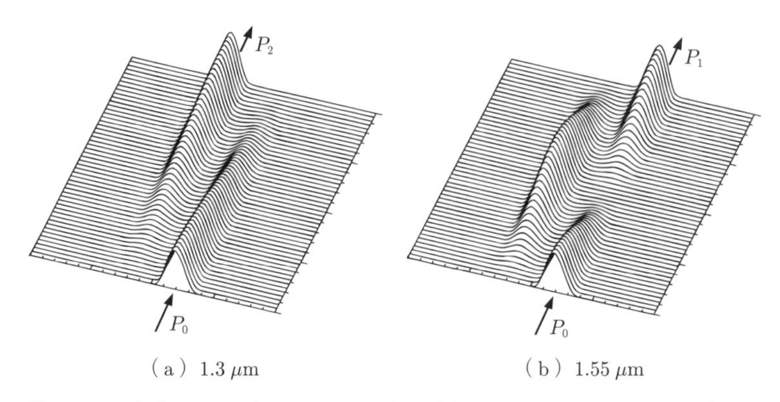

図 **6.20**　波長 1.3 μm と 1.55 μm の合分波光ファイバカプラにおける光伝搬

を示している．(a) に示すように，波長 1.3 μm では，光は徐々にほかの光ファイバに移っていき，出力端では完全に光が移っているのがわかる．対して，(b) の波長 1.55 μm では，(a) の場合よりも波長が長いので，光のクラッドへの滲み出しが大きくなり，結合係数は大きくなる．入力した光は，いったん完全に他方の光ファイバに移行した後，出力端では完全に入力した光ファイバに戻っている．このような波長合分波光ファイバカプラは，波長多重光通信 (6.4 節 1.，155 ページ参照) や光ファイバ増幅器 (6.3 節 3.，150 ページ参照) に利用される．

(2)　光ファイバグレーティング

光ファイバグレーティングは，光ファイバに周期的な屈折率変化をつくり，特定の波長の光のみを反射するフィルタとして利用される．通常は，1 nm 程度以下の狭い帯域の光のみを選択的に反射する．

また，光ファイバグレーティングは，ファイバレーザの共振器に用いたり，波長による群速度変化を補償したり (**分散補償素子**)，特定の波長の光を光ファイバに加えたり，除いたりするフィルタ (**add–drop filter**) など，さまざまな光デバイスに組み込まれて利用されている．

図 6.21 に，光ファイバグレーティングの代表的な製作法である **2 光束干渉法**と**位相マスク法**の概略図を示す．(a) の 2 光束干渉法では，紫外光を 2 方向から光ファイバに照射し，光の干渉により，光ファイバに周期的な光強度分布の縞をつくる．GeO_2 が添加された光ファイバでは，感光性により光強度分布にしたがっ

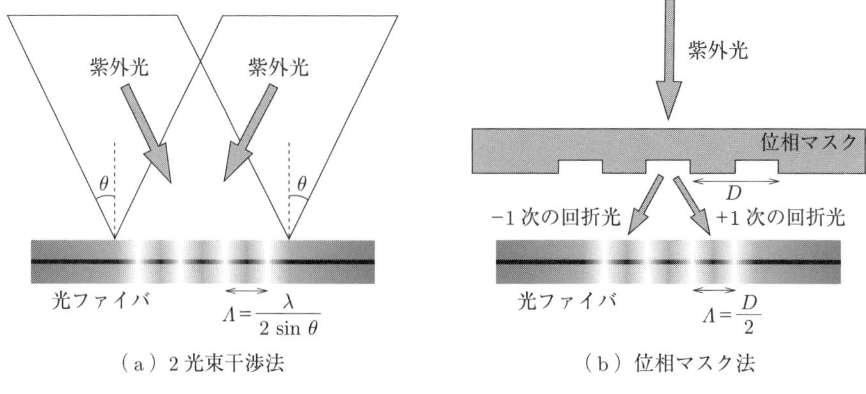

（a）2 光束干渉法　　（b）位相マスク法

図 6.21　光ファイバグレーティングの製作法

て，周期的な屈折率変動が起きる．紫外光の波長を λ，入射角を θ とすると，屈折率変動の周期 Λ は次のようになる．

$$\Lambda = \frac{\lambda}{2\sin\theta} \tag{6.38}$$

(b) の位相マスク法では，周期 D のグレーティングが書き込まれた位相マスクに，紫外光を照射し，-1 次と $+1$ 次の回折光の干渉により，光ファイバ上に周期 $\Lambda\left(=\dfrac{D}{2}\right)$ の光強度分布の縞をつくる．

光ファイバの屈折率変動の周期を Λ，導波モードの実効屈折率を $n_{\mathrm{eff}}\left(=\dfrac{\beta}{k}\right)$ とすると，ブラッグ反射の条件より，光ファイバグレーティングの反射波長 λ_B は，次式のようになる[4)]．

$$\lambda_B = 2n_{\mathrm{eff}}\Lambda \tag{6.39}$$

図 6.22 に光ファイバグレーティングの典型的な透過特性を示す．この光ファイバグレーティングは，位相マスク法で製作され，約 $0.5\,\mu\mathrm{m}$ の周期で屈折率変動が書き込まれている．グレーティングの長さは約 10 mm である．阻止帯域は 1 nm 以下で，狭い帯域の光のみを選択的に反射し，光を通さないようにしている．阻止帯域の中心において -40 dB 以下 $\left(\text{透過率 } \dfrac{1}{10\,000} \text{ 以下}\right)$ と，ほとんど光が通らなくなっている．また，透過帯域から阻止帯域への変化も急で，変化率は約 100 dB/nm となっている．

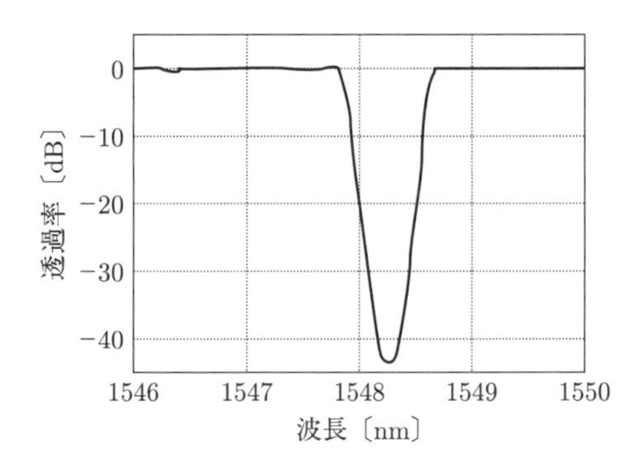

図 **6.22**　光ファイバグレーティングの透過特性

3. 希土類添加光ファイバと光ファイバ増幅器

特殊な機能をもった光ファイバとして，非線形機能 (波長変換，ラマン増幅や波形整形など)，センサ機能[5] や増幅機能をもったものがある．特に，増幅機能をもった光ファイバは，増幅器や高出力レーザ加工に用いられて注目を浴びている．ここでは光通信で用いられる希土類添加光ファイバと，それを用いた光ファイバ増幅器[6] について説明する．

希土類添加光ファイバを用いた光ファイバ増幅器が開発されて，光ファイバ通信システムが飛躍的に大容量化されるようになった．光ファイバの伝送損失が最も少ない波長帯域 (1550 nm 付近) で光を増幅できる **Er(エルビウム) 添加光ファイバ増幅器**は基幹伝送系に使用されており，非常に重要な役割を果たしている．**図 6.23** に Er 添加光ファイバとそれを用いた光ファイバ増幅器を示す．(a) は希土類の Er をコアに添加した Er 添加光ファイバである．コアに 1550 nm 帯の信号光を伝搬させると，Er 添加光ファイバを通過する間に，励起光 (波長 980 nm，1480 nm のレーザ光) からエネルギーが与えられて，信号光が増幅される．

(b) に Er^{3+} のエネルギー準位を示す．波長 980 nm の光を照射すると，基底状態の電子がエネルギーを吸収してエネルギー準位 $^4I_{11/2}$ へ励起（れいき）される．励起された電子は非発光で $^4I_{13/2}$ へ遷移した後，発光あるいは誘導放出して $^4I_{15/2}$ へ戻る．波長 1480 nm の光で $^4I_{13/2}$ へ直接励起して誘導放出させることもできる．誘導放出により，1550 nm 帯の信号光は位相や波長をそろえて増幅される．

(c) は Er 添加光ファイバを用いた光ファイバ増幅器の原理図である．入力信号

（a）Er 添加光ファイバ

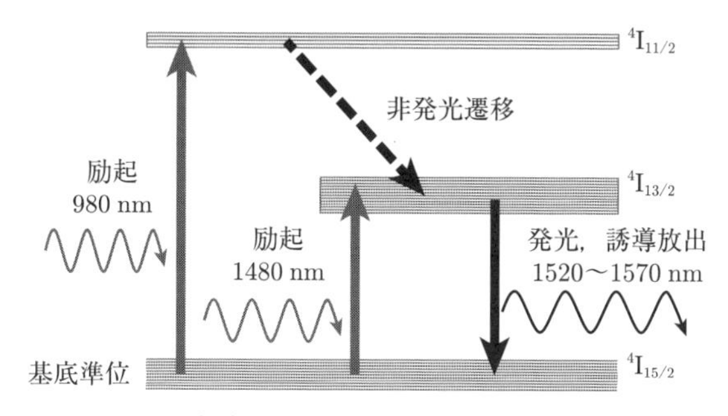

（b）Er^{3+}のエネルギー準位

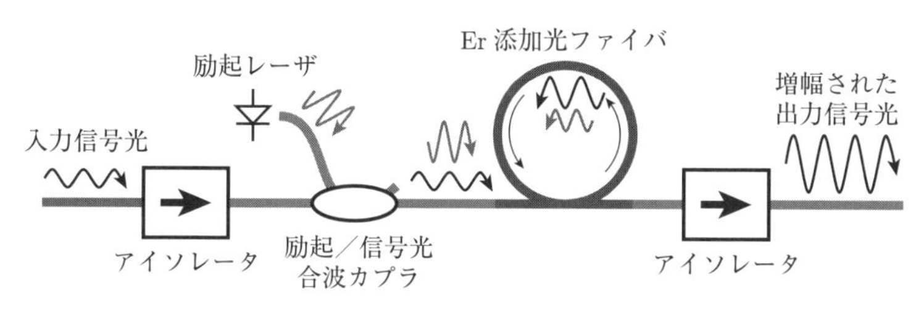

（c）Er 添加光ファイバ増幅器

図 **6.23**　Er 添加光ファイバと光ファイバ増幅器

光がアイソレータ（逆方向の光を除去）を通り，増幅器に入射される．励起／信号光合波カプラで励起光と信号光は合波されて Er 添加光ファイバへ入射され，信号光は誘導放出により増幅されてアイソレータを通過して出力される．Er 添加光ファイバ増幅器は使用される光通信システムに応じて設計されており，Er 添加光ファイバ長は 10〜100 m 程度，増幅度は 20〜30 dB 程度のものが主に，使われている．

長距離伝送される**石英系光ファイバ**は伝送損失が比較的低い波長域（1260〜

1675 nm) で利用される．低損失波長域は，**O 帯** (1260〜1360 nm)，**E 帯** (1360〜1460 nm)，**S 帯** (1460〜1530 nm)，**C 帯** (1530〜1565 nm)，**L 帯** (1565〜1625 nm)，**U 帯** (1625〜1675 nm) と，それぞれ名前が付けられている．希土類添加光ファイバのコアに添加する元素は，信号波長域に応じて選択され，Er は S 帯，C 帯と L 帯，Tm (ツリウム) は S 帯と U 帯，Pr (プラセオジウム) は O 帯の信号光をそれぞれ増幅するのに用いられる．

光ファイバ通信システムの大容量化には，低損失域の広い波長範囲を利用する必要がある．そのために光増幅器の広帯域化は欠かせない．増幅帯域の異なる光ファイバ増幅器を直列接続や並列接続して増幅機全体の帯域を拡大して，広帯域化が図られている．

4. 集積形光素子の例

情報化社会を支えるためには，高速で大容量な光通信網が必要とされている．光通信網は，旧来の電気や電波を用いた通信網とは異なり，多種の光受動素子が必要とされる．ここでは，光通信システムを構成するために重要な素子となっている，$1 \times N$ スターカプラと波長多重用合分波器について説明する．

(1) $1 \times N$ スターカプラ

一度に多くの光ファイバに光を分配する**スターカプラ**は，スター (星) 状のデータ伝送系の重要な光素子である．特に，**$1 \times N$ スターカプラ**は，光を N 個の導波路に等分配するものである．

図 6.24 は，光を四つに分割する 1×4 スターカプラの構造と光伝搬の様子を示している．(a) は素子内の導波路構造を示している．図のように，光を二つに分ける部分は，構造的に対称な Y 字形をしており，**Y 分岐**と呼ばれている．光は一つの Y 分岐で，対称性により二等分され，2 段目の Y 分岐でさらに二分割されて，全体として四つの導波路に等分配されて出力される．

(b) は，光が伝搬し，分配される様子を示している．伝搬方向の素子の長さは 8 mm，表示の幅は 100 μm であるので，分岐していく角度は非常にゆるやかになっている．ここでは，1×4 のものについて示したが，同様に 3 段，4 段と Y 分岐を縦続接続すれば，1×8 や 1×16 スターカプラもでき，実際に製作され，市販されている．このような集積形のものは，安定性や量産性の点で優れているが，入出力部における，光ファイバとの低損失で安定な接続技術の開発が望まれている．

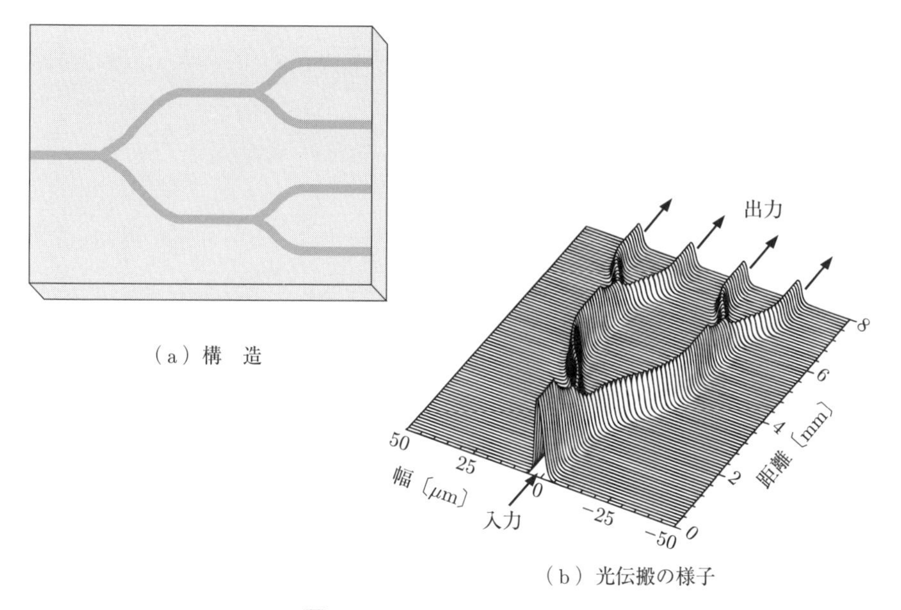

（a）構　造

（b）光伝搬の様子

図 **6.24**　1 × 4 スターカプラ

(2)　$N \times N$ 波長多重用合分波器

多くの信号を異なる波長で多重化して送る波長多重通信方式 (6.4 節 1.，155 ページ参照) は，光ファイバの伝送容量を増大する有力な方法として大いに利用されている．この波長多重通信になくてはならない光素子が，**波長多重用合分波器**である．波長多重用合分波器では，一つの導波路内の光を，波長ごとに異なる導波路に分けて出力したり，あるいは異なった波長の光を一つの導波路に合波して出力したりする．

図 **6.25** に集積形波長多重用合分波器を示す．(a) は素子内の構造を示している．入力導波路から入力された波長 $\lambda_1 \sim \lambda_N$ の光信号は，スラブ導波路 A 内において回折により広がり，各アレイ導波路に分配される．アレイ導波路に分配された光は，導波路の長さが異なるために，各導波路を伝わってきた光は，スラブ導波路 B に到達するときにはそれぞれ位相差をもつようになる．導波路の長さを調節して位相差を最適にし，アレイ導波路がグレーティングと同様な特性を示すようにすると，波長により異なった位置に光は集光する．そのために，各アレイ導波路を出射した光は，スラブ導波路 B 内で回折により広がり，干渉により波長に応

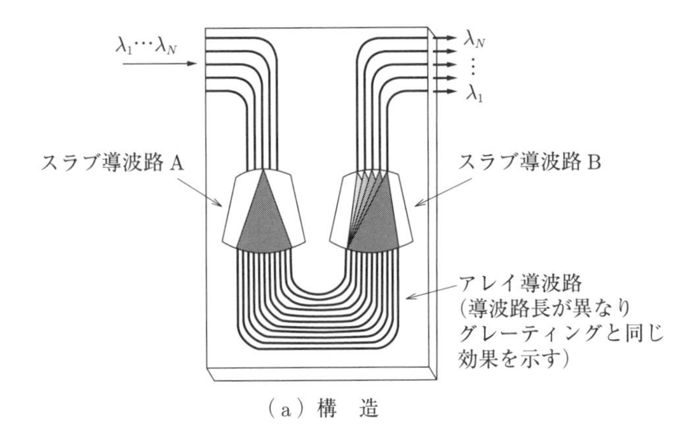

（a）構　造

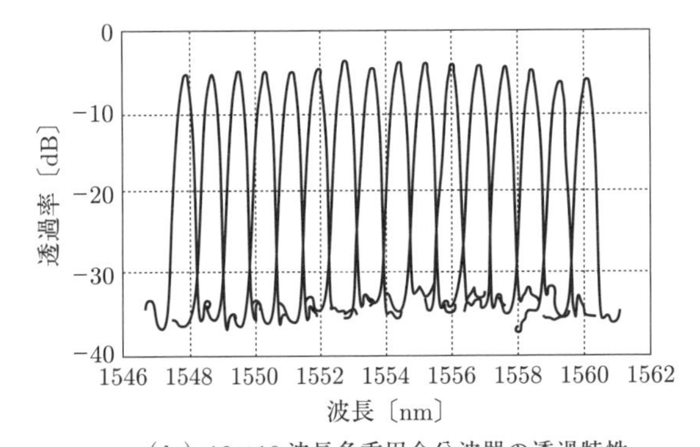

（b）16×16 波長多重用合分波器の透過特性

図 6.25　アレイ導波路を用いた波長多重用合分波器

じて，異なる出力導波路に集光される．また，逆から異なる波長の光を入射すると，一つの導波路に合波されて出力されるようになる．

(b) は，石英系導波路で製作された 16 × 16 波長多重用合分波器の各出力導波路への透過率を示す．各出力導波路は，特定の波長帯域の光のみを通過させ，ほかの波長の光は通過しないようになっている．通過帯域は透過率のピークの帯域で，**チャネル**と呼ばれる．図では，チャネル数は 16 となっている．また，通過帯域の波長間隔は 0.8 nm (100 GHz) と狭くなっている．光ファイバとの接続損失を含んだ平均の損失は 4 dB，隣りのチャネルへの光のもれ (クロストーク，漏話（ろうわ）)

は $-30\,\mathrm{dB}$ 以下 $\left(\dfrac{1}{1\,000}\text{以下}\right)$ となっている.

アレイ導波路では，構成している導波路間隔を小さくし，導波路長の差を大きくすることによって，波長分解能を高くすることができ，合分波する波長間隔を狭くすることができる．波長間隔が 0.08 nm (10 GHz) で 11 チャネル，0.2 nm (25 GHz) で 128 チャネルのものも製作されている.

6.4 光ファイバの応用システム

これまでは，光ファイバ，光導波路や光素子について，導波のしくみや機能について解説してきた．光ファイバは，大容量，低損失，細径，軽量，曲げやすい，電磁誘導を受けない，火花を出さないなどの多くの利点をもっている．そのために，さまざまな分野で使われるようになってきた.

本節では，光ファイバを用いた代表的な光通信システムについて述べる.

1. 波長多重光通信システム

世界的にインターネットの利用が広がるにつれて，通信システムの大容量化・高速化が必要とされている．従来は，**時分割多重** (Time Division Multiplexing ; TDM) により，たくさんの光のパルス (光の点滅) を短い時間に詰め込んで，光ファイバを通過させて通信を行っていた．しかし，時分割多重通信では，電気-光変換，光伝送 (光ファイバ)，光-電気変換と電子回路を多用するため，大容量化・高速化にも限界があった.

時分割多重光通信システムでは，一つの波長の光を使うが，異なる波長の光を 1 本の光ファイバに同時に入れて送れば，波長の数だけ容量を増やせることは，容易に想像できる．このような技術は，**波長多重** (Wavelength Division Multiplexing ; WDM) と呼ばれている.

図 6.26 に波長多重光通信システムの概略図を示す．図では，三つの異なる波長の光パルスを合波器により 1 本の光ファイバに入れ，光パルスを伝送した後，分波器を用いて，再び光パルスをそれぞれ別の光ファイバに分けて通信を行っている．このように，1 本の光ファイバで異なった波長で別々に通信を行うために，単純に伝送容量を増やすことができる．さらに，前節でも示したように，合分波器

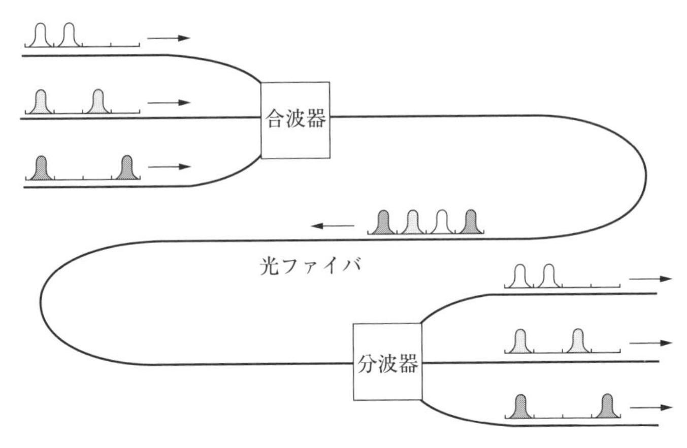

図 6.26　波長多重光通信システム

は電子回路を使わない受動回路なので，光通信システムは非常に簡単に容量を大きくすることができる．

では，なぜ波長多重技術が初期には光通信システムに導入されなかったのか．通常，長距離通信する場合には，光は途中で弱くなるので増幅する必要がある．その場合，波長ごとに光を分け，光-電気変換，増幅，電気-光変換した後に，合波しなければならないという問題が，波長多重光通信システムにはあったからである．一方，1985年にイギリス・サウサンプトン大学 (Univ. of Southampton) で開発された増幅用の希土類添加光ファイバは，電気信号に変換することなく，多波長の光を一括して増幅し，波長多重光通信システムの問題を一挙に解決する可能性をもつものであった．

その後，希土類添加光ファイバを用いた増幅器が急速に開発され，波長多重光通信システムが実現されることになった．

波長多重光通信システムは，受動の光素子を多く使うが，複雑な電子回路をあまり必要としないために，今後ますます導入されていくものと思われる．

2. 光通信システムの大容量化

光ファイバはさまざまな利点をもつために通信だけではなく，イメージガイド，医療用レーザ，センサ，光パワーレーザによる溶接や加工にも使われている．ここでは，光ファイバ通信システムの大容量化について述べる．

信号を載せる光（搬送波）$s(t)$ は正弦波状に変化をしているので式 (6.40) のようにおける．

$$s(t) = A\cos(\omega t + \varphi) = A\cos(2\pi ft + \varphi) \tag{6.40}$$

ω は角周波数，f は周波数，A は**振幅**，φ は位相である．信号を載せるためには振幅や位相を変えて**変調**する必要がある．伝送容量を増やすには，**変調速度**（1 秒間に送るパルスの数）を上げて，パルスを単位時間にできるだけ多く送ればよい．容量を増やすために光の点滅 (On–Off Keying) の速度（変調速度）を上げて大容量化を図ってきた．しかし，次第に変調速度を上げることが難しくなり，伝送容量増加に限界がみえてきた．

一方，ディジタル方式の無線通信では，振幅や位相を離散的に変えてたくさんの情報を送っている[7)]．光通信においても**可干渉性**を用いることで，振幅や位相変化を検出できるようになるので，無線通信と同じようにディジタル変調方式を用いると，より多くの情報が送れるようになる．振幅 A を離散的に変えて多値とする方法は**振幅偏移変調** (Amplitude Shift Keying；**ASK**)，位相 φ を多値とする方法は**位相偏移変調** (Phase Shift Keying；**PSK**)，振幅と位相を同時に多値とする方法は**直交振幅変調** (Quadrature Amplitude Modulation；**QAM**) と呼ばれている．

振幅や位相を離散的に変調して信号を送るとき，変調された信号の位置関係が理解できるように，信号点の配置を図 **6.27** のように複素平面上に表す．また，位相差がない同相成分の振幅は I，位相が $\frac{\pi}{2}$ 進んでいる直交成分の振幅は Q と表す．

次に各変調方式について，信号光の時間波形と信号点配置図を用いて説明する．

(1) 振幅偏移変調

振幅偏移変調 (**ASK**) では，振幅 A を離散的に変えて信号を送る．図 **6.28** に信号の時間波形 $s(t)$，信号点配置，割当符号に対する振幅と位相を示す．付属の表には一例として各符号に対する振幅と位相を示す．(a) は振幅を 2 段階に変えて（光の点滅，On–Off–Keying）信号を送っている．振幅が 1 と 0 のパルスをそれぞれ符号 “1” と “0” に割り当てている．一つのパルスで 2 種類の符号を送っているので，一つのパルスが 1 bit になる．

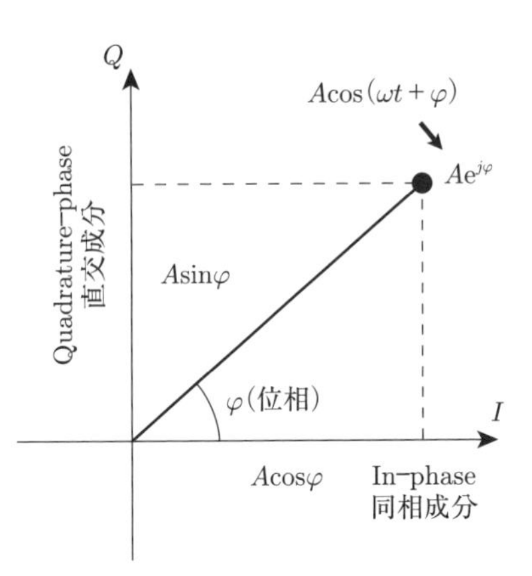

図 **6.27**　信号点の複素平面表示（信号点配置）

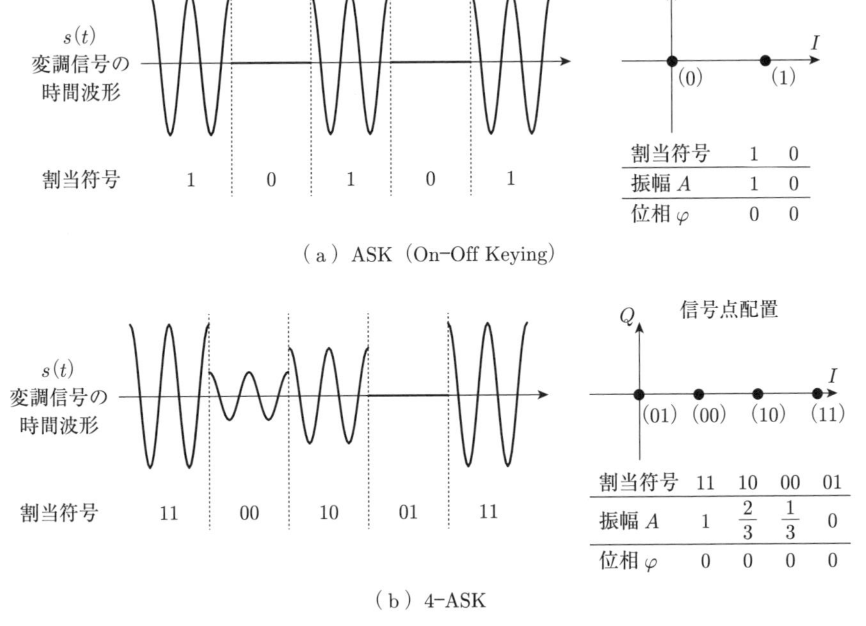

図 **6.28**　振幅偏移変調

(b) は振幅を 4 段階に変えて信号を送っている **4–ASK** を示している．ここでは振幅が 1，$\frac{2}{3}$，$\frac{1}{3}$，0 に対して，それぞれ符号を “11”，“10”，“00”，“01” と割り当てている．一つのパルスで 4 種類の符号を送れるので，2 bit 送れる．そのために同じ変調速度では，(b) は (a) に比べて情報の伝送容量は 2 倍となる．雑音を受けると信号点が変動するために，隣りの符号に影響がおよぶので符号が誤って送られる割合が高くなる．ビット誤り率を下げるために，隣りの符号間ではビット列が 1 bit だけ異なるように割り当てられている．符号の誤り率を少なくするために，信号点間はできるだけ離して，最小信号点間距離は同じとなるように配置されている．

(2) 位相偏移変調

位相偏移変調 (**PSK**) では，位相 φ を離散的に変えて信号を送る．**図 6.29** は信号の時間波形，信号点配置，割当符号に対する振幅と位相を示す．(a) では，信

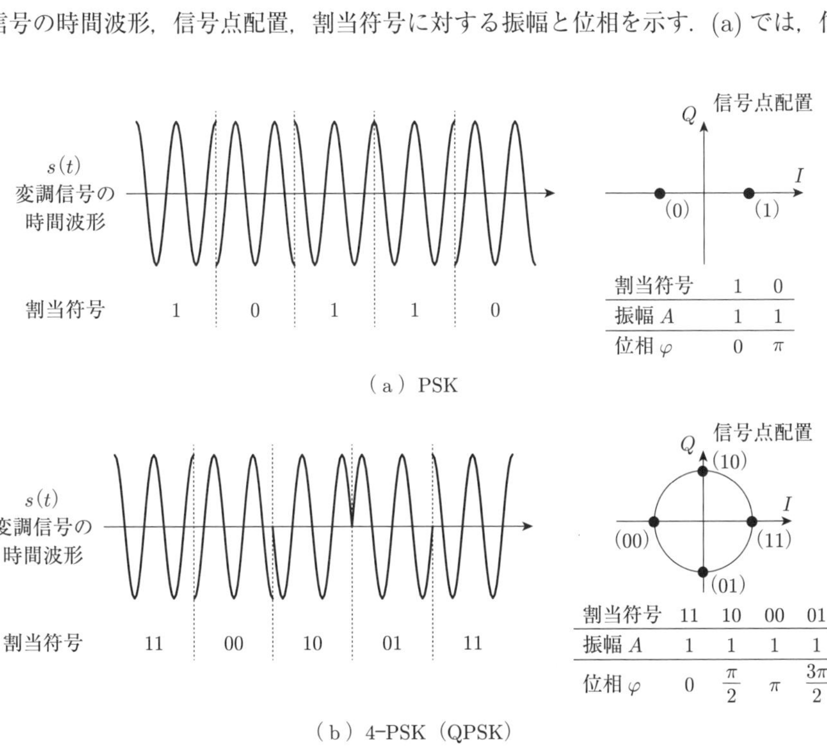

割当符号	1	0
振幅 A	1	1
位相 φ	0	π

（a）PSK

割当符号	11	10	00	01
振幅 A	1	1	1	1
位相 φ	0	$\frac{\pi}{2}$	π	$\frac{3\pi}{2}$

（b）4-PSK（QPSK）

図 6.29 位相偏移変調

号点間の距離をできるだけ離すように，振幅は同じで位相を 0 と π の 2 段階に変えている．それぞれ割り当てられている符号は “1” と “0” である．各符号に対する信号の時間波形は，位相が π ずれているので，お互いに反転している．

(b) は位相を 4 段階に変えて送る **4–PSK (QPSK)** である．位相は $\frac{\pi}{2}$ ずつ変化している．振幅は同じであるので，信号点は円周上に配置されることになる．ここでは，位相 0，$\frac{\pi}{2}$，π，$\frac{3\pi}{2}$ に対して割り当てられている符号は “11”，“10”，“00”，“01” である．一つのパルスで 4 種類の符号が送れるので，2 bit 送れる．

(3)　直交振幅変調

直交振幅変調 (QAM) では，振幅と位相を同時に離散的に変えるので，ASK，PSK と比べてより多くの情報を送ることができる．同相成分の振幅 I と，位相が $\frac{\pi}{2}$ 進んでいる直交成分の振幅 Q を同時に変えることになる．つまり，同相軸と直交軸の両方に ASK を適用した変調方式なので，直交振幅変調と呼ばれる．

ここでは，同相軸と直交軸の振幅をそれぞれ 4 段階に変えている **16–QAM** について図 **6.30** を用いて説明する．信号の時間波形，信号点配置，割当符号に対する振幅 A，同相成分振幅 I，直交成分振幅 Q と位相 φ を示す．時間波形では割当符号 “1111” を基準にして，わかりやすいようにすべての符号の時間波形の位

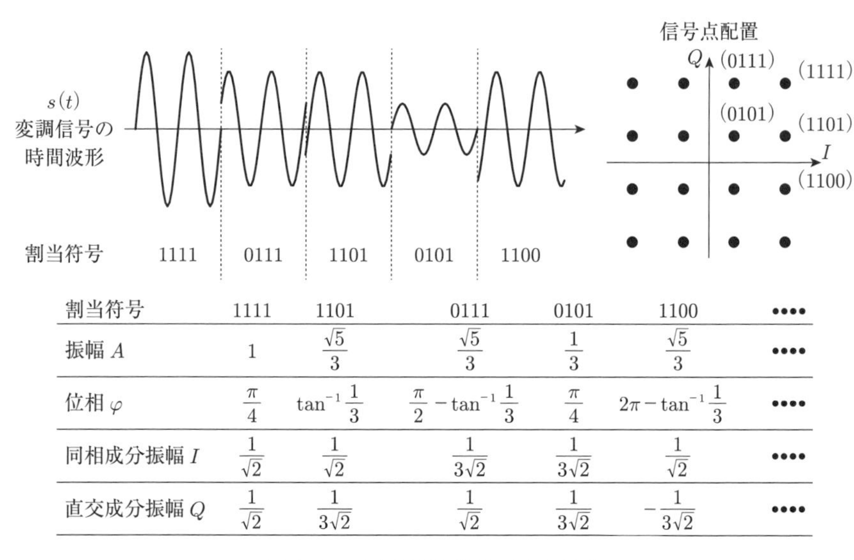

割当符号	1111	1101	0111	0101	1100	••••
振幅 A	1	$\frac{\sqrt{5}}{3}$	$\frac{\sqrt{5}}{3}$	$\frac{1}{3}$	$\frac{\sqrt{5}}{3}$	••••
位相 φ	$\frac{\pi}{4}$	$\tan^{-1}\frac{1}{3}$	$\frac{\pi}{2}-\tan^{-1}\frac{1}{3}$	$\frac{\pi}{4}$	$2\pi-\tan^{-1}\frac{1}{3}$	••••
同相成分振幅 I	$\frac{1}{\sqrt{2}}$	$\frac{1}{\sqrt{2}}$	$\frac{1}{3\sqrt{2}}$	$\frac{1}{3\sqrt{2}}$	$\frac{1}{\sqrt{2}}$	••••
直交成分振幅 Q	$\frac{1}{\sqrt{2}}$	$\frac{1}{3\sqrt{2}}$	$\frac{1}{\sqrt{2}}$	$\frac{1}{3\sqrt{2}}$	$-\frac{1}{3\sqrt{2}}$	••••

図 **6.30**　直交振幅変調 (16-QAM)

相を同じだけ移動させて $\left(\frac{\pi}{4}+\frac{\pi}{2}\text{だけ遅らせて}\right)$表示している．

信号点配置では，16 個の信号点が等間隔になるように振幅 A と位相 φ (同相成分振幅 I と直交成分振幅 Q) が決められている．

例として，いくつかの信号点に対して符号を割り当てている．振幅 1，位相 $\frac{\pi}{4}$ に対しては “1111” が，振幅 $\frac{\sqrt{5}}{3}$，位相 $\tan^{-1}\frac{1}{3}$ に対しては “1101” が，振幅 $\frac{\sqrt{5}}{3}$，位相 $2\pi-\tan^{-1}\frac{1}{3}$ に対しては “1100” が割り当てられている．ビット誤り率を下げるために，縦横の符号間ではビット列が 1 ビットだけ異なっている．このように，16–QAM では一つのパルスで，16 種類の符号が送れ，4 bit 送れることになるので，同じ変調速度でより多くの情報が送れる．

(4)　周波数利用効率と大容量化

波長多重通信では，信号を載せる光 (搬送波) の波長間隔 (周波数間隔) を密にし，各波長での信号の変調速度を速くして，**チャネル** (データの通り道) の容量を増やして，全体として光ファイバの伝送容量を増加させようとしている．しかし，搬送波の波長間隔を密にすると，隣接するチャネルからの影響を受けて，信号の品質が劣化する．

また，信号光の変調速度を速くすると，搬送波のスペクトルが広がり，隣接するチャネルに影響がおよぶので，チャネル間隔を密にできなくなる．

変調速度を速くするだけでは，大容量化に限界がみえてきて，振幅や位相の多値化による大容量化が図られている．

搬送波が利用されている波長帯域 (周波数帯域) でどれだけ効率よく信号が送られているかの指標として，**周波数利用効率** (spectral efficiency) が提案されている．光ファイバの伝送容量を FR〔bit/s〕，利用帯域幅を W〔Hz〕とすると，この周波数利用効率 η は式 (6.41) のように定義される．信号光間の周波数間隔（チャネル間隔）を Δf〔Hz〕，各チャネルの伝送容量を R〔bit/s〕，チャネル数を N とすると，周波数利用効率は近似的に式 (6.41) のようになる．

$$\eta=\frac{FR\,\text{〔bit/s〕}}{W\,\text{〔Hz〕}}=\frac{R\times N}{\Delta f\times(N-1)}\approx\frac{R}{\Delta f}\quad\text{〔bit/s/Hz〕}\tag{6.41}$$

信号光の周波数領域は光増幅器の周波数帯域で決まるが，周波数利用効率 η を上げれば，同じ周波数帯域でも伝送容量を上げることができ，光ファイバを大容量化

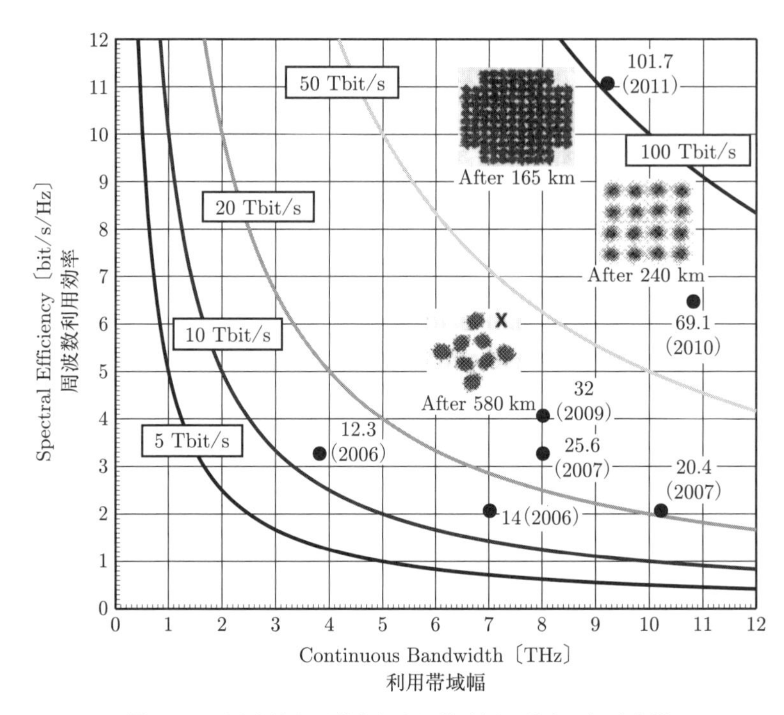

図 **6.31** 周波数利用効率と利用帯域幅に対する伝送容量

できる．希土類添加光ファイバ増幅器の周波数帯域は 3.8〜5.0 THz (30〜40 nm) 程度であるが，異なる添加物を用いて増幅帯域を変えたり，広げたりしている．また，いくつかの光ファイバ増幅器を直列接続や並列接続して増幅器全体の帯域幅を広げている．**光ファイバラマン増幅器**[※1] では，波長の異なる励起光を用いて，帯域幅を 25.1 THz (200 nm) 程度にまで広げた増幅器もある．

図 **6.31** は，周波数利用効率と利用帯域幅に対する光ファイバの伝送容量を示している．伝送容量が 5 Tbit/s，10 Tbit/s，20 Tbit/s，50 Tbit/s，100 Tbit/s についてはそれぞれ濃さの異なる灰色の曲線で示した．周波数利用効率が高ければ，利用帯域幅が狭くても伝送容量を大きくできる．利用周波数帯域は，主に光増幅

[※1] 光ファイバラマン増幅器とは，物質に光を当てると，物質に固有の光学的格子振動の周波数だけずれた光が散乱される (**ラマン散乱**) ことを利用して，光ファイバに高出力励起光を入力し，誘導ラマン散乱を起こして信号光を増幅するものである．

器の周波数帯域で決まる．

伝送実験のデータは図中の黒丸で示し，伝送容量 (Tbit/s) と実験の発表された年を書き込んでいる．また，観測された信号点配置も示している．信号点は広がっているが，これは雑音による信号点変動のためであり，隣りの信号点と重なると信号の誤り率が増え，通信の品質が悪くなる．

2011 年に発表された実験[8] の変調方式は **128–QAM** である．伝送容量は 101.7 Tbit/s，各チャネルの変調速度は 40 G/s，振幅・位相対の変化は 128 段階で 1 パルスあたり 7 bit，各チャネルの伝送容量は $R = 294$〔Gbit/s〕，チャネル数 (波長数) は $N = 370$，チャネルの周波数間隔は $\Delta f = 25$〔GHz〕(波長間隔では 0.2 nm)，利用帯域幅は $W = 9.2$〔THz〕，周波数利用効率は $\eta = 11$〔bit/s/Hz〕である．誤り訂正した後のデータであるために，チャネルの伝送容量とチャネル数を用いた単純な計算よりも，伝送容量と周波数利用効率は小さくなっている．100 Tbit/s という伝送容量は実感としてわかりにくいので例で示すと，5G 移動体通信の理論値最大速度 (20 Gbit/s) の 5000 倍，2 時間のハイビジョン映画 1000 本を 1 秒で送れる伝送容量である．実用化されている光ファイバの伝送容量は $FR = 20$〔Tbit/s〕，チャネル数は $N = 100$，チャネル伝送容量は $R = 200$〔Gbit/s〕，変調方式は 16–QAM である．

100 Tbit/s 以上の大容量化については，信号電力の増加で，非線形効果 (カー効果や 4 光波混合など) が大きくなり，波形ひずみや漏話などの伝送品質劣化が生じるので，周波数利用効率に制限を受ける．また，多重波長数 (チャネル数) を増加させると信号入力電力が増え，吸収によるコア部分の温度上昇により溶融する (**ファイバフューズ**) 現象が起こる．これまでの方法では，これ以上の容量増加が難しいので，1 本の光ファイバに多数のコアがある**マルチコア光ファイバ**を用いる方法や，多モード光ファイバを用いて各モードに情報を載せる方法などの**空間分割多重通信**が検討されている[9]．

図 **6.32**(a) にはマルチコア光ファイバの断面写真を示す．参考のために (b) に単一モード光ファイバの断面も載せている．このマルチコア光ファイバでは，コア周囲の屈折率が低くなっており，他のコアへの漏話を抑えている．

単一モード光ファイバとコアあたりの伝送容量が同じとすれば，マルチコア光ファイバの伝送容量はコアの数だけ増やせる．しかし，マルチコア光ファイバを用いた光通信システムでは，他のコアへの漏話の抑制，マルチコア光ファイバど

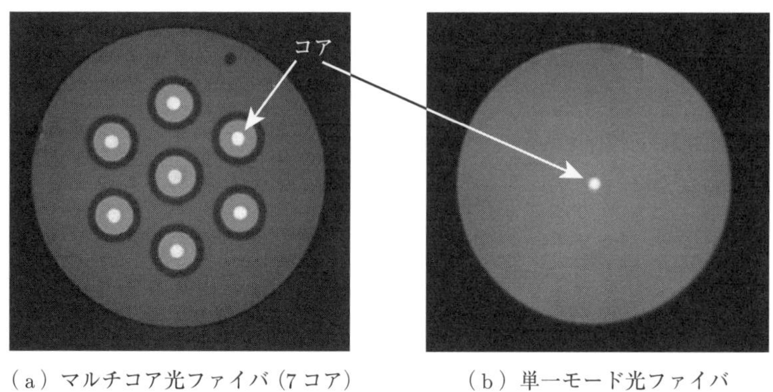

（a）マルチコア光ファイバ (7 コア)
全体のクラッド直径 180 μm

（b）単一モード光ファイバ
クラッド直径 125 μm

図 **6.32** マルチコア光ファイバの断面
(三菱電線工業 (株) 田中正俊氏提供)

うしの接続，すべてのコアを伝わる光信号を増幅する光増幅器の開発など解決すべき問題も多い．

演習問題

1. 133 ページの式 (6.12) と式 (6.13) を導け．
2. ステップ形光ファイバに対して，134 ページの式 (6.20) を解いて，特性方程式 (6.24) を導け．
3. 140 ページの図 6.8 で示されている二つの光ファイバの 0.633 μm における規格化周波数 V を計算せよ．また，導波できる最高次のモードは何か，分散曲線 (図 6.5, 136 ページ) をもとにして考えよ．ただし，コアは石英ガラスでできており，その屈折率は 1.457 とする．
4. ステップ形光ファイバの LP_{01} と，LP_{11} モードの $V = 6$ における w と u を，135 ページの特性方程式 (6.24) を解いて求めよ．Mathematica を用いれば，比較的簡単なプログラムで根を求めることができる．根を求める関数は FindRoot，第一種ベッセル関数と第二種変形ベッセル関数は BesselJ と BesselK で与えられている．詳しくは，Mathematica のマニュアルを調べてほしい．
5. 問題 4. の結果を用いて，LP_{01} と LP_{11} モードの電磁界分布を 134 ページの式 (6.21),

(6.23)，135 ページの (6.25) を用いて求め，138 ページの図 6.6 のように 3 次元表示せよ．Mathematica では，3 次元表示は Plot3D を使えば簡単にできる．

6. ステップ形光ファイバに，波長 1.55 μm の光を入れた．以下の問いに答えよ．ただし，コア半径は $a = 3.8$〔μm〕，クラッドの屈折率は $n_{cl} = 1.444$，コアの屈折率は $n_{co} = 1.461$ とする．
   (a) 規格化周波数 V を求めよ．
   (b) 光ファイバを伝わる最高次モードを求めよ．
   (c) 同じ光ファイバに波長 1.31 μm の光を入れるとき，伝わる最高次のモードを求めよ．

7. 光の点滅 (On–Off Keying) で信号を送っている波長多重通信方式では，周波数利用効率の限界は 0.4 bit/s/Hz であることが知られている．光増幅器の帯域幅が S 帯 (1460〜1530 nm)，C 帯 (1530〜1565 nm)，L 帯 (1565〜1625 nm) であるとすると，この波長多重通信方式の伝送容量の限界 C_{lim} はいくらか．以下の問いに答えよ．ただし，光速は $c = 2.998 \times 10^8$〔m/s〕，(光速) = (周波数) × (波長) である．
   (a) 波長 1460 nm の光の周波数 f_1 を求めよ．
   (b) 波長 1625 nm の光の周波数 f_2 を求めよ．
   (c) 光増幅器の帯域幅 W [Hz] を求めよ．
   (d) この波長多重通信方式の伝送容量の限界 C_{lim} を求めよ．

第7章
電波の放射とアンテナ

本章ではそもそも電波はどのようにして発生するか，さらに，その電波を自由空間に発生させる装置であるアンテナについて述べる．アンテナは，交流電源からの電気エネルギーを電波の形に変換して空間に放射し，また逆に，その電波を受けて電気エネルギーに変換する装置である．ここでは，その基本構造，動作原理，基礎的な特性，およびいくつかの応用例について述べる．

一般の電気回路も電磁波を発生するが，その効率は悪く，電気回路から電波への変換効率を上げるように設計されたものがアンテナである．

7.1 電波はどのように放射されるか

1. ヘルツダイポールによる電波の放射

電波は雷などによって自然に発生することもあるが，電波を自由に扱えるようにするためには，波動の基本要素である周波数，位相，振幅を制御して空間に放射させる必要がある．電磁波の理論的予言がマクスウェルによって発表されてから約 20 年経った後，1888 年にヘルツ (Hertz, H.R., 1857～1894) がその存在を実験的に明らかにした．その際に用いられたのが**ヘルツ発振器**である．

その基本構造は図 **7.1** に示すように，誘導コイル，水銀断続器，直流電池および微小間隙（かんげき）を有する 2 個の小球，それらを保持する小さなコイルからなっている．水銀断続器によって直流電池から電流を開閉し，誘導コイルに高電圧を生じさせ

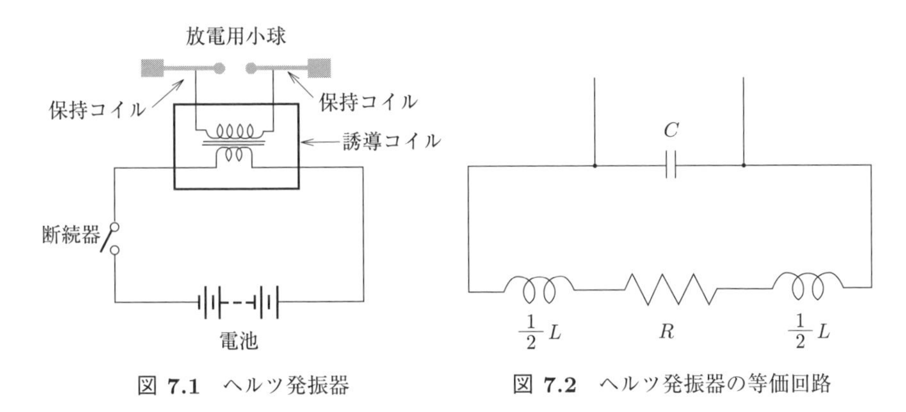

図 **7.1** ヘルツ発振器

図 **7.2** ヘルツ発振器の等価回路

る．この高電圧を小球間に与えると小球間に火花が発生し，放電が生じる．2 個の小球は容量的に，小球を保持する金属棒は誘導的に働き，そして放電の際には一種の抵抗が生じる．したがって，ヘルツ発振器は図 **7.2** に示すような電気回路に置き換えることができる．ここで，L は保持コイルのインダクタンス，C は小球の静電容量，R は放電の際に生じる抵抗である．

このようにヘルツ発振器は，LCR 直並列共振回路と等価となる．いま，それぞれの小球に正負の電荷が蓄えられたとする．振動ごとにその符号が変化し，間隙には電流が流れ，その振動周波数は共振周波数 $\dfrac{1}{2\pi\sqrt{LC}}$ に等しくなる．このとき，正負の電荷が小球にあるので小球のまわりには電界が生じ，電荷の符号が入れかわることにより変位電流が流れる．

図 **7.3**(a) は，時間的に電荷が入れかわった場合の電気力線の様子を示したものである．時刻①において $\pm q$ の電荷がそれぞれの小球に蓄えられ，電気力線が発生しかかっている様子を示している．これより時間が経過した②においては電荷が入れかわる寸前の様子を示しており，まさに電気力線の発生が終わろうとしている．さらに時間が進み，電荷が入れかわった③の状態では電気力線の向きが逆転し，先に発生した電気力線は閉じてしまう．これらが繰り返し行われ，④，⑤のように時間が経つにしたがい，閉じた電気力線は外側に押しやられる．そして (b) に示すように，向きが互いに逆転した電気力線が交互に外側に伝搬していく．これが電波の放射である．

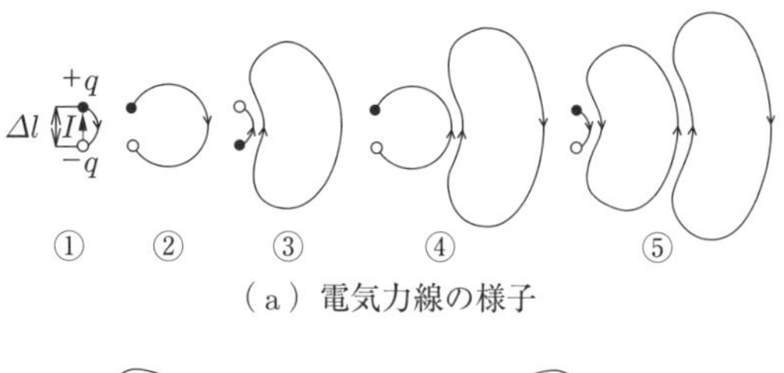

（a）電気力線の様子

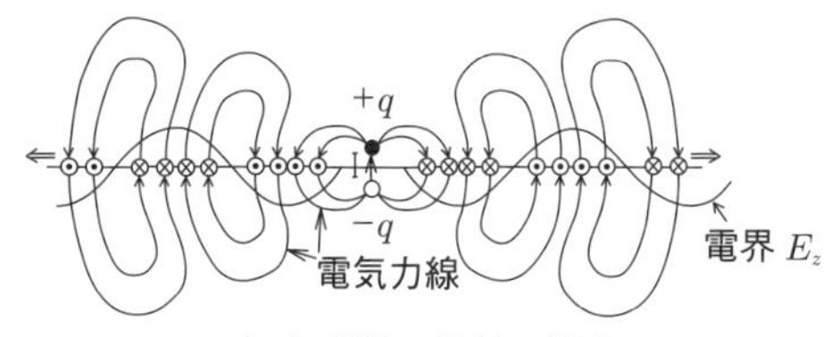

（b）電波の放射の様子

⊗⦿はともに磁力線を表し，⊗は紙面の表から裏の向きに，⦿はその逆に向くことを示す．

図 **7.3**　ヘルツダイポールからの電波の発生の様子

2.　微小電流源からの放射

ヘルツ発振器からの電波の放射は制御が悪く，より安定に，かつ効率よく電波を発生させる構造が必要となる．これがアンテナであり，その代表的なものが**線状アンテナ**である．その基本要素は長さが十分短い微小な電線で，これを**微小電流源**と呼ぶ．図 **7.4** に示すように，微小電流源とは，角周波数 ω の一様な電流 I が，長さ Δl の微小な電線に流れているものである．このような微小電流源は，$\pm\dfrac{I}{\omega}$ の電荷が Δl の間隔を経て存在している**ダイポール**と同等であると考えることができ，**微小電流ダイポール**あるいは**ヘルツダイポール**と呼ばれる．

次に，このような微小電流ダイポールからの電波の放射を考える．このような電波の放射の定式化には補助ベクトルを用いるのが便利である．真空中では磁界 $\boldsymbol{H}$ の発散はゼロであるため，任意のベクトル $\boldsymbol{A}$ に対して公式 $\mathrm{div}(\mathrm{rot}\boldsymbol{A}) = 0$ が成り立ち，磁界 $\boldsymbol{H}$ は補助ベクトル $\boldsymbol{A}$ を使って，

$$\boldsymbol{H} = \frac{1}{\mu_0}\mathrm{rot}\,\boldsymbol{A} \tag{7.1}$$

と表すことができる．

一方，$\boldsymbol{E}$ と $\boldsymbol{B}$ はマクスウェル方程式の一つである $\mathrm{rot}\,\boldsymbol{E} = -\mu_0\dfrac{\partial \boldsymbol{H}}{\partial t}$（式 (2.1),

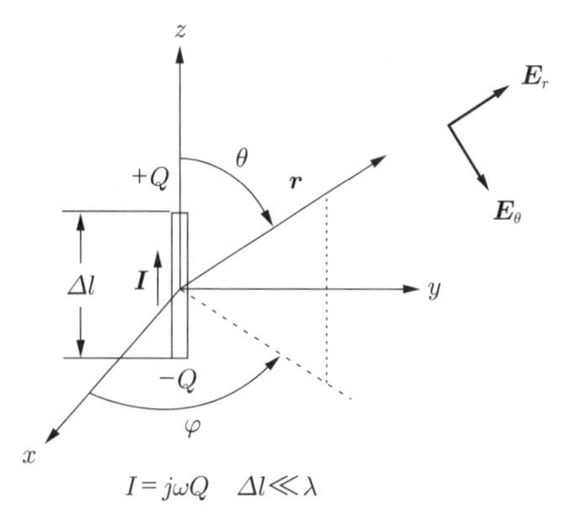

図 **7.4**　微小電流源

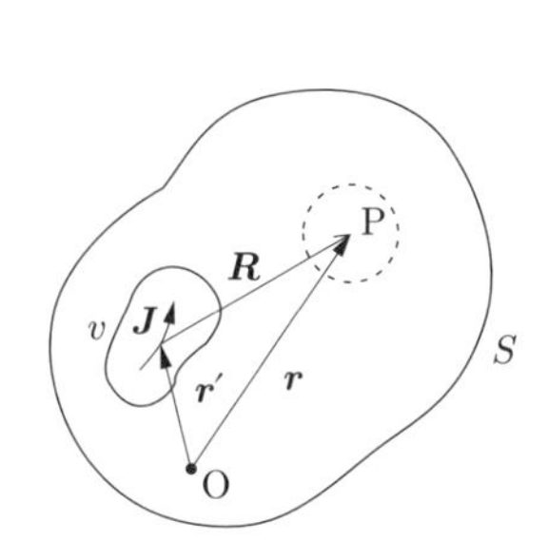

図 **7.5**　電波源と観測点

13 ページ) によって関係づけられているので，この式に式 (7.1) を代入すると rot $\left(\boldsymbol{E}+\dfrac{\partial \boldsymbol{A}}{\partial t}\right)=0$ となる．もともと rot が 0 となる電磁界は，ある任意関数 V の負勾配 $-\mathrm{grad}V$ で表されるので，次式が導びかれる．

$$\boldsymbol{E}=-\mathrm{grad}\,V-j\omega\boldsymbol{A} \tag{7.2}$$

次に，マクスウェル方程式の $\boldsymbol{E}$ と $\boldsymbol{B}$ のもう一つの関係式 (式 (2.2)，15 ページ) $\mathrm{rot}\,\boldsymbol{H}=\boldsymbol{J}+\varepsilon_0\dfrac{\partial \boldsymbol{E}}{\partial t}$ に式 (7.1)，式 (7.2) を代入して，$V=-\dfrac{j}{\omega\varepsilon_0\mu_0}\mathrm{div}\boldsymbol{A}$ を用いると，簡単になり，補助ベクトル $\boldsymbol{A}$ は次式の波動方程式を満たしていることがわかる．

$$\Delta\boldsymbol{A}+\varepsilon_0\mu_0\omega^2\boldsymbol{A}=-\mu_0\boldsymbol{J} \tag{7.3}$$

したがって，電流源 $\boldsymbol{J}$ が与えられれば，式 (7.3) より補助ベクトル $\boldsymbol{A}$ が求められ，式 (7.1) および式 (7.2) より磁界，電界を求めることができる．ここで ε_0 および μ_0 は，それぞれ真空中の誘電率，および透磁率である．

図 7.5 のように原点 O から距離 r' の位置にある体積領域 v の内部に波源 $\boldsymbol{J}$ (位置ベクトル $\boldsymbol{r}'$，$|\boldsymbol{r}'|=r'$) がある場合を考える．原点から観測点 P(位置ベクトル $\boldsymbol{r}$) までの距離を $r(=|\boldsymbol{r}|)$，波源から観測点までの距離を $R=|\boldsymbol{r}-\boldsymbol{r}'|$ とすると，補助ベクトル $\boldsymbol{A}$ は次式で与えられる．

$$\boldsymbol{A}=\frac{\mu_0}{4\pi}\int_v \frac{\boldsymbol{J}\left(r'\right)}{R}e^{-jkR}\,dv \qquad \left(k=\frac{2\pi}{\lambda}\right) \tag{7.4}$$

次に，微小電流源から放射される電磁界を考える．この場合，電磁界は球面状に放射されるため球座標系 (r,θ,φ) で考えると都合がよい．電波源が座標原点に置かれ，z 軸方向を向いているものとする．このとき $R=r$ となり，補助ベクトル $\boldsymbol{A}$ の成分は z 軸成分 A_z のみとなる．さらに，電流源の長さを Δl，太さを十分細いものとし，全電流を実効値の I を用いて考えれば，電流源の体積積分は $I\Delta l$ となり，A_z は次式のようになる．

$$A_z=\frac{I\mu_0\Delta l}{4\pi r}e^{-jkr} \tag{7.5}$$

以上より電波源から距離 r 離れた観測点Pにおける電磁界は式 (7.1)，式 (7.2) に式 (7.5) を代入することにより，次のようになる (演習問題 7.1 参照).

$$\begin{cases} E_r=\dfrac{I\Delta l}{2\pi}\zeta k^2 e^{-jkr}\left(\dfrac{1}{(kr)^2}-j\dfrac{1}{(kr)^3}\right)\cos\theta & (7.6)\\[2ex] E_\theta=\dfrac{I\Delta l}{4\pi}\zeta k^2 e^{-jkr}\left(j\dfrac{1}{kr}+\dfrac{1}{(kr)^2}-j\dfrac{1}{(kr)^3}\right)\sin\theta & (7.7)\\[2ex] H_\varphi=\dfrac{I\Delta l}{4\pi}k^2 e^{-jkr}\left(j\dfrac{1}{kr}+\dfrac{1}{(kr)^2}\right)\sin\theta & (7.8) \end{cases}$$

ただし，ζ は真空の波動インピーダンス (120π〔Ω〕) である．これらの式における $\dfrac{1}{r}$，$\dfrac{1}{r^2}$，$\dfrac{1}{r^3}$ に比例した項はそれぞれ**放射界**，**誘導的電磁界**，**静電的電磁界**と呼ばれ，$kr=1$ においてこれらの大きさは等しくなり，$kr\geq 5$ ではほとんど放射界が支配的になると考えてよい．さらに誘導的電磁界成分は位相が $90°$ ずれており，リアクティブに虚数成分として働いている．また，放射界は E_θ，H_φ のみとなり，これらは同相であることがわかる．放射界の成分を再掲示すると，

$$E_\theta=\frac{jI\Delta l\zeta k}{4\pi r}e^{-jkr}\sin\theta=\zeta H_\varphi \tag{7.9}$$

となり，さらに E_θ の大きさを求めると，

$$|E_\theta|=\frac{60\pi I\Delta l}{\lambda r}\sin\theta \tag{7.10}$$

となる．

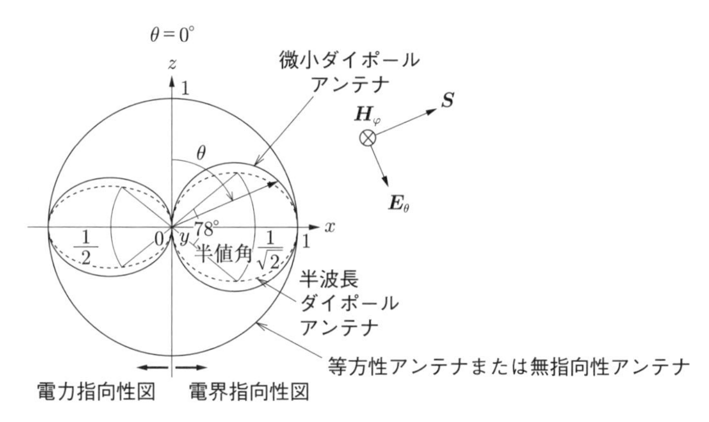

図 7.6 微小電流ダイポール，半波長ダイポールアンテナの電界 $|E_\theta|$，電力 P の放射方向に対する依存性

放射界は**遠方界**とも呼ばれ，微小電流ダイポールの放射方向に対する電界の強さ $|E_\theta|$ は図 **7.6**(右側) に描いた実線のようになり，φ には依存しない．したがって z 軸に対して回転対称形となり，中心の閉じたドーナツ状となる．

次に微小電流源からの電力放射の定式化を考えてみる．一般の媒質中では媒質の損失により電界と磁界に位相差が生じるので，この点の**複素ポインティングベクトル** $\boldsymbol{S}$ は電界と複素共役磁界のベクトル積として次式で表される※1．

$$\boldsymbol{S} = \boldsymbol{E} \times \boldsymbol{H}^* \tag{7.11}$$

このとき，電力は球面状に放射し，単位時間に球面上の単位面積あたりを，複素ポインティングベクトル $\boldsymbol{S}$ の実部で表される実効電力が通過する．また，自由空間においては損失がないため電界と磁界は同相となり，$\boldsymbol{S} = \boldsymbol{E} \times \boldsymbol{H}$ としてよい．ここで，微小電波源から距離 r 離れた球面上の観測点 P を通過する電力の大きさ $|\boldsymbol{S}|$ は，**ポインティング電力**とも呼ばれ，

$$|\boldsymbol{S}| = P = |E_\theta| \cdot |H_\varphi| = \frac{|E_\theta|^2}{\zeta} = \zeta\,|H_\varphi|^2 \tag{7.12}$$

となる．この場合の放射電力の放射方向に対する依存性は図 7.6(左側) の実線のよ

※1 式 (2.63) (35 ページ) 参照．ただし，電界，磁界は一般的には複素数なので，$\boldsymbol{E}$ を $\boldsymbol{E}^*$ にするか，または $\boldsymbol{H}$ を $\boldsymbol{H}^*$ にする必要がある．

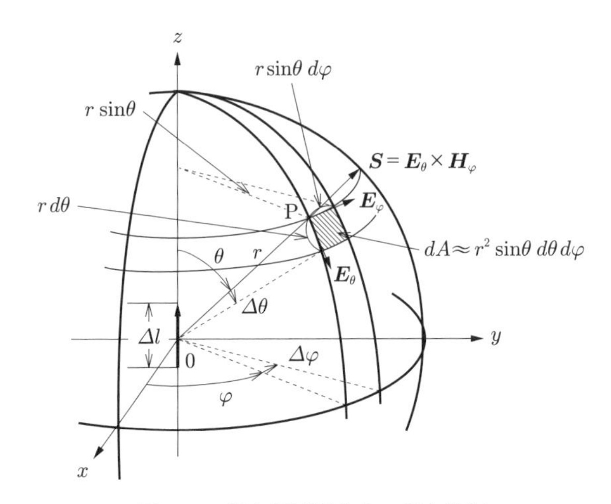

図 **7.7**　微小電流源からの電力放射

うになる．さらに，図 **7.7** のように，球面上の微小面積を考えると，球面全体から放射される総電力 W_t は，式 (7.10)，式 (7.12) を代入すると，次式のようになる．

$$W_t = \int_A |\boldsymbol{S}|\ dA = r^2 \int_0^{2\pi} d\varphi \int_0^{\pi} |\boldsymbol{S}| \sin\theta\ d\theta = \frac{2\pi\zeta}{3}\left(\frac{I\Delta l}{\lambda}\right)^2 \qquad (7.13)$$

3.　線状ダイポールアンテナからの放射

図 **7.8** に示すように，先端開放の 2 本の平衡線路を先端から $\dfrac{l}{2}$ の位置で左右に広げて直線状にしたものを**線状ダイポールアンテナ**と呼ぶ．

図 **7.9** に示すように，線状ダイポールアンテナの座標系をとり，観測点を P とする．このアンテナ上の電流分布はほとんど正弦波の形状をしており，波腹値を I_m とすると，給電部 0 から z の位置における電流分布 $I(z)$ は，

$$I(z) = I_m \sin k\left(\frac{l}{2} - z\right) \qquad \left(k = \frac{2\pi}{\lambda}\right) \qquad (7.14)$$

となる．l を十分短く区切って考えると，z の位置にある微小区間の電流分布は $I(z) = (\text{一定})$ と考えてよい．したがって，**線状アンテナ**は電流 $I(z)$ が流れている微小電流ダイポールが直列に連なったものと考えられ，長さ l の線状ダイポールアンテナによる中心から，距離 r 離れた観測点 P における電界強度 $|\boldsymbol{E}|$ は，こ

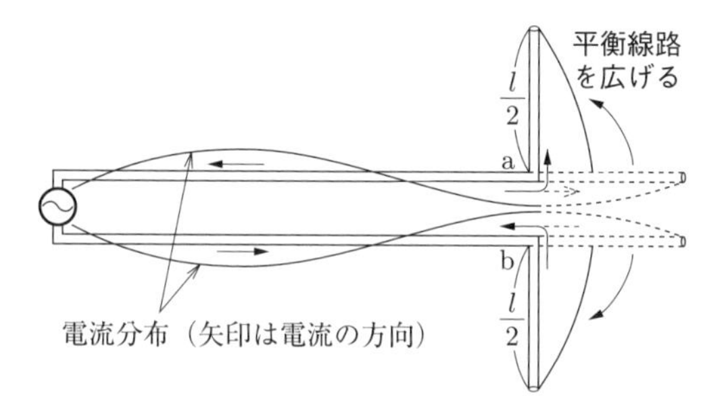

図 7.8 線状ダイポールアンテナと供給平衡線路

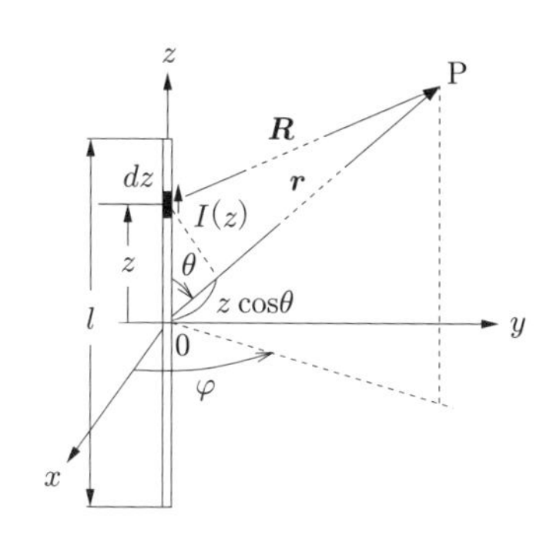

図 7.9 線状ダイポールアンテナの座標系

れらの各微小電流ダイポールから，放射された電界強度を加え合わせることにより求められる．以上より，微小区間長を dz として式 (7.9) (170 ページ) の Δl と置き換え，微小区間から観測点 P までの距離も r を R と置き換え，$-\frac{l}{2}$ から $\frac{l}{2}$ まで積分すれば，E_θ は次式として求められる．

$$E_\theta = \frac{jk\zeta}{4\pi R}\sin\theta \int_{-\frac{l}{2}}^{\frac{l}{2}} I(z)e^{-jkR}dz \tag{7.15}$$

観測点は十分遠方であるから分母の R は r とおけるが，指数項の R は指向性を左右する位相に関係し，これを $R \approx r - z\cos\theta$ として近似する．

長さを半波長とした線状ダイポールアンテナを**半波長ダイポールアンテナ**と呼び，$\frac{l}{2} = \frac{\lambda}{4}$ であるから，式 (7.14) より $I(z) = I_0 \cos kz$ となり，自由空間での波動インピーダンス ζ は 120π〔Ω〕であるから，これらを式 (7.15) に代入して z について積分すれば，

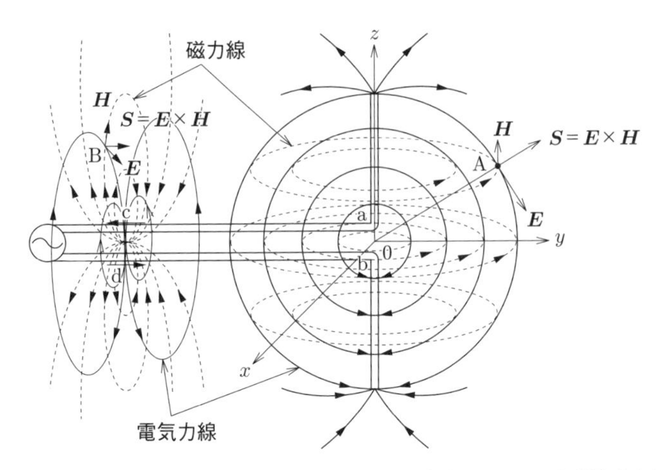

図 **7.10**　半波長ダイポールアンテナと供給平衡線路における電磁界分布と電力

$$E_\theta = j\frac{60I_0}{r}\frac{\cos\left(\frac{\pi}{2}\cos\theta\right)}{\sin\theta}e^{-jkr} \tag{7.16}$$

となる (章末の演習問題 7.2 参照)．なお，このアンテナの電界強度，電力の放射方向依存性を図 7.6 (171 ページ) の点線で示している．

半波長アンテナからの放射の様子をもう少し詳細に考えてみよう．半波長ダイポールアンテナは，**図 7.10** に示すように平衡線路の先端から $\frac{1}{4}$ 波長の部分を点 a，b とし，この部分で導線をそれぞれ反対方向に直角に折り曲げて開くことによってつくられる．したがって，磁力線は電流の方向に対して右回転の方向に生じる．電気力線と磁力線はいたるところで直交しており，図中に点 A をとって，この点におけるポインティングベクトル $\boldsymbol{S}$ を考えると，電力は球面状に放射していくことがわかる．なお，電流が逆になる瞬間でも電磁界の放射方向は変わらない．

次に，平衡線路の電磁界をみてみよう．接近した 2 本の導体を流れる電流は互いに逆方向であり，対向する部分の電位も正負が逆になっているので，電気力線は隣り合った導体間を結ぶようになる．例えば，図 7.10 の点 d から出た電気力線は点 c で閉じる．線間は接近しているので電界は線間に集中する．同じ導体上において長手方向に電位が正負になる部分の間にできる電気力線は，隣りの導体の電気力線が逆を向いているのでほとんど打ち消され，結果的に平衡線路から出る電気力線は線路に直交した方向 (横方向) の成分のみとなる．2 本の導体の磁力線は電流方向が逆であるから線間部分では強め合うが，線路から離れた部分では磁力線方向が逆となり弱め合う．磁力線も線路に直交した方向のみとなる．図にはこの２本の導体の合成磁界を描いてある．したがって，点Bでポインティングベクトルを考えると，エネルギーは線路の伝搬方向に運ばれていることがわかる．

4. 直線アレイアンテナからの放射

複数のアンテナ素子を配列することにより指向性を鋭くして利得を高め，所望の方向にビームを向けることが可能となる．このように複数以上のアンテナ素子を，ある間隔で直線配列したアンテナを**直線アレイアンテナ**(**線状アレイアンテナ**)という．

図 **7.11** のようにアンテナ素子を間隔 d で n 個並べ，素子 1 から順に n まで，ψ〔rad〕ずつ遅れた同じ振幅の電流を給電した場合に生ずる電界の合成を求めてみよう．図からも推察できるように，n 番目の素子に近づくにしたがって放射する電波の位相が少しずつ遅れていれば等位相面(包絡線)が傾き，この等位相面に直交する方向にある遠くの観測点 P において，各素子からの電波の位相が等しくなって強調し合う．したがって，この方向に指向性が強くなることがわかる．数学的に考えると，i 番目の素子から r_i だけ離れた観測点 P における放射電界 E_i は，アンテナ素子の強さを M とし，その指向性係数を D_0 とすれば，

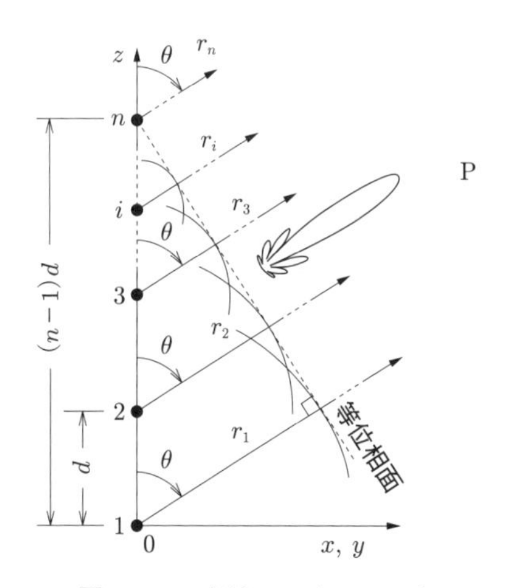

図 **7.11** 直線アレイアンテナ

$$E_i = \frac{M}{r_i} D_0(\theta, \varphi) e^{-j(kr_i + (i-1)\psi)} \tag{7.17}$$

であるから，n 個のアンテナ列の合成電界 E_t は，

$$E_t = \frac{M}{r_1} D_0(\theta, \varphi) \sum_{i=1}^{n} e^{-j(kr_i + (i-1)\psi)} \tag{7.18}$$

となる．ここで，点 P までの距離はアンテナ列の長さよりも十分に遠いので，式 (7.17) の分母の値は r_1 として代表させてもいいが，各素子の間の位相差は配列することによる指向性に関係しているので，正確に取り扱う必要がある．

アンテナ 1 を基準として r_i を r_1 で表すと，

$$r_i = r_1 - (i-1)\, d \cos\theta \tag{7.19}$$

となるので，式 (7.18) の指数項は式 (7.19) を代入して，

$$-j\{kr_i + (i-1)\psi\} = -j\{kr_1 - (i-1)\varPhi\} \tag{7.20}$$

となる．ただし，

$$\varPhi = kd\cos\theta - \psi \tag{7.21}$$

である．したがって，式 (7.18) は，

$$E_t = \frac{M}{r_1} e^{-kr_i} D_0(\theta, \varphi) \sum_{i=1}^{n} e^{j(i-1)\varPhi} \tag{7.22}$$

となる．ここで，$\sum$ の項はアンテナ列を点波源列に置き換えた場合の電波源間隔や電波源間の位相差を含んだ関数で，配列によって決まる指向性であり，

$$\sum_{i=1}^{n} e^{j(i-1)\varPhi} = e^{j\frac{(n-1)}{2}\varPhi} \frac{\sin\left(n\dfrac{\varPhi}{2}\right)}{\sin\dfrac{\varPhi}{2}} \tag{7.23}$$

となる．アレイアンテナの基準をアンテナ 1 にしていたが，この基準をアンテナの配列の中心において考えると $e^{j(n-1)\frac{\varPhi}{2}}$ の項は消え，$\varPhi = 0$ において指向性は最大になり，n となる．したがって，式 (7.22) を正規化して，

$$U(\theta, \varphi) = \frac{\sin\left(n\dfrac{\varPhi}{2}\right)}{n\sin\dfrac{\varPhi}{2}} \tag{7.24}$$

とおき，この $U(\theta, \varphi)$ を**配列係数**という．アレイアンテナの中心から観測点 P ま

での距離を r として式 (7.22) を書きかえると，

$$E_t = \frac{nM}{r} e^{-jkr} D_0(\theta, \varphi) U(\theta, \varphi) \tag{7.25}$$

となる．このようにアレイアンテナの指向性は単一素子の指向特性と配列係数との積となる．このことを**指向性の積の原理**という．

$\theta = 0$〔°〕の方向に最大指向性をもつようにしたもの ($\varphi = 0$) を**ブロードサイドアレイ**と呼び，$\dfrac{d}{\lambda} = \dfrac{1}{2}$ における $n = 2, 3$ の場合の配列係数によるブロードサイドアレイの指向性図を図 **7.12**(a)，(b) に示す．さらに，$\theta = 90$〔°〕の方向に最大指向性をもつもの ($\psi = kd$) を**エンドファイアアレイ**と呼び，$\dfrac{d}{\lambda} = \dfrac{1}{4}$ における $n = 2, 3$ の場合の配列係数によるエンドファイアアレイの指向性図を図 (c)，(d) に示す．

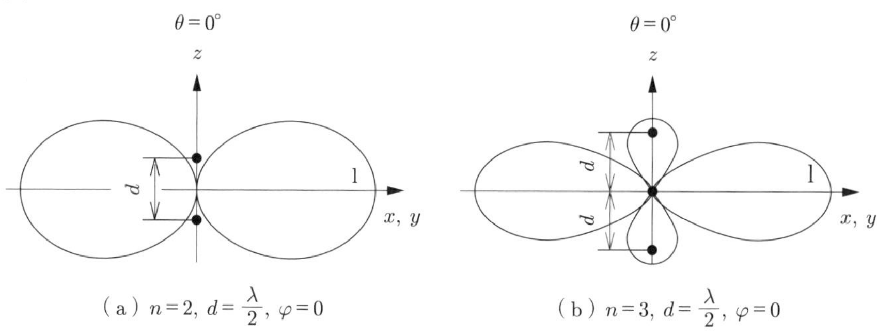

（a）$n=2,\ d=\dfrac{\lambda}{2},\ \varphi=0$　（b）$n=3,\ d=\dfrac{\lambda}{2},\ \varphi=0$

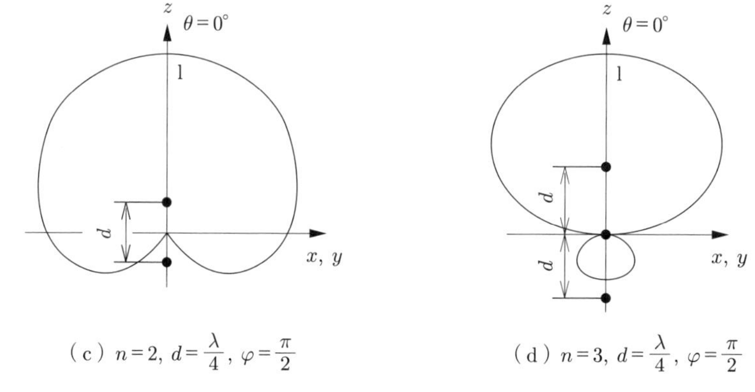

（c）$n=2,\ d=\dfrac{\lambda}{4},\ \varphi=\dfrac{\pi}{2}$　（d）$n=3,\ d=\dfrac{\lambda}{4},\ \varphi=\dfrac{\pi}{2}$

図 7.12　直線アレイアンテナの配列係数による指向性 (式 (7.25) 参照)
(a)，(b)：ブロードサイドアレイ，(c)，(d)：エンドファイアアレイ

7.2 アンテナの基本パラメータ

1. 放射指向性

微小電流ダイポールや半波長ダイポールアンテナの電界の大きさの放射方向依存性をみると，それぞれ角度 θ の関数となっている．このように電磁波の放射は方向特性を有しており，これを**放射指向性**と呼ぶ．これらの電波源の場合，θ のみの関数であるが，一般には φ にも依存する．したがって，放射電磁界の指向性は一般には次式の形で表される．

$$D(\theta, \varphi) \tag{7.26}$$

これは $r=$ (一定) の球面上において，放射電磁界の大きさが方向 θ，φ に依存していることを示している．図 7.6 (171 ページ) の右半分は微小ダイポールの放射指向性を示しているが，φ 方向には指向性をもっておらず，θ 方向にのみ指向性を有している．この場合の $D(\theta, \varphi)$ は $\sin\theta$ で表され，その大きさは原点から $\sin\theta$ の直線の長さになる．さらに，放射電力密度の指向性を同図の左半分に示している．なお，半波長ダイポールアンテナの放射指向性は，

$$D_d(\theta, \varphi) = \frac{\cos\left(\dfrac{\pi}{2}\cos\theta\right)}{\sin\theta} \tag{7.27}$$

のようになり，その変化を同図の点線で示している．したがって，半波長ダイポールアンテナは，微小ダイポールに比べて，指向性は少し鋭いことがわかる．

2. 放射インピーダンスと入力インピーダンス

アンテナに交流電流を流すことにより電磁波が放射されることは，これまでに述べたとおりである．アンテナに電流を流すためには外部電源からエネルギーを供給する必要がある．例えば，線状アンテナに電流を供給する場合を考える．これには図 7.8 (173 ページ) に示したように，**給電線**と呼ばれる線を介して行われ，図中の点 a，b においてアンテナと接続されている．これらの接続点をアンテナの**給電点**と呼んでいる．

アンテナは電磁波を放射するが，電源からみるとアンテナによってエネルギーが消費されていることになる．これは電気回路的には負荷で電力が消費されてい

ることと同じであり，一種の抵抗として考えることができる．給電点よりアンテナに流れる電流の実効値を I とし，アンテナから放射する電磁波の電力を P_r とすれば，放射による抵抗は等価的に，

$$R_r = \frac{P_r}{I^2} \tag{7.28}$$

となると考えられる．このようにアンテナを一種の負荷抵抗と見なした場合の抵抗を**放射抵抗**と呼び，これはアンテナの重要なパラメータの一つである．例えば，微小電流ダイポールの放射抵抗は，172 ページの式 (7.13) の W_t を上式 (7.28) の P_r に代入し，$\varDelta l = l$ とおくと，

$$R_r = 80\pi^2 \left(\frac{l}{\lambda}\right)^2 \quad 〔\Omega〕 \tag{7.29}$$

となる．一方，半波長ダイポールアンテナの放射抵抗は，174 ページの式 (7.16) の E_θ を用いて同様の計算をすればよいが，余弦積分が入ってきて煩雑になるので詳細は省略する．数値計算の結果は

$$R_r = 73.13 \quad 〔\Omega〕 \tag{7.30}$$

となる．

さらに，一般にはリアクタンス成分もあると考えられるため，回路的にはインピーダンスとなり，これを**放射インピーダンス**と呼ぶ．例えば，半波長アンテナの放射インピーダンスは，

$$Z_r = \frac{W_c}{{I_0}^2} = R_r + jX_r = \frac{\displaystyle\int_{-\frac{\lambda}{4}}^{\frac{\lambda}{4}} E_z(z)I(z)\ dz}{{I_0}^2} = 73.13 + j42.54 \quad 〔\Omega〕 \tag{7.31}$$

となり，誘導性リアクタンスをもっていることがわかる．ただし，W_c はアンテナから外部へ出ていく複素電力である．

先にも述べたように，半波長ダイポールアンテナは，先端が開放された平衡線路を，先端から $\dfrac{1}{4}$ 波長の部分で直角に開いたものであるが，もし開かなければアンテナの給電点となるこの部分は短絡点となり，インピーダンスは 0〔Ω〕であ

る．つまり，線路を開いて半波長ダイポールアンテナとすることにより，この部分のインピーダンスが $Z_r = 73.13 + j42.54$〔Ω〕となったわけであるが，このことは，平衡線路をアンテナとすることにより電波が放射されて「損失」が生じ，そのために損失抵抗が 73.13〔Ω〕として存在し，対して，$j42.54$〔Ω〕は電波の放射のためにアンテナ線上の波長が短縮したために生じたものと考えてよい．

したがって，アンテナ長を $\frac{1}{2}$ 波長より短くすることにより，虚数部をゼロとすることができる．

3. 電力利得

アンテナから放射する電磁波の電力について考える．アンテナがある特定方向に鋭く電磁波を放射する指向性を有することは，いいかえれば，その方向に放射電力が集中することを意味している．

すべての方向に一様に電力を放射するアンテナを考える．このようなアンテナは実際には存在しないが，理論的なものとして取り扱い，**等方性アンテナ**あるいは**無指向性アンテナ** (図 7.6，171 ページ参照) と呼ぶ．いま，実際のアンテナの入力電力を P とし，放射最大電力密度を $p_{\max}$ とする．このアンテナの入力電力と同じ電力 P をすべて等方性アンテナから放射させたとすると，その放射電力密度は $\frac{P}{4\pi r^2}$ となる．$p_{\max}$ とこの $\frac{P}{4\pi r^2}$ との比

$$G_a = \frac{p_{\max}}{\dfrac{P}{4\pi r^2}} \tag{7.32}$$

を電力利得あるいは**絶対利得** G_a (単位は〔dBi〕) と呼ぶ．例えば，微小ダイポールの絶対利得は，式 (7.10) (170 ページ)，および式 (7.12) (171 ページ) において，$\theta = \frac{\pi}{2}$ として $p_{\max}$ を求め，また式 (7.13) (172 ページ) から $p(= W_t)$ を求めて，式 (7.32) にすると，次式が得られる．

$$G_a = 1.5 = 1.76 \quad \text{〔dBi〕} \tag{7.33}$$

また，半波長ダイポールアンテナの絶対利得は，同様にして，式 (7.10) のかわりに式 (7.16) (174 ページ) を用い，余弦積分は数表を利用すると，

$$G_a = 1.64 = 2.15 \quad \text{〔dBi〕} \tag{7.34}$$

が得られる (章末の演習問題 7.3 参照)．また，超短波，あるいは，それより長い波長用の線状アンテナでは，基準アンテナとして無損失な半波長ダイポールアンテナを用い，この場合の利得を**相対利得** G_h と呼ぶ．さらに，損失を含んだ利得を**動作利得**と呼ぶ．

上記の利得と混同されやすい利得に**指向性利得** G_d がある．これは，アンテナ自体の平均放射電力密度と，ある方向での放射電力密度との比で与えられる．絶対利得との相違点は，等方性アンテナの放射電力密度のかわりに，アンテナ自体の平均放射電力密度を用いる点である．

実際にアンテナから放射される電力は，供給される電力とは等しくない．アンテナの**放射効率** (供給電力が放射に寄与する割合) を η とすれば，全放射電力 P_r は，

$$P_r = P - P_i = \eta P \tag{7.35}$$

で与えられる．P は供給電力，P_i はアンテナ自体の損失電力である．理想的なアンテナの放射効率は 1 であるが，実際には 1 より小さい．絶対利得と指向性利得との間には次式が成立している．

$$G_a = \eta G_d \tag{7.36}$$

すなわち，指向性利得とは，実際に放射された全電力の，ある方向における比率を表しており，供給電力からの割合ではない．

4. 実効長，実効高

線状アンテナ上の電流は一様ではなく，その電流分布を $I(z)$ とすれば，173 ページの式 (7.15) から $\theta = \dfrac{\pi}{2}$ 方向の放射電界は次式で与えられる．

$$E_\theta = j\frac{\zeta}{2\lambda r}\int_{-\frac{l}{2}}^{\frac{l}{2}} I(z)\, e^{-jkr}\, dz \tag{7.37}$$

さらに，給電点での電流を I_0 とすると，

$$I_0 l_e = \int_{-\frac{l}{2}}^{\frac{l}{2}} I(z)\, dz \tag{7.38}$$

で，l_e を定義すれば，

$$|E_\theta| = \frac{\zeta}{2\lambda r} I_0 l_e \tag{7.39}$$

となり，これは長さ l_e の微小電流ダイポールの $\theta = \dfrac{\pi}{2}$ 方向の放射電界と一致する．

したがって，**図 7.13** に示すような電流分布をしたアンテナからの放射を，一様に分布したアンテナからの放射と同等に考えることができる．この l_e を**実効長**と呼び，特に線状アンテナの特性を表すのに用いられる．これを用いて，微小なダイポールの実効長は，大きさが十分小さいものとすれば，

$$l_e = \Delta l \tag{7.40}$$

となる．一方，半波長ダイポールの場合，$I(z) = I_0 \cos kz$ とおき，$-\dfrac{\lambda}{4}$ から $+\dfrac{\lambda}{4}$ まで積分すると

$$l_e = \frac{\lambda}{\pi} \tag{7.41}$$

が得られる (章末の演習問題 7.5 参照).

なお，比較的低い周波数の電磁波を放射するのに用いられるアンテナに，**図 7.14** (a) に示すように給電点付近で接地した**接地垂直アンテナ**がある．この場合，大地を理想的な導体と考えると，大地の反射により放射される電界は 2 倍となる．したがって，この場合の実効長 $\dfrac{l_e}{2}$ のアンテナとして取り扱うと実際の放射電界の大きさは 2 倍となる．この $\dfrac{l_e}{2}$ は大地からの実効的な高さと考えられるため，これを l_h と表し，接地アンテナの**実効高**と呼ぶ．

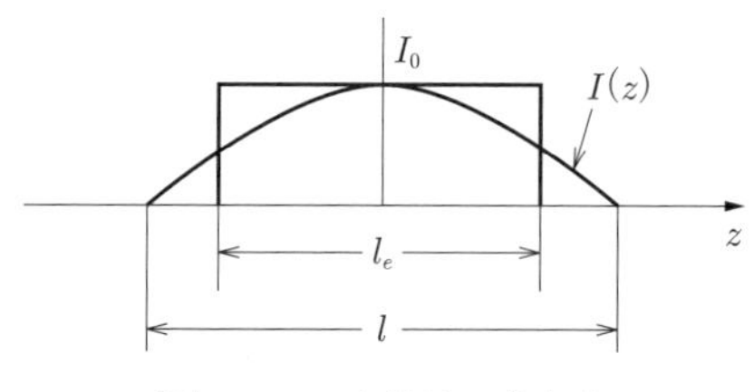

図 7.13　実効長の考え方

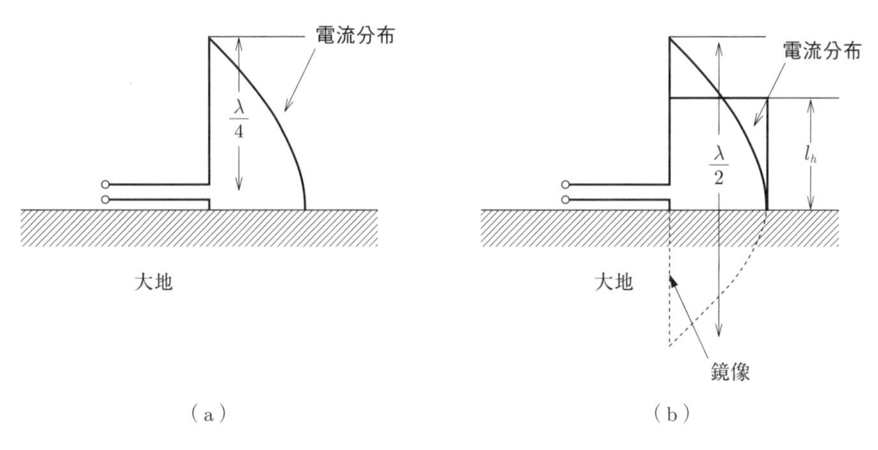

図 **7.14**　接地垂直アンテナ

5. 受信アンテナ特性

電界強度が E〔V/m〕である点において，受信アンテナの方向を電波の到来方向に一致させた場合，実効長が l_e であるアンテナに誘起する電圧 V は $V = El_e$〔V〕となる．したがって，アンテナ自体のインピーダンスを Z〔Ω〕，受信機の入力インピーダンスを Z_l〔Ω〕，流れる電流を i_r〔A〕とすると，受信機に供給される受信電力 W_r〔W〕は，

$$W_r = Z_l\,|i_r|^2 = Z_l \left| \frac{El_e}{Z + Z_l} \right|^2 \tag{7.42}$$

となる．ここで，受信電力が最も大きく得られるのは受信機とアンテナが整合している場合であるから $Z = Z_l = R_r$〔Ω〕となり，半波長ダイポールアンテナの実効長 l_e〔m〕は $\dfrac{\lambda}{\pi}$ であるから，

$$W_r = \frac{E^2 {l_e}^2}{4R_r} = \frac{E^2\lambda^2}{4 \times 73.1\pi^2} \tag{7.43}$$

となる．以上より，相対利得が G_h であるアンテナを受信機につないだ場合の受信電力は，式 (7.42) を G_h 倍すればよく，また，これを絶対利得 G_a で計算したい場合，G_h と G_a との関係が $G_h = \dfrac{73.13}{120}G_a$ であるため，

$$W_r = \frac{\lambda^2}{4\pi}\frac{E^2}{\zeta}G_a \tag{7.44}$$

として計算される．この受信電力を**有能受信電力**という．

また，放射電力密度が P〔W/m^2〕である場所に置かれた受信アンテナの受信電力 W_r を，

$$W_r = A_e P \tag{7.45}$$

として表すと，A_e は面積の単位をもつことになる．いいかえれば式 (7.45) は，A_e に相当する面積で受けた電力が受信機に供給されることを示しており，この A_e をアンテナの**実効面積**と呼んでいる．

さらに，受信アンテナのインピーダンスと受信機の入力インピーダンスが共役整合[※2] していれば受信電力は最大となり式 (7.45) で示されるから，172 ページの式 (7.13)，前ページの式 (7.44) から最大実効面積を A_{em} で示すと，

$$A_{\mathrm{em}} = \frac{W_r}{P} = W_r \frac{\zeta}{E^2} = \frac{\lambda^2}{4\pi} G_a \quad \text{〔m}^2\text{〕} \tag{7.46}$$

となる．

なお，開口面をもつ電磁ホーンアンテナやパラボラアンテナなど (次節参照) では，実効面積 A_e と実際の開口面積 A の間には $A_e = \eta A$ の関係があり，この η を**利得係数**または**開口効率**という．例えば，ホーンアンテナでは $\eta = 0.7 \sim 0.8$，パラボラアンテナでは $\eta = 0.65 \sim 0.75$ である．

7.3 さまざまなアンテナ

これまでアンテナに関する基本的な性質について述べてきた．本節では実際に用いられているアンテナを紹介し，それらの簡単な動作を説明する．

アンテナには用いる電波の周波数によって大きく分けて 2 種類ある．一つは**線状アンテナ**であり，ほかの一つは**面アンテナ**である．前者のアンテナは主に超短波より低い周波数帯で用いられ，後者のアンテナはマイクロ波以上の周波数帯で用いられる．**表 7.1**，**表 7.2** に以下で述べるアンテナの大きさと使用周波数帯を示す．

[※2] 最大電力供給の定理の条件．負荷 (受信機) のインピーダンス (Z_{a}) が電源 (アンテナ) インピーダンス (Z_{b}) と複素共役関係にあるとき ($Z_{\mathrm{a}} = Z_{\mathrm{b}}^*$)，**共役整合**という．

表 7.1 周波数帯に対する各種アンテナのおよその大きさ

周波数帯	VLF	LF	MF	HF	VHF	UHF	SHF	EHF
名称	超長波	長波	中波	短波	超短波	極超短波	マイクロ波	ミリ波
周波数	3〜30 kHz	30〜300 kHz	300 kHz 〜3 MHz	3〜30 MHz	30 MHz 〜300 MHz	0.3〜3 GHz	3〜30 GHz	30 GHz 〜3THz
波長	10〜100 km	1〜10 km	0.1〜1 km	10〜100 m	1〜10 m	0.1〜1 m	1〜10 cm	0.1〜1 cm
アンテナのおよその大きさ	0.3〜3 km	25〜250 m	5〜50 m	0.5〜5 m	5〜50 cm	0.5〜5 cm	0.5〜5 mm	
アンテナの種類	逆 L 字形，T 形，傘形アンテナ 垂直アンテナ 折返しアンテナ 八木・宇田アンテナ マイクロストリップ／平面アンテナ パラボラアンテナ パッチアンテナ							

表 7.2 生活の中の主な電波とその周波数

日常生活の中の主な電波	周波数
電波時計	40 kHz, 60 kHz
ラジオ放送	526.5〜160.5 kHz
FM ラジオ放送	76〜90 MHz
テレビ (ディジタル) 放送	470〜770 MHz
衛星放送	12 GHz
携帯電話	700〜900 MHz
Wi–Fi (パソコンなど)	2.4 GHz, 5 GHz
プリンタ	2.4 GHz
全地球測位システム	1.5 GHz

1. ラジオ放送電波送信用アンテナ

中波ラジオ放送や短波ラジオ放送などの電波を送信するためのアンテナは，波長が数 100 m から数 10 m となるため，主として線状アンテナが用いられる．しかしながら，アンテナの全長が長く，さらに，この周波数帯の電波は主に電界が大地に対して垂直方向を向いた垂直偏波であるため，図 7.14(a) (183 ページ) に示したような，長さ $\dfrac{\lambda}{4}$ の，いわゆる接地垂直アンテナが用いられている．このアンテナは大地が完全導体として考えられるならば，鏡像の原理より，同図 (b) に

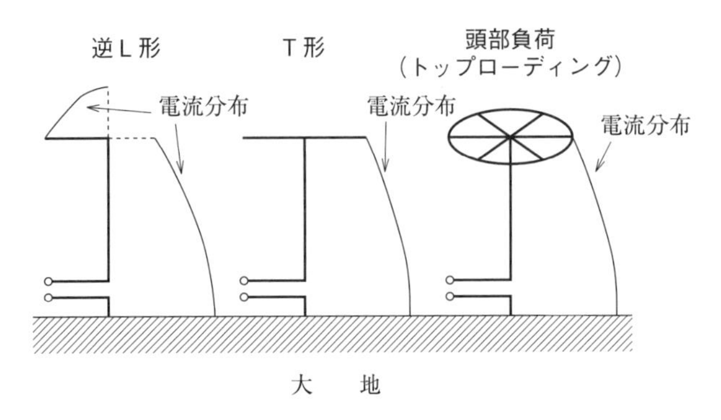

図 **7.15**　各種接地垂直アンテナ

示した半波長ダイポールアンテナと同じ動作をする．特に，ラジオ放送電波の周波数が低い場合，アンテナ長は 100 m を超えるため，図 **7.15** に示すように，アンテナ先端を折り曲げた**逆 L 形アンテナ**や **T 形アンテナ**，あるいはアンテナ頭部に容量性の金属環 (頂冠) を取り付けた**頭部負荷アンテナ** (**トップローディングアンテナ**) が用いられている．

図 **7.16** にラジオ放送所における実際のアンテナの例を示す．

2.　ラジオ放送電波受信用アンテナ

ラジオ電波を受信するためのアンテナは，送信用アンテナのような大型の線状アンテナを用いるのは現実的でないので，通常**ループアンテナ**が用いられる．これは小型であるにもかかわらず，比較的，受信効率がよい．基本的な構造は図 **7.17** に示すように，方形あるいは円形状に導線を巻いたものである．動作原理は，ループを通る磁界の変化によって生じる誘導電圧を取り出すものである．

その基本的な特性を考える．簡単なために正方形ループを考え，アンテナ面と到来する電波とが θ の角度をなしているものとすれば，このアンテナの受信特性は，

$$V_0 = \omega\mu_0 AN\cos\theta\cdot H \tag{7.47a}$$

電波を平面波と考えると，$H = \sqrt{\dfrac{\varepsilon_0}{\mu_0}}\cdot E$ なので，

$$V_0 = \frac{2\pi}{\lambda}AN\cos\theta\cdot E \tag{7.47b}$$

（a）頂冠付き $\frac{1}{4}$ 波長モノポールアンテナ（放送周波数 936 kHz，高さ 100 m，出力 5 kW，秋田県秋田市）（K.K. 加藤電気工業所・谷岡雅夫氏提供）

（c）（b）のアンテナの頂冠（直径 10 m）

（b）頂冠付き $\frac{1}{2}$ 波長モノポールアンテナ（放送周波数 1188 kHz，高さ 130 m，出力 10 kW，北海道北見市）

図 **7.16**　ラジオ放送所のアンテナ

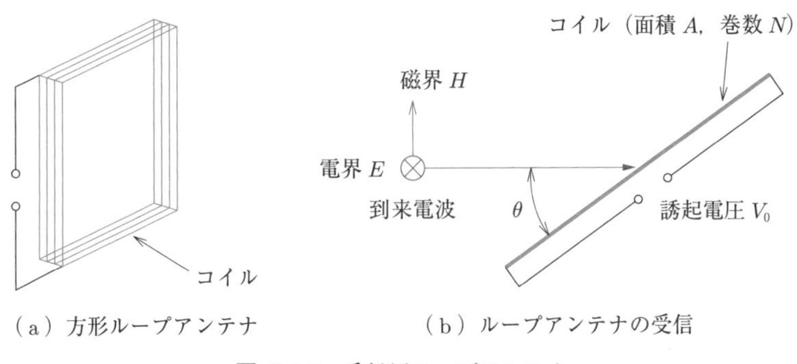

（a）方形ループアンテナ　　（b）ループアンテナの受信

図 **7.17** 受信用ループアンテナ

図 **7.18** ポータブルラジオ受信機内蔵のコイル状バーアンテナ
(アンテナのコイル (右上の黄色の円筒)：長さ 30 mm，直径 8 mm)

となる．ただし，V_0 はアンテナに誘起される電圧，H は入射波の磁界強度，N はループの巻数，A はループの面積である．また，E は入射波の電界強度である．これより，指向特性は $\cos\theta$ で表され，微小電流ダイポール (式 (7.10)，170 ページ，および図 7.6，171 ページ参照) とは 90° 異なった特性を有することがわかる．しかし，このループアンテナでも寸法が大きくて，内蔵には向かない．

図 7.18 はラジオ受信機内蔵アンテナの一例である．透磁率の高い丸棒状のフェライト (酸化鉄を主成分とする磁性材料) の表面に絶縁被覆した電線を巻き付けたアンテナであり，**バーアンテナ**と呼ばれており，ループアンテナの一種である．これは，コイルの内部を磁力線が通過することにより，起電力が発生するという

図 **7.19**　電波腕時計内蔵バーアンテナ (カシオ計算機 (株) 製)
(アンテナのコイル：長さ 9 mm，直径 3 mm)

電磁誘導の原理を利用している．したがって，バーアンテナは，電波の磁界成分がコイルの軸に平行な電波に対して受信感度が高くなり，8 の字の指向性をもっている．

3.　電波時計の超低周波電波受信用アンテナ

電波時計は，正確な時刻情報をもった長波標準電波を受信することによって，正しい時刻を示すことのできる時計である．日本では，この電波時計はおおたかどや山標準電波送信所 (福島県田村郡) からの 40 kHz の，または，はがね山標準電波送信所 (佐賀県と福岡県の県境) からの 60 kHz の標準電波の両者のうち，受信しやすいほうの電波を自動的に選択するようになっている．なお，電波は両送信所から 1000 km の範囲まで届くとされている．

図 **7.19** は電波腕時計の内部写真であり，コイル状のバーアンテナが内蔵されているのが右下に見える．

4.　テレビ放送波受信用アンテナ (八木・宇田アンテナ)

数個の半波長ダイポールアンテナをある等間隔で水平に配置した構造のアンテナを総称して，**リニアアレイアンテナ**と呼び，その個々のアンテナを**素子アンテナ**と呼ぶ．このようなリニアアレイアンテナには，鋭い指向性をもたせることができる．

また，図 **7.20** には，給電された素子アンテナ付近に無給電の素子アンテナを置

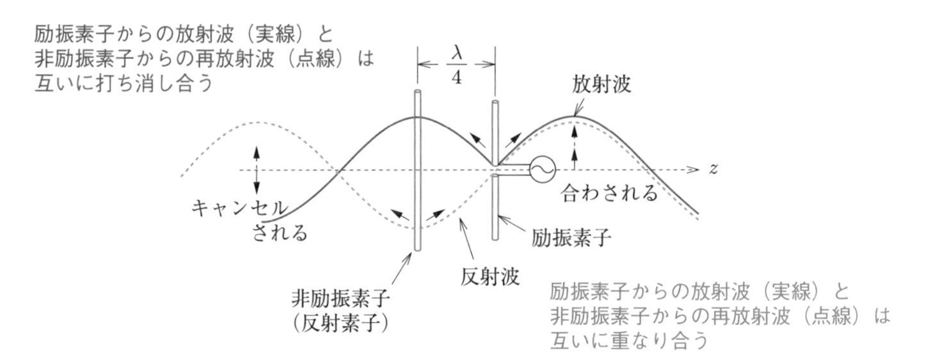

図 7.20 非励振素子による反射機能

くと，全体で一つのアンテナとして動作することの概念的な動作原理を示す．なお，受信アンテナであっても，給電されるアンテナを**励振素子**，あるいは**給電素子**，また，無給電のアンテナを**非励振素子**，あるいは**無給電素子**と呼んでいる．

励振素子と非励振素子との間隔を $\dfrac{\lambda}{4}$ とし，非励振素子の長さを励振素子より長くする．このとき，励振素子から放射される電界の位相基準値を 0 rad とする．非励振素子までの距離は $\dfrac{\lambda}{4}$ であり，非励振素子に到達する電界の位相遅れは $\dfrac{\pi}{2}$ となる．この電界により非励振素子に誘起する電流は，導体の長さが $\dfrac{\lambda}{2}$ か，それより少し長めであれば誘導性リアクタンスをもち，さらに約 $\dfrac{\pi}{2}$ だけ位相が遅れて流れ，合計して約 π だけ遅れる．この電流によって再放射される電界の位相はさらに $\dfrac{\pi}{2}$ 遅れ，この再放射された電波がもとの励振素子に帰ってくる間にまた $\dfrac{\pi}{2}$ ほど遅れるので，結局は約 2π だけ遅れることとなる．このため，図 7.20 からわかるように，$+z$ の向きに進む電波は励振素子からの波 (実線) と非励振素子からの反射波 (点線) が同相で強め合い，$-z$ 方向に進む電波は逆相で弱め合うことがわかる．したがって，この非励振素子は反射器として働くことがわかる．

次に，非励振素子を短くして容量性リアクタンスにすると，励振素子からの電界により非励振素子に誘起される電流の位相は，上述の場合とは逆に $\dfrac{\pi}{2}$ だけ進んだ電流が流れるので，逆の効果が作用して非励振素子は導波作用をし，この場合は導波器として動作する．

このように，非励振素子の長さを調節することにより，反射器，導波器として用いることが可能である．これをアンテナとして構成し，発明したのが八木秀次

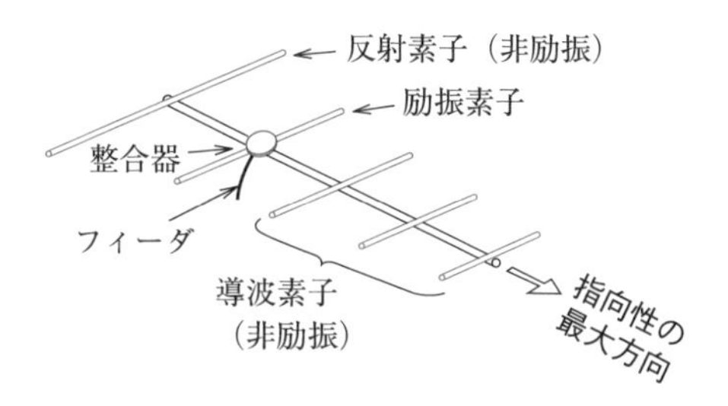

図 **7.21**　八木・宇田アンテナの説明

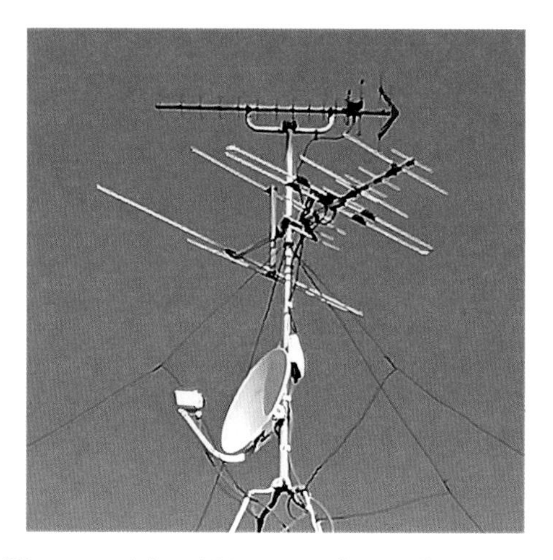

図 **7.22**　八木・宇田アンテナとパラボラアンテナ

(1886〜1976) と宇田新太郎 (1896〜1976) (ともに東北大) であり，このような構成の指向性アンテナを**八木・宇田アンテナ**と呼ぶ．

具体的には，図 **7.21** に示すような構造 (導波器が 3 本の 5 素子アンテナ) をしており，特に，VHF 帯のテレビ電波（90〜108 MHz）受信，UHF 帯のテレビ電波（470〜770 MHz）受信，および FM ラジオ電波（76〜90 MHz）受信によく用いられている．図 **7.22** の実際の写真は，上が UHF 用，中央が VHF 用の八木・宇田アンテナであり，いまや世界中で使用されている．なお，太さが異なった半波長折返しダイポールアンテナが実際の励振素子として用いられているが，これは給電線のインピーダンス (300 Ω) との整合をとるためである．

5. 衛星放送 (マイクロ波) 受信用パラボラアンテナ

自動車のヘッドライトの反射鏡は光を絞って遠くを照らすために，放物面反射鏡が使われる．これと同じように，電波も放物面反射鏡を使って電波の指向性を絞れば遠くまで通信距離を伸ばすことができる．このようなアンテナをパラボラアンテナという．

図 **7.23** はパラボラアンテナの説明図である．回転放物面の頂点を直角座標の原点に合わせてある．回転放物面の焦点を F とすると，点 F から放射された電波が点 a で反射されると z 軸に並行な方向に反射される．ここで，z 軸に直交する面 AA′ に到達する点を点 b とする．点 a′ で反射された電波が面 AA′ に到達する点を点 b′ とすると，Fab の経路と Fa′b′ の経路長はまったく等しいので，これらの到達点の電波の位相は同相となる．すなわち z 軸方向に平面波を伝搬させることができ，電波の広がりが抑えられるので，利得の高いアンテナが得られる．逆に平面波を受ければ焦点に集められることはいうまでもない．

この焦点に置かれるアンテナを**一次放射器**と呼んでおり，パラボラアンテナの指向性をできるだけ鋭くするために，反射鏡にまんべんなく電波を広げて放射できるように設計されている．円偏波を使用する場合は，電波が反射鏡で反射すると，例えば，右旋偏波は左旋偏波に逆旋されるので，一次放射器には使用偏波の逆の偏波のものが使用される．なお，D を反射鏡の直径とすると，ビーム拡がり

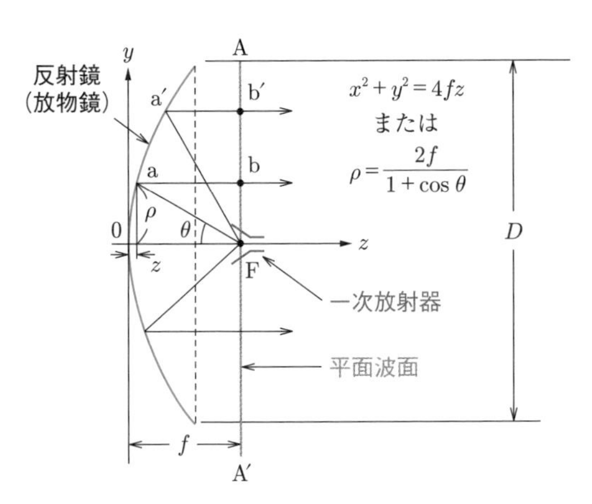

図 **7.23** パラボラアンテナとその説明図

角は $\theta_w \approx \dfrac{70\lambda}{D}$〔°〕で与えられる.

パラボラアンテナは多くの分野に用いられており，したがって，その種類と大きさもさまざまである．例えば，衛星放送電波は，国際規約により日本の場合は右円偏波であり，その周波数は 12 GHz (波長 2.5 cm) である．その受信用パラボラアンテナの実際の写真は図 7.22 に示すような形をしており，直径が 45 cm 程度の円形の皿状 (凹型) になっている．パラボラ面からの反射集束波を受ける一次放射器が衛星からの電波の邪魔にならないように，少し下の位置に付いており，そのため皿の方向は人工衛星の方向よりもやや下方を向いている．

また，地上局からの送信 (17 GHz) 用には直径数 m のパラボラアンテナが利用されている．

6. 無線通信用ホーンアンテナ

図 **7.24** に示すような形状のアンテナを**電磁ホーンアンテナ**と呼び，電波の収束に用いられる．ホーン (角) を方形導波管の TE_{10} モードで励振しているとすると，(a) は電界 E に垂直な磁界 H の方向に広がっているので **H 面扇形ホーン**，(b) は E 方向に広がっているので **E 面扇形ホーン**と呼ぶ.

(c) は E 面，H 面ともに広がっているので**角錐ホーン**と名づけられている．(d) は円形導波管の TE_{11} モードで励振された**円錐ホーン**である．(e) はホーンアンテナの縦方向，すなわち，電界に沿った断面図である．この図で点 a を起点とし

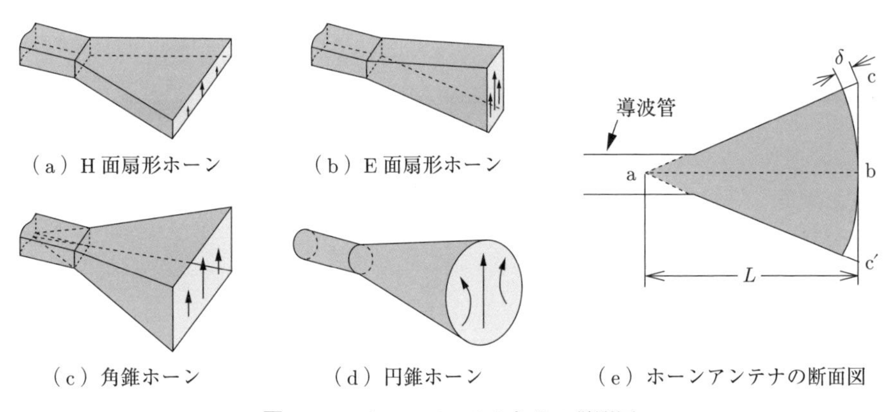

（a）H 面扇形ホーン　（b）E 面扇形ホーン　（c）角錐ホーン　（d）円錐ホーン　（e）ホーンアンテナの断面図

図 **7.24**　ホーンアンテナとその説明図

た電波は，ホーンの開口面の点 b に到達した電波より，点 c に到達した電波が δ 分だけ遅れる．この δ が半波長の長さになると，点 b から放射される電波と，点 c および点 c' から放射される電波の位相が逆となり，サイドローブ (副放射部) が生じて利得が減少する．

7. 小型アンテナ

電子デバイスの小型化とともに内蔵されるアンテナの小型化が要求され，種々のマイクロストリップ線路 (5.3 節 4.，107 ページ参照) をベースとしたアンテナが開発されてきた．

(1) 線状逆 F アンテナの原理

波長の長いラジオ電波などのアンテナの場合に，垂直部分の高さを低くして運用するために，一端を接地し，途中から直角に折り曲げて水平に設置する線状逆 L アンテナが使用されている (7.3 節 1.，185 ページ参照)．

線状逆 L アンテナは，図 **7.25**(a) に示すように，地導体に立つ長さが $\frac{1}{4}$ 波長のモノポールアンテナの垂直部分の高さを低くするために，途中折り曲げたものである (図 7.15，186 ページ参照)[※3]．この形が「逆 L」に似ているので，逆 L アンテナと呼ばれている．水平部分の電流は地表や地導体に誘起される電流とは逆相であるため，この部分は電波を放射しにくくなる．しかし，全長によって共

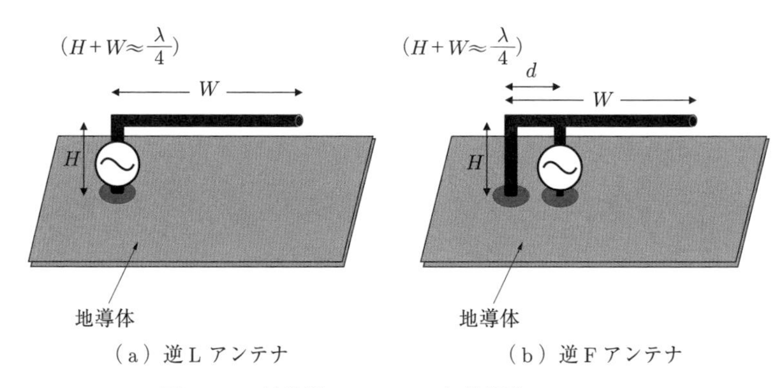

（a）逆 L アンテナ　　（b）逆 F アンテナ

図 **7.25**　線状逆 L アンテナと線状逆 F アンテナ

※3　低姿勢のため，高さ制限の厳しい移動体の屋根への搭載や，機器への内蔵が可能になっている．

振や定在波の発生の条件が保たれていれば，アンテナは垂直部分が主に電波を放射し，アンテナとして機能する．ただし，この逆Lアンテナは，地板からの高さが低いため放射抵抗が低くなり，一般に給電線のインピーダンス 50 Ω との整合がとれない．

線状逆 F アンテナはこの問題を解決するために考案されたものである．図 7.25(b) に示すように，アンテナの水平部分の途中で，アンテナと地導体の間を給電線で接地し，給電線を，アンテナインピーダンスに並列のショートスタブのように動作させることで整合をとれるようにしたものである．このアンテナは横から見るとアルファベットの「F」の文字を逆にした形に似ているので，逆 F アンテナと呼ばれている．

(2)　マイクロストリップ逆 F アンテナ

この原理にもとづいて，裏面にも地導体のあるプリント基板 (誘電体) の上面にストリップ状に導体をエッチング (腐食作用を利用した表面加工) で残すことにより，地導体との間でストリップ線路 (5.3 節 4.，107 ページ参照) のアンテナを実現できる．このアンテナは左端が地導体と短絡しており，給電点が少し右にずれている．

また，誘電体板の誘電率のために実効的な波長が短くなり，これを λg で表した場合，長さ $\dfrac{\lambda g}{4}$ のストリップ線路と地導体の 2 線路で共振する．図 **7.26**(a) はその構造を，(b) はその断面を示している．

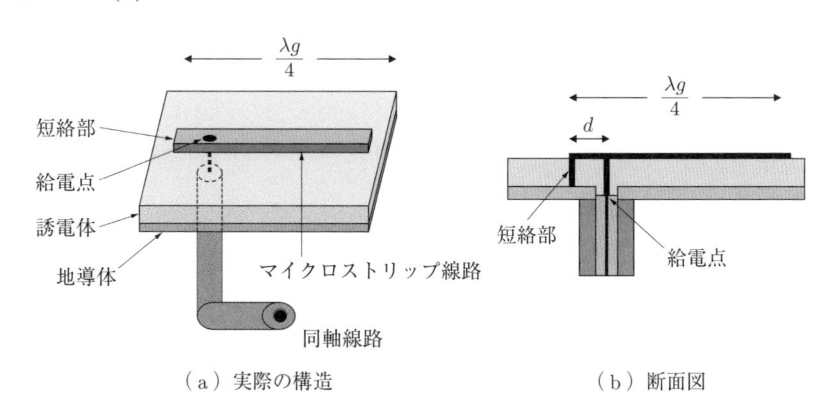

図 **7.26**　マイクロストリップ線路の逆 F アンテナ

(3)　種々のパターンをもつ小型平面アンテナ

マイクロストリップ線路を拡張して，小型化，高感度化，広帯域化を目指して，種々の複雑な面パターンをもつ平面アンテナが多数開発されている．これらのアンテナは，表面と裏面に導体板のあるプリント基板を使って，両面に異なるパターンをエッチング技術で作製することができる．また，表裏の導体はスルーホールを通して電気的に結合されている．その概念図を図 **7.27** に示す．このようなアンテナがノート PC やスマートフォンに使われている．

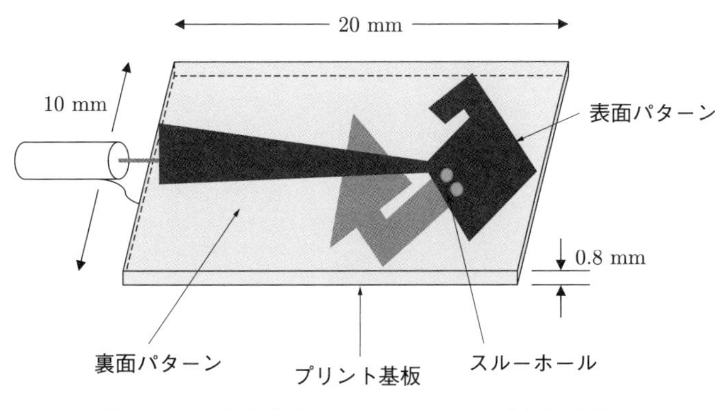

図 **7.27**　小型平面アンテナのパターン例 (概念図)

8.　ノート PC の送受信アンテナ

ノート **PC** は，屋外やオフィス，あるいは家庭でメールの送受信やインターネットの情報を得るのに広く使用されている．それらの情報は，オフィスや家庭には光ファイバケーブルを通して送られてくる．そこでルータと呼ばれる **Wi–Fi** 機器に接続され，そこから先は無線 LAN (Local Area Network) 電波に変換される．したがって，その電波を送受信するためにはノート PC にもアンテナが必要になる．無線 LAN 電波の周波数は 2.4 GHz および 5 GHz であり，接続可能範囲は 5〜10 m である．

ノート PC 内蔵アンテナの場所は，ノート PC によって異なるが，図 **7.28**(a) は，キーボードの手前の両隅にある例である．これらは小型平面アンテナで，プリント基板の表面と裏面につくられている．(b) は表面にある小型平面アンテナの拡大写

（a）ノート PC の本体
（両隅に内蔵アンテナが見える）

（b）内蔵アンテナの表面の拡大図（薄緑色部分がアンテナパターン部分）

図 **7.28**　ノート PC の一例

真を示す．アンテナ本体は写真の薄緑色の部分であり，表裏面に異なる複雑なパターンが見られる．マイクロストリップ型逆 F アンテナの一種であると思われる．

9. 携帯電話機 (スマートフォン) の内蔵アンテナ

携帯電話機はいまやスマートフォンとして世界中に普及している．このスマートフォンは，いわばコンピュータに電話機能を合わせもつようにしたものであり，インターネットが利用可能であることに加えて，e–メールおよび電話機能もある．このため，1 台に内蔵されているアンテナは複数個あり，周波数の異なる何種類かの電波を送受信している．これらのアンテナは，基本的にはモノポールアンテナ，および逆 F アンテナとその変形であり，携帯電話機の金属シャーシの一部をアンテナとしても利用している．

一例を図 **7.29** に示す．これはシャープ (株) 製「AQUOS」であり，そのアンテナの性能を表 **7.3** にまとめてある．種々のアンテナが使用されており，アンテナの総数は 16 個，カバーする周波数は 100 kHz～5 GHz である．発振・増幅素子は GaAs–CMOS であり，主アンテナの出力は 200 mW である．

送受信用に主アンテナ 1，2，3，受信専用にアンテナ 1，2，GPS (全地球測位システム) 用アンテナ，Wi-Fi アンテナなど，それに加えて，充電用の給電アンテナと Felica，および Suica IC カードの改札機用アンテナがある．このように送受信用および受信専用に複数個のアンテナが用意されているが，これはダイバーシ

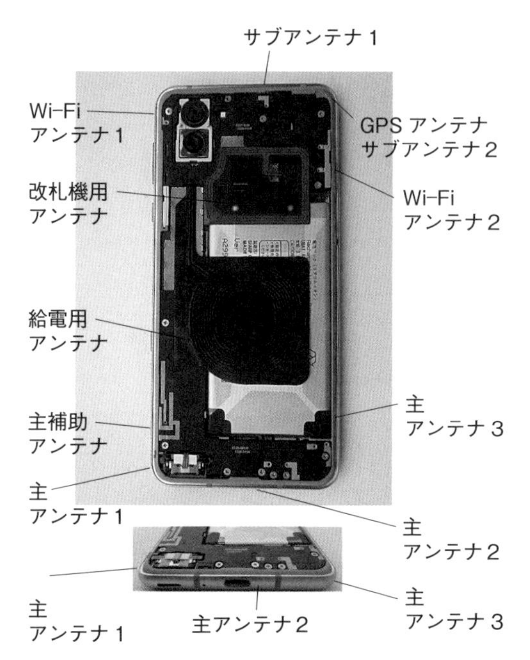

図 **7.29** スマートフォンの一例 (シャープ (株) 製「AQUOS」の内蔵写真)

ティという技術を利用しているからである．ダイバーシティとは，複数のアンテナで受信した同一の無線信号について，電波状況の優れたアンテナ信号を優先的に用い，受信信号を合成してノイズを除去したりすることによって，通信の質や信頼性を向上する技術である．また，性能表にある **MIMO** (「マイモ」と読む) とは Multiple–Input and Multiple–Output の略称であり，無線通信において，送信機と受信機の双方で複数のアンテナを使い，通信品質を向上させるワイヤレス通信技術であり，高速通信を可能にしている．

10. 全地球測位システム (GPS) 内蔵パッチアンテナ

マイクロストリップ線路を矩形，または円形パッチ (当て布) に置き換えたのがパッチアンテナである．ストリップ線路よりも幅の広い (面積の大きい) パッチのほうが，一般的に利得が高く帯域が広い．

パッチアンテナが利用されている一例は全地球測位システム (Global Positioning

表 **7.3** スマートフォン内蔵の主なアンテナ

	アンテナ	用　途	種　類	周波数
1	主アンテナ 1	送受信用	逆 F	0.7〜0.9／1.5 GHz (送信／受信)
2	主アンテナ 2	送受信用	モノポール	1.7〜2.6 GHz (受信)，3.5 GHz (送信／受信)
3	主アンテナ 3	送受信用	モノポール	1.7〜2.6 GHz (送信／受信)，3.5 GHz (受信)
4	Wi–Fi アンテナ 1，2	Wi–Fi 用	モノポール，逆 F	2.4 GHz／5 GHz
5	主補助アンテナ	主アンテナ 1 の周波数調整など		0.7〜0.9 GHz／1.5 GHz
6	サブアンテナ 1	ダイバーシティと MIMO のための受信専用	逆 F	0.7〜0.9 GHz／1.7〜2.6 GHz／3.5 GHz (受信)
7	GPS，サブアンテナ 2	ダイバーシティと MIMO のための受信専用	モノポール	1.5/1.7〜2.6/3.5 GHz (受信)
8	IC カード (改札) 用アンテナ	Felica，Suica など	磁気コイル	13.56 MHz
9	給電アンテナ	充電用	磁気コイル	100〜205 kHz
	アンテナ個数	送信用：合計 6 個，受信用：合計 10 個の総計 16 個		

(シャープ (株) 製「AQUOS」のデータシートより)

System；**GPS**) である．これは米国によって運用されている 24 個の人工衛星によってなされる地球上の GPS デバイスの現在位置を測位するシステムである．このシステムは，常にそのうち 4 個の衛星からの正確な時間情報をもった衛星電波 (周波数 1.5 GHz) を計測し，ほぼ 10 m の精度で現在位置を割り出すことができる．同様な測位システムは中国，ロシア，日本にも独自なものがあり，わが国のシステムでは，わずか数 cm の精度で国内の位置（緯度，経度，高度）を特定することができるといわれている．

図 **7.30**(a) は一例として，携帯 GPS デバイスと，その画面に表示された測定中のデータ (受信中の，複数個の衛星の位置，その受信信号強度，および緯度・経度) が表示されている写真である．(b) はこの種の GPS デバイスに内蔵されて

（a）GPSとその表示　（b）パッチアンテナ（パッチの直径 18 mm）

図 **7.30** GPSデバイスとパッチアンテナ (Garmin 社製)

いるパッチアンテナの写真であり，直径 18 mm の円形パッチと 20 mm 角，厚さ 3 mm のアルミニウムの板で，厚さ 4 mm の誘電体の板をはさんでいる構造である．給電点は出力回路でのインピーダンス整合をとるために中心から少しずれている．この種のパッチアンテナは面積が大きいため感度が高く，また構造がシンプルのため，受信可能な周波数帯域が広い．

GPS機器は**カーナビ** (カーナビゲーションシステム) としても広く普及しているが，自動車では，(b) に示したようなパッチアンテナが，フロントガラスなどに装着されており，人工衛星からの電波 (周波数 1.5 GHz) を受信し，GPS による現在位置情報にもとづき，カーナビが地図情報，経路案内を行い，運転を支援している．

演習問題

1. 170 ページの式 (7.6)〜(7.8) を，168 ページの式 (7.1)，170 ページの式 (7.5) およびマクスウェルの方程式を用いて導出せよ．
2. 174 ページの式 (7.16) を導出せよ．
3. 半波長ダイポールアンテナの絶対利得 G_a は 2.15 dBi であることを示せ．ただし，
$$\int_0^{\pi} \frac{\cos^2\left(\dfrac{\pi}{2}\cos\theta\right)}{\sin\theta}\, d\theta \approx 1.219$$
とせよ (数表より)．
4. 半波長ダイポールアンテナの実効長 l_e は $\dfrac{\lambda}{\pi}$ であることを示せ．
5. 実効長が l_e であるダイポールアンテナの最大放射電界を求めよ．

6. 150 MHz において実効長が 1.5 m，放射抵抗が 100 Ω のアンテナがあり，給電部の電流 I_0 が 0.2 A であるとする．このアンテナから距離 50 km 離れた点の最大放射電界強度を求めよ．
7. 問題 6. のアンテナを入力インピーダンス 100 Ω の受信機に接続したとすると，電界強度が 565×10^{-6} V/m の地点における有能受信電力 (184 ページ参照) はいくらか．
8. 衛星放送の周波数帯の中心周波数は 11.85 GHz である．開口寸法が 30 cm×30 cm の衛星放送受信用平面アンテナを試作して利得を測定したところ 32 dBi であった．このアンテナの開口効率 (利得係数) は何 %になるか．

付　録

1. 基礎定数表

真空中の光速	c	$2.997\,925 \times 10^{8}$	〔m/s〕
電気素量	e	$1.602\,18 \times 10^{-19}$	〔C〕
電子の静止質量	m_0	$9.109\,4 \times 10^{-31}$	〔kg〕
電子の比電荷	$\eta = \dfrac{e}{m_0}$	$1.758\,82 \times 10^{11}$	〔C/kg〕
ボルツマン定数	k	$1.380\,66 \times 10^{-23}$	〔J/K〕
プランク定数	h	$6.626\,1 \times 10^{-34}$	〔J·s〕
真空の誘電率	$\varepsilon_0 = \dfrac{10^7}{4\pi c^2}$	$8.854\,2 \times 10^{-12}$	〔F/m〕
真空の透磁率	$\mu_0 = 4\pi \times 10^{-7}$	$1.256\,6 \times 10^{-6}$	〔H/m〕
真空の固有インピーダンス	$Z_0 = \sqrt{\dfrac{\mu_0}{\varepsilon_0}}$	$3.767\,3 \times 10^{2}$	〔Ω〕

2. 10の乗数を表す接頭語

名　称		記　号	大きさ	名　称		記　号	大きさ
エクサ	exa	E	10^{18}	ミ　リ	milli	m	10^{-3}
ペ　タ	peta	P	10^{15}	マイクロ	micro	μ	10^{-6}
テ　ラ	tera	T	10^{12}	ナ　ノ	nano	n	10^{-9}
ギ　ガ	giga	G	10^{9}	ピ　コ	pico	p	10^{-12}
メ　ガ	mega	M	10^{6}	フェムト	femto	f	10^{-15}
キ　ロ	kilo	k	10^{3}	ア　ト	atto	a	10^{-18}

〔注〕　長さ：$1\,\mathrm{m} = 10^3\,\mathrm{mm} = 10^6\,\mu\mathrm{m} = 10^9\,\mathrm{nm}$ (ナノメートル)
　　　　　($1\,\mu\mathrm{m} = 10^4$ Å〔オングストローム〕)
　　　時間：$1\,\mathrm{s} = 10^3\mathrm{ms} = 10^6\mu\mathrm{s} = 10^9\,\mathrm{ns}$ (ナノ秒) $= 10^{12}\mathrm{ps}$ (ピコ秒)
　　　　　$= 10^{15}\mathrm{fs}$ (フェムト秒)

3. 直角座標系の公式

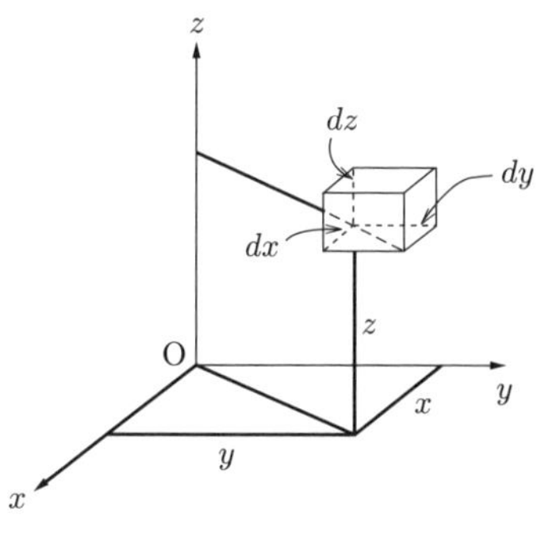

座 標	$x,\quad y,\quad z$
勾 配	$\mathrm{grad}\,u = \boldsymbol{i}_x \dfrac{\partial u}{\partial x} + \boldsymbol{i}_y \dfrac{\partial u}{\partial y} + \boldsymbol{i}_z \dfrac{\partial u}{\partial z}$
発 散	$\mathrm{div}\boldsymbol{A} = \dfrac{\partial A_x}{\partial x} + \dfrac{\partial A_y}{\partial y} + \dfrac{\partial A_z}{\partial z}$
回 転	$\mathrm{rot}\boldsymbol{A} = \begin{vmatrix} \boldsymbol{i}_x & \boldsymbol{i}_y & \boldsymbol{i}_z \\ \dfrac{\partial}{\partial x} & \dfrac{\partial}{\partial y} & \dfrac{\partial}{\partial z} \\ A_x & A_y & A_z \end{vmatrix}$
ラプラシアン(スカラー)	$\Delta u = \dfrac{\partial^2 u}{\partial x^2} + \dfrac{\partial^2 u}{\partial y^2} + \dfrac{\partial^2 u}{\partial z^2}$
ラプラシアン(ベクトル)	$\Delta \boldsymbol{A} = \boldsymbol{i}_x \Delta A_x + \boldsymbol{i}_y \Delta A_y + \boldsymbol{i}_z \Delta A_z$

〔注〕 Δ を ∇^2 とも書く

4. 円筒座標系の公式

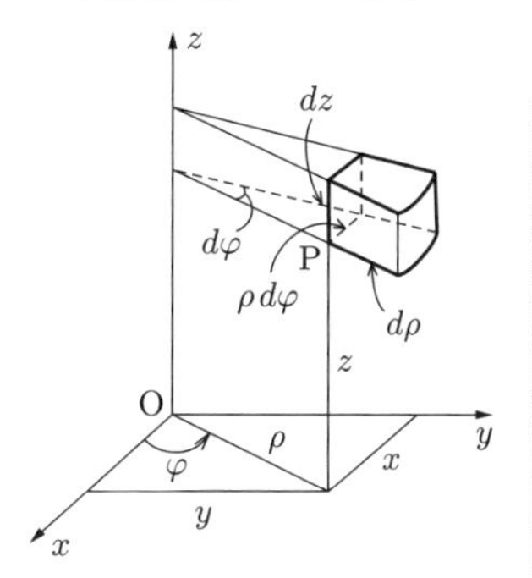

座 標	$x = \rho\cos\varphi,\quad y = \rho\sin\varphi,\quad z = z$
勾 配	$\mathrm{grad}\,u = \boldsymbol{i}_\rho \dfrac{\partial u}{\partial \rho} + \boldsymbol{i}_\varphi \dfrac{1}{\rho}\dfrac{\partial u}{\partial \varphi} + \boldsymbol{i}_z \dfrac{\partial u}{\partial z}$
発 散	$\mathrm{div}\boldsymbol{A} = \dfrac{1}{\rho}\dfrac{\partial}{\partial \rho}(\rho A_r) + \dfrac{1}{\rho}\dfrac{\partial A_\varphi}{\partial \varphi} + \dfrac{\partial A_z}{\partial z}$
回 転	$\mathrm{rot}\boldsymbol{A} = \dfrac{1}{\rho}\begin{vmatrix} \boldsymbol{i}_\rho & \rho\boldsymbol{i}_\varphi & \boldsymbol{i}_z \\ \dfrac{\partial}{\partial \rho} & \dfrac{\partial}{\partial \varphi} & \dfrac{\partial}{\partial z} \\ A_\rho & \rho A_\varphi & A_z \end{vmatrix}$
ラプラシアン(スカラー)	$\Delta u = \dfrac{1}{\rho}\dfrac{\partial}{\partial \rho}\left(\rho \dfrac{\partial u}{\partial \rho}\right) + \dfrac{1}{\rho^2}\dfrac{\partial^2 u}{\partial \varphi^2} + \dfrac{\partial^2 u}{\partial z^2}$
ラプラシアン(ベクトル)	$\Delta \boldsymbol{A} = \boldsymbol{i}_\rho \left(\Delta A_\rho - \dfrac{A_\rho}{\rho^2} - \dfrac{2}{\rho^2}\dfrac{\partial A_\varphi}{\partial \varphi}\right) + \boldsymbol{i}_\varphi \left(\Delta A_\varphi - \dfrac{A_\varphi}{\rho^2} + \dfrac{2}{\rho^2}\dfrac{\partial A_\rho}{\partial \varphi}\right) + \boldsymbol{i}_z \Delta A_z$

〔注〕 Δ を ∇^2 とも書く

5. 球座標系の公式

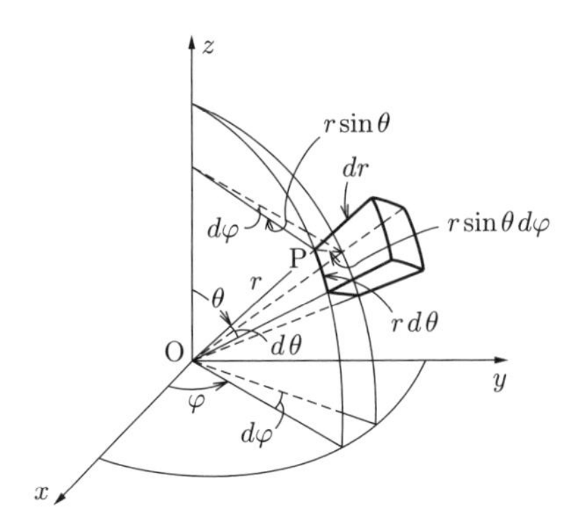

座　標	$x = r\sin\theta\cos\varphi, \quad y = r\sin\theta\sin\varphi, \quad z = r\cos\theta$
勾　配	$\mathrm{grad}\ u = \boldsymbol{i}_r\dfrac{\partial u}{\partial r} + \boldsymbol{i}_\theta\dfrac{1}{r}\dfrac{\partial u}{\partial \theta} + \boldsymbol{i}_\varphi\dfrac{1}{r\sin\theta}\dfrac{\partial u}{\partial \varphi}$
発　散	$\mathrm{div}\boldsymbol{A} = \dfrac{1}{r^2}\dfrac{\partial}{\partial r}(r^2A_r) + \dfrac{1}{r\sin\theta}\dfrac{\partial}{\partial \varphi}(A_\theta\sin\theta) + \dfrac{1}{r\sin\theta}\dfrac{\partial A_\varphi}{\partial \varphi}$
回　転	$\mathrm{rot}\boldsymbol{A} = \dfrac{1}{r^2\sin\theta}\begin{vmatrix} \boldsymbol{i}_r & r\boldsymbol{i}_\theta & r\sin\theta\boldsymbol{i}_\varphi \\ \dfrac{\partial}{\partial r} & \dfrac{\partial}{\partial \theta} & \dfrac{\partial}{\partial \varphi} \\ A_r & rA_\theta & r\sin\theta A_\varphi \end{vmatrix}$
ラプラシアン (スカラー)	$\Delta u = \dfrac{1}{r^2}\dfrac{\partial}{\partial r}\left(r^2\dfrac{\partial u}{\partial r}\right) + \dfrac{1}{r^2\sin\theta}\dfrac{\partial}{\partial \theta}\left(\sin\theta\dfrac{\partial u}{\partial \theta}\right) + \dfrac{1}{r^2\sin^2\theta}\dfrac{\partial^2 u}{\partial \varphi^2}$
ラプラシアン (ベクトル)	$\Delta\boldsymbol{A} = \boldsymbol{i}_r\left(\Delta A_r - \dfrac{2}{r^2}A_r - \dfrac{2}{r^2\sin\theta}\dfrac{\partial}{\partial \theta}(\sin\theta A_\theta) - \dfrac{2}{r^2\sin\theta}\dfrac{\partial A_\varphi}{\partial \varphi}\right)$ $+\boldsymbol{i}_\theta\left(\Delta A_\theta - \dfrac{A_\theta}{r^2\sin^2\theta} + \dfrac{2}{r^2}\dfrac{\partial A_r}{\partial \theta} - \dfrac{2\cos\theta}{r^2\sin^2\theta}\dfrac{\partial A_\varphi}{\partial \varphi}\right)$ $+\boldsymbol{i}_\varphi\left(\Delta A_\varphi - \dfrac{A_\varphi}{r^2\sin^2\theta} + \dfrac{2}{r^2\sin\theta}\dfrac{\partial A_r}{\partial \theta} + \dfrac{2\cos\theta}{r^2\sin^2\theta}\dfrac{\partial A_\theta}{\partial \varphi}\right)$

〔注〕 Δ を ∇^2 とも書く

略　解

第2章

1.

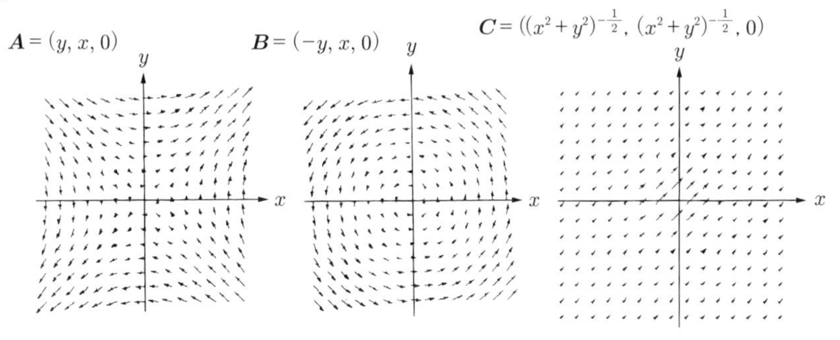

解図 **2.1**

2.

$$\begin{cases} \gamma = z - ct \\ \tau = z + ct \end{cases}$$

とおき，22 ページの式 (2.23) の右辺を z で偏微分する．

$$\begin{cases} \dfrac{\partial \gamma}{\partial z} = 1 \\ \dfrac{\partial \tau}{\partial z} = 1 \end{cases}$$

であることに注意して

$$\frac{\partial u}{\partial z} = \frac{\partial f}{\partial \gamma}\frac{\partial \gamma}{\partial z} + \frac{\partial g}{\partial \tau}\frac{\partial \tau}{\partial z} = \frac{\partial f}{\partial \gamma} + \frac{\partial g}{\partial \tau} \tag{A.1}$$

を，さらに 式 (A.1) を z で偏微分すると

$$\frac{\partial^2 u}{\partial z^2} = \frac{\partial^2 f}{\partial \gamma^2} + \frac{\partial^2 g}{\partial \tau^2} \tag{A.2}$$

を得る．次に，式 (2.23) を t で偏微分する．

$$\begin{cases} \dfrac{\partial \gamma}{\partial t} = -c \\ \dfrac{\partial \tau}{\partial t} = c \end{cases}$$

であることに注意して

$$\frac{\partial u}{\partial t} = \frac{\partial f}{\partial \gamma}\frac{\partial \gamma}{\partial t} + \frac{\partial g}{\partial \tau}\frac{\partial \tau}{\partial t} = c\left(-\frac{\partial f}{\partial \gamma} + \frac{\partial g}{\partial \tau}\right) \tag{A.3}$$

となる．さらに，式 (A.3) を t で偏微分すると

$$\frac{\partial^2 u}{\partial t^2} = c^2\frac{\partial^2 f}{\partial \gamma^2} + c^2\frac{\partial^2 g}{\partial \tau^2}$$

を得る．ここで，

$$c = \frac{1}{\sqrt{\varepsilon_0 \mu_0}}$$

より，式 (2.22) の右辺は

$$\frac{1}{c^2}\frac{\partial^2 u}{\partial t^2} = \frac{\partial^2 f}{\partial \gamma^2} + \frac{\partial^2 g}{\partial \tau^2} \tag{A.4}$$

となり，式 (A.2)，(A.4) より u は波動方程式を満たしていることがわかる．

次に $u(z,t)$ を $\psi(\gamma,\tau)$ と書き表し，z あるいは t で偏微分すると

$$\frac{\partial \psi}{\partial z} = \frac{\partial \psi}{\partial \gamma}\frac{\partial \gamma}{\partial z} + \frac{\partial \psi}{\partial \tau}\frac{\partial \tau}{\partial z} = \frac{\partial \psi}{\partial \gamma} + \frac{\partial \psi}{\partial \tau} \tag{A.5}$$

$$\frac{\partial \psi}{\partial t} = \frac{\partial \psi}{\partial \gamma}\frac{\partial \gamma}{\partial t} + \frac{\partial \psi}{\partial \tau}\frac{\partial \tau}{\partial t} = -c\frac{\partial \psi}{\partial \gamma} + c\frac{\partial \psi}{\partial \tau} \tag{A.6}$$

を得る．さらに式 (A.5) を z で偏微分すると

$$\frac{\partial^2 \psi}{\partial z^2} = \frac{\partial}{\partial z}\left(\frac{\partial \psi}{\partial \gamma}\right) + \frac{\partial}{\partial z}\left(\frac{\partial \psi}{\partial \tau}\right) = \frac{\partial^2 \psi}{\partial \gamma^2} + 2\frac{\partial^2 \psi}{\partial \gamma \partial \tau} + \frac{\partial^2 \psi}{\partial \tau^2} \tag{A.7}$$

を，また，式 (A.6) を t で偏微分すると

$$\frac{\partial^2 \psi}{\partial t^2} = \frac{\partial}{\partial t}\left(-c\frac{\partial \psi}{\partial \gamma}\right) + \frac{\partial}{\partial t}\left(c\frac{\partial \psi}{\partial \tau}\right) = c^2\frac{\partial^2 \psi}{\partial \gamma^2} - 2c^2\frac{\partial^2 \psi}{\partial \gamma \partial \tau} + c^2\frac{\partial^2 \psi}{\partial \tau^2} \tag{A.8}$$

を得る．式 (A.7)，式 (A.8) を 22 ページの式 (2.22) に代入して

$$\frac{\partial^2 \psi}{\partial \gamma \partial \tau} = 0 \tag{A.9}$$

を得る．式 (A.9) について τ で積分し，γ の任意関数 を $C(\gamma)$ とすれば

$$\frac{\partial \psi}{\partial \gamma} = C(\gamma)$$

となる．さらに γ で積分すると，τ の任意関数を $G(\tau)$ として

$$\psi = \int C(\gamma)d\gamma + G(\tau) \tag{A.10}$$

を得る．

式 (A.10) の右辺の $\int C(\gamma)d\gamma$ は γ の関数であり，これを $F(\gamma)$ とおけば

$$\psi = F(\gamma) + G(\tau)$$

と書け，γ，τ を z および t で表すと

$$u(z,t) = f(z - ct) + g(z + ct)$$

となる．これより式 (2.23) が波動方程式 (2.22) の一般解であることがわかる．

3.

$$\mathrm{div}\boldsymbol{D} = \rho, \quad \mathrm{div}\boldsymbol{B} = \rho_m$$

$$\mathrm{rot}\boldsymbol{E} = -\frac{\partial \boldsymbol{B}}{\partial t} + \boldsymbol{J}_m, \quad \mathrm{rot}\boldsymbol{H} = \frac{\partial \boldsymbol{D}}{\partial t} + \boldsymbol{J}$$

4. 2 元 2 次形式

$$ax^2 + bxy + cy^2$$

の判別式は

$$b^2 - 4ac$$

であり，ここで式 (2.57) (30 ページ) の左辺と比べると，

$$a = \frac{1}{(E_x^0)^2}, \quad b = -2\cos\theta \frac{1}{E_x^0}\frac{1}{E_y^0}, \quad c = \frac{1}{(E_y^0)^2}$$

となり，判別式は

$$\left(-2\cos\theta\frac{1}{E_x^0}\frac{1}{E_y^0}\right)^2-4\frac{1}{(E_x^0)^2}\frac{1}{(E_y^0)^2}=-4\sin^2\theta\frac{1}{(E_x^0)^2}\frac{1}{(E_y^0)^2}$$

となる．したがって，$\theta \neq n\pi$（n は整数）のとき，式 (2.57) の左辺の 2 元 2 次形式の判別式は常に負となる．

さらに，

$$ax^2+bxy+cy^2+f=0 \tag{A.11}$$

に示すような 2 次と定数とからなる 2 元 2 次方程式に対して，回転変換によって，次式のように x, y から X, Y に変換する．

$$AX^2+BXY+CY^2+F=0 \tag{A.12}$$

式 (A.12) において，$B=0$, $AC>0$, $F<0$ ($A>0$, $C>0$ の場合) であれば，本式で表される曲線は楕円となる．このとき，式 (A.11)，(A.12) の左辺の 2 元 2 次形式の判別式の間には

$$b^2-4ac=-4AC$$

の関係が成り立ち，式 (A.11) の左辺の 2 元 2 次形式の判別式は負となる．

式 (2.57) において，$\theta \neq n\pi$ (n は整数) のとき，上記の条件を満たすため，式 (2.57) は楕円の方程式であることがわかる．

さらに，$\theta = n\pi$ (n は整数) の場合，式 (2.57) は

$$\left(\frac{E_x}{E_x^0}-(-1)^n\frac{E_y}{E_y^0}\right)^2=0$$

となり，直線の式

$$\frac{E_x}{E_x^0}=(-1)^n\frac{E_y}{E_y^0}$$

が導ける．

5. 楕円偏波を $E_x\boldsymbol{i}_x+E_y\boldsymbol{i}_y$ と表すと，

$$\begin{aligned}E_x\boldsymbol{i}_x+E_y\boldsymbol{i}_y &= \frac{1}{2}(E_x+jE_y)\boldsymbol{i}_x+\frac{1}{2}(jE_x+E_y)\boldsymbol{i}_y \\ &\quad +\frac{1}{2}(E_x-jE_y)\boldsymbol{i}_x+\frac{1}{2}(-jE_x+E_y)\boldsymbol{i}_y\end{aligned}$$

$$
\begin{aligned}
&= \frac{1}{2}(E_x + jE_y)\boldsymbol{i}_x - j\frac{1}{2}(E_x + jE_y)\boldsymbol{i}_y \\
&\quad + \frac{1}{2}(E_x - jE_y)\boldsymbol{i}_x + j\frac{1}{2}(E_x - jE_y)\boldsymbol{i}_y
\end{aligned}
$$

と変形でき，第１項と第２項とによって右回りの円偏波を，第３項と第４項とによって左回りの円偏波を表している．このように，楕円偏波は，右回りの円偏波と左回りの円偏波の合成によって表すことができる．

第３章

1.

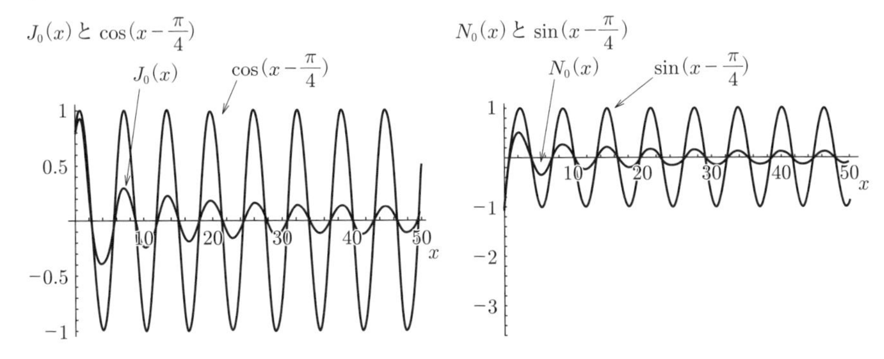

解図 **3.1**

ハンケル関数は，

$$
\begin{cases}
H_m^{(1)}(x) = J_m(x) + jN_m(x) \\
H_m^{(2)}(x) = J_m(x) - jN_m(x)
\end{cases}
$$

と表される．

2. ベクトル公式を用いると，

$$
\boldsymbol{n}\cdot(\mathrm{rot}\boldsymbol{E}_i) = -\mathrm{div}\,(\boldsymbol{n}\times\boldsymbol{E}_i) = -\frac{\partial}{\partial t}(\boldsymbol{n}\cdot\boldsymbol{B}_i) \qquad (i=1,2)
$$

となる．これより，

$$
\mathrm{div}\,[\boldsymbol{n}\times(\boldsymbol{E}_2-\boldsymbol{E}_1)] = \boldsymbol{n}\cdot\frac{\partial}{\partial t}(\boldsymbol{B}_2-\boldsymbol{B}_1) = 0
$$

を得る．したがって，

$$
\boldsymbol{n}\cdot(\boldsymbol{B}_2-\boldsymbol{B}_1) = 0
$$

を得る．同様にして，

$$\begin{cases} \boldsymbol{n}\cdot(\mathrm{rot}\,\boldsymbol{H}_i) = -\mathrm{div}\,(\boldsymbol{n}\times\boldsymbol{H}_i) = \dfrac{\partial}{\partial t}(\boldsymbol{n}\cdot\boldsymbol{D}_i) \qquad (i=1,2) \\ \mathrm{div}\,[\boldsymbol{n}\times(\boldsymbol{H}_2-\boldsymbol{H}_1)] = -\boldsymbol{n}\cdot\dfrac{\partial}{\partial t}(\boldsymbol{D}_2-\boldsymbol{D}_1) \\ \boldsymbol{n}\cdot(\boldsymbol{D}_1-\boldsymbol{D}_2) = \sigma \end{cases}$$

を得る．ただし，面電流密度と面電荷密度との間には，

$$\mathrm{div}\,\boldsymbol{K} = -\frac{\partial\sigma}{\partial t}$$

が成立している．

3. 円偏波 $E_0\boldsymbol{i}_x + jE_0\boldsymbol{i}_y$ を考える．z 軸の正方向に伝搬するときを図示すると，解図 **3.2** のようになる．

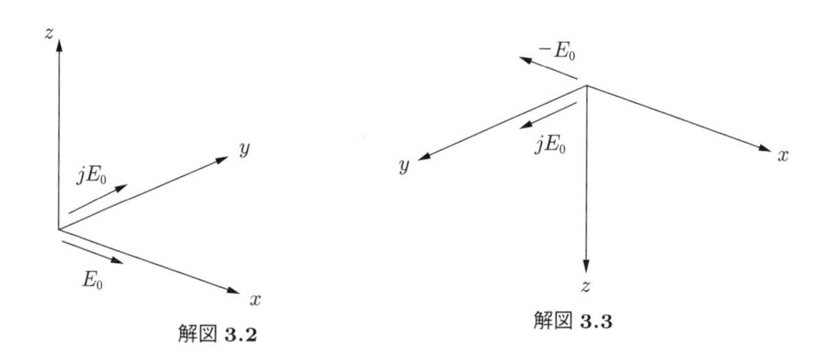

解図 **3.2**　　解図 **3.3**

一方，金属境界面で反射すると電界の各成分の符号が変わる．これを反射波の座標で考える．解図 **3.3** に示すように x 成分の符号は変化し，y 成分の符号は変化しないことになる．したがって，入射波が左回りの円偏波ならば，反射波は右回りの円偏波になる．

4. 各式を代入することによって関係式は容易に得られる．(略)
5. TE，TM 同時に入射 (解図 **3.4**，**3.5** 参照)．

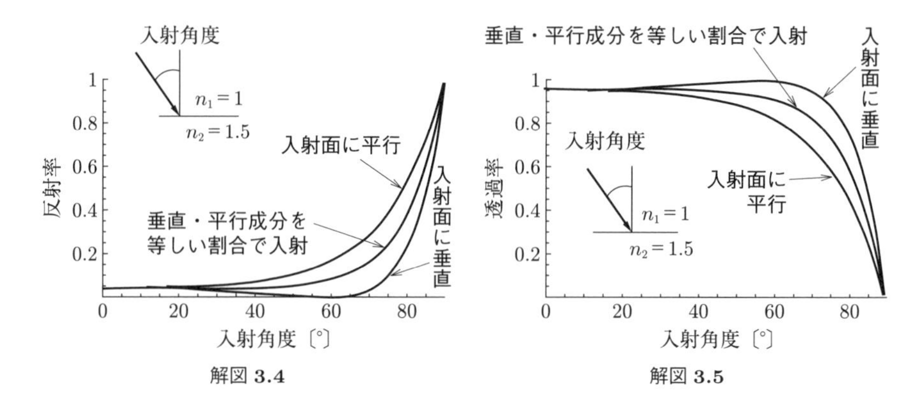

解図 **3.4**　　解図 **3.5**

6. 58 ページの式 (3.75) を 22 ページの式 (2.21) に代入すると

$$\varDelta\left(\varPsi\exp\left(-jkz\right)\right)+k^2\varPsi\exp\left(-jkz\right)=0$$

を得る．上式の第 1 項について成分ごとの微分をとると

$$\frac{\partial^2}{\partial x^2}\varPsi\exp\left(-jkz\right)+\frac{\partial^2}{\partial y^2}\varPsi\exp\left(-jkz\right)$$
$$+\frac{\partial^2}{\partial z^2}\left(\varPsi\exp\left(-jkz\right)\right)+k^2\varPsi\exp\left(-jkz\right)=0$$

となり，さらに左辺第 3 項の z に関する微分を実行すると

$$\left(\frac{\partial^2}{\partial x^2}+\frac{\partial^2}{\partial y^2}\right)\varPsi\exp\left(-jkz\right)$$
$$+\left(\frac{\partial^2\varPsi}{\partial z^2}\right)\varPsi\exp\left(-jkz\right)-2jk\left(\frac{\partial\varPsi}{\partial z}\right)\exp\left(-jkz\right)$$
$$-k^2\varPsi\exp\left(-jkz\right)+k^2\varPsi\exp\left(-jkz\right)=0$$

を得る．ここまではもとの波動方程式の等価であり，近似は使っていない．次に，$\varPsi(x,y,z)$ の z 方向の変化量が振幅の大きさよりも十分小さく

$$\left|\frac{\partial\varPsi}{\partial z}\right|\delta z\ll|\varPsi|$$

とする．δz が z 方向の伝搬する電磁波の波長オーダと考えれば，

$$\left|\frac{\partial\varPsi}{\partial z}\right|\lambda\ll|\varPsi|$$

となり，波数 k を用いると

$$\left|\frac{\partial \Psi}{\partial z}\right| \ll k\left|\Psi\right| \tag{A.13}$$

となる（オーダを考えるため，2π は無視する）．

さらに，式 (A.11) について z 方向の微分に関しても同様に考えれば

$$\left|\frac{\partial^2 \Psi}{\partial z^2}\right| \ll k\left|\frac{\partial \Psi}{\partial z}\right|$$

となる．

ゆっくり変化するのは z 方向だけであるので，x, y 方向についての微分を残し

$$\begin{cases} \left|\dfrac{\partial^2 \Psi}{\partial z^2}\right| \ll \left|\dfrac{\partial^2 \Psi}{\partial x^2}\right| \\ \left|\dfrac{\partial^2 \Psi}{\partial z^2}\right| \ll \left|\dfrac{\partial^2 \Psi}{\partial y^2}\right| \end{cases}$$

であるとすれば，最終的に下記の式を得る．

$$\left(\frac{\partial^2}{\partial x^2} + \frac{\partial^2}{\partial y^2}\right)\Psi - 2jk\left(\frac{\partial \Psi}{\partial z}\right) = 0$$

第4章

1. 解図 **4.1** のように膜厚が直線的に変化している場合を考える．ただし，両端の膜厚をそれぞれ $d_1, d_2 (d_1 < d_2)$，膜の幅を W, $n_1 = 1$ とする．このとき左端から距離 L の膜厚 d は，

$$d = d_1 + \frac{d_2 - d_1}{W}L$$

となる．いま，垂直に入射するとすると，距離 L での位相差 δ は，

$$\delta = \frac{4\pi}{\lambda}n_2\left(d_1 + \frac{d_2 - d_1}{W}L\right)$$

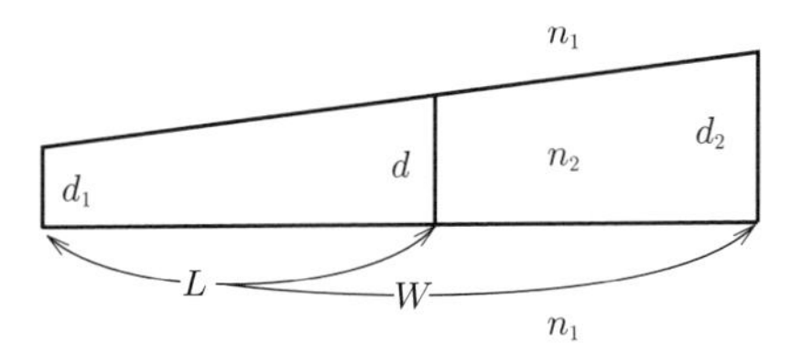

解図 **4.1**

で与えられる．ここで，反射光は，位相差が $(2m+1)\pi$ (m は整数) のとき，最大値をとり，$2m\pi$ のとき，最小値をとる．したがって，

$$L = \frac{W}{(d_2 - d_1)}\left[\left(m - \frac{1}{2}\right)\frac{\lambda}{2}\frac{1}{n_2} - d_1\right]$$

の位置において明るい縞が，

$$L = \frac{W}{(d_2 - d_1)}\left[m\frac{\lambda}{2}\frac{1}{n_2} - d_1\right]$$

の位置において暗い縞ができる．

2. スリットからスクリーンまでの距離を 1 m とする (**解図 4.2**).

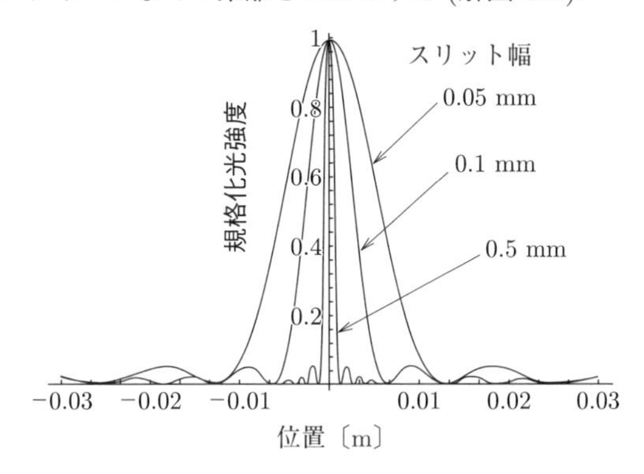

解図 **4.2**

3. スリットからスクリーンまでの距離を 1 m とする (**解図 4.3**〜**4.5**). そして，スリット幅は 0.5 mm とする．

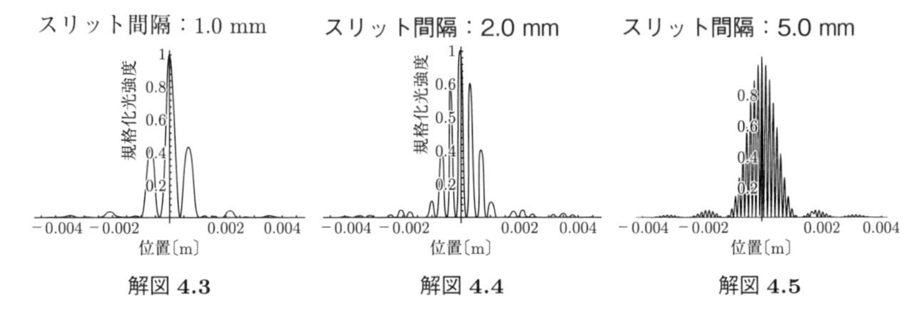

解図 **4.3**　　解図 **4.4**　　解図 **4.5**

また，スリットからスクリーンまでの距離を同じく 1 m とする (**解図 4.6**〜**4.8**), そして，スリット間隔は 1.0 mm とする．

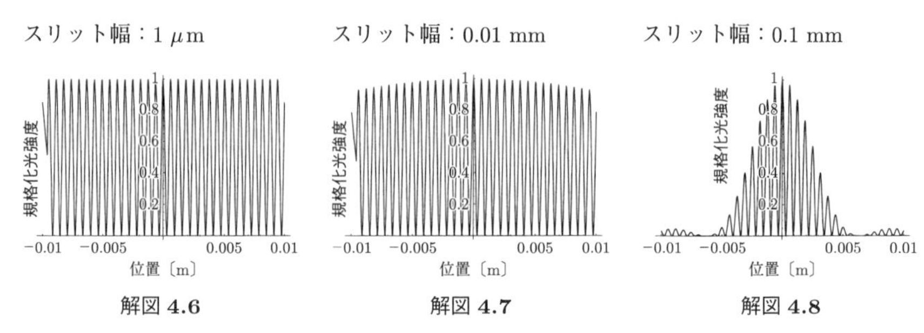

解図 **4.6** 解図 **4.7** 解図 **4.8**

4.(1) スリットからスクリーンまでの距離を 1 m とする (解図 **4.9**)，そして，スリット幅は 1 μm とする.

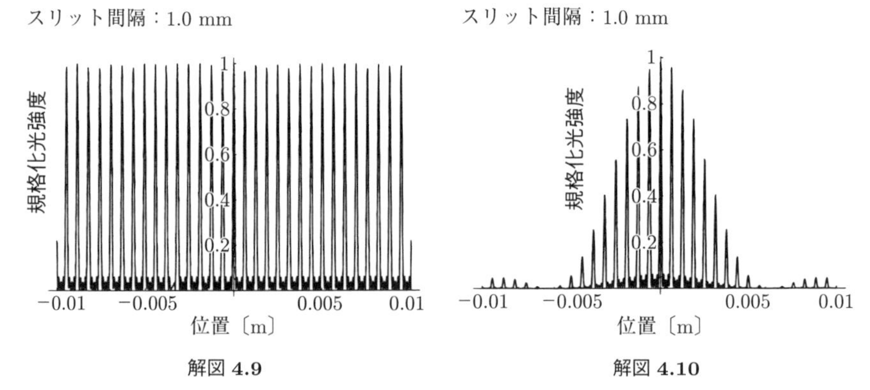

解図 **4.9** 解図 **4.10**

(2) 同じく，スリットからスクリーンまでの距離を 1 m として (解図 **4.10**)，そして，スリット幅は 0.1 mm とする.

5. $\left(\dfrac{J_1(2\pi ar/\lambda l)}{\dfrac{2\pi ar}{\lambda l}}\right)^2$ を，r について，$-\dfrac{2.44\lambda l}{4a}$ から $\dfrac{2.44\lambda l}{4a}$ まで積分すればよい.

$$\int_{-\frac{2.44\lambda l}{4a}}^{\frac{2.44\lambda l}{4a}} \left(\frac{J_1(2\pi ar/\lambda l)}{\dfrac{2\pi ar}{\lambda l}}\right)^2 dr = \frac{\lambda l}{2\pi a}\int_{-1.22\pi}^{1.22\pi}\left(\frac{J_1(x)}{x}\right)^2 dx$$

ここで，

$$\int_{-1.22\pi}^{1.22\pi}\left(\frac{J_1(x)}{x}\right)^2 dx$$

を実際積分すると，0.84 となる．

6. 多重スリットを用いればよい．

多重スリットに波長 λ の単色光を入射させた場合，スリットの間隔を d，N を整数とすれば，$d\sin\theta = N\lambda$ を満たす θ 方向のみに光がくるため，

$$d\frac{x_N}{L} = N\lambda$$

を満たすスクリーン上の位置 x_N にシャープな明線が形成される．ただし，L はスリットとスクリーンまでの距離，x_N はスクリーン上の中央の明線の中心から測った位置である．したがって，明線は，間隔

$$\Delta x = \lambda\frac{L}{d}$$

の等間隔の縞となる．

スリット間隔 d が小さいほど明線の間隔は広く，さらに，赤から緑，紫にしたがい明線間隔が狭くなり，カラーの回折パターンが得られる．

なお,「0 次」と呼ばれる中央の明線は白色となる．

第5章

1. 銅の固有抵抗 $\rho = 1.73 \times 10^{-6}$〔$\Omega$ cm〕，$R_s = 8.2656 \times 10^{-3}(f$〔GHz〕$)^{\frac{1}{2}}$〔$\Omega$〕であるので，同軸線路の単位長さあたりの直列抵抗は

$$R = \frac{R_s}{2\pi}\left(\frac{1}{a} + \frac{1}{b}\right) \quad 〔\Omega/\mathrm{m}〕$$

特性インピーダンスは式 (5.37)，(5.40) より

$$Z_c = \left(\frac{138}{\varepsilon_r{}^{\frac{1}{2}}}\right)\log\frac{b}{a} = \frac{76.8}{\varepsilon_r{}^{\frac{1}{2}}} \quad 〔\Omega〕$$

したがって

$$\alpha = \frac{R_s\varepsilon_r{}^{\frac{1}{2}}}{2b\zeta}\frac{1+\dfrac{b}{a}}{\ln\dfrac{b}{a}} \quad 〔\mathrm{Np/m}〕 = 0.190(\varepsilon_r f 〔\mathrm{GHz}〕)^{\frac{1}{2}} \quad 〔\mathrm{dB/m}〕$$

ゆえに $\varepsilon_r = 1$ の場合，$f = 200$〔MHz〕のとき $\alpha = 0.085$〔dB/m〕，$f = 10$〔GHz〕のとき $\alpha = 0.60$〔dB/m〕.

$\varepsilon_r = 2.3$ の場合，$f = 200$〔MHz〕のとき $\alpha = 0.129$〔dB/m〕，$f = 10$

〔GHz〕のとき $\alpha = 0.911$〔dB/m〕.

2. TE_1，TE_2 モードの遮断波長はそれぞれ $\lambda_{c1} = 2a = 20$〔mm〕，$\lambda_{c2} = a = 10$〔mm〕であるから，これらに対応する遮断周波数 $f_{c1} = \dfrac{c}{\lambda_{c1}} = 15$〔GHz〕，$f_{c2} = \dfrac{c}{\lambda_{c2}} = 30$〔GHz〕の間の周波数 f，すなわち $f_{c1} < f < f_{c2}$ で励振すればよい．以上より，$f = 20$〔GHz〕のときの位相速度 v_p，群速度 v_g は

$$\begin{cases} v_p = \dfrac{c}{\left(1 - \dfrac{{f_{c1}}^2}{f^2}\right)^{\frac{1}{2}}} = 1.51c \\[2ex] v_g = c\left(1 - \dfrac{{f_{c1}}^2}{f^2}\right)^{\frac{1}{2}} = 0.66c \end{cases}$$

3. 本章問題 1. の解答より，

$$\alpha = \frac{K(1+x)}{\ln x} \qquad \left(K: 定数,\ x = \frac{b}{a}\right)$$

であるから，$\dfrac{d\alpha}{dx} = 0$ より $\ln x = \dfrac{1+x}{x}$．したがって，$x = 3.59$ を得る．さらに，$F(x) = \dfrac{\alpha}{K}$ とおき，τ を任意の正数とすると $F(3.59) < F(3.59 \pm \tau)$ であるので，$\dfrac{b}{a} = 3.59$ で α は最小値をとる．

4. 合成電界は

$$E_y = E_{y1} + E_{y2} = -2jAe^{-jkz\sin\theta}\sin(kx\cos\theta)$$

となる．$x = 0, a$ で $E_y = 0$ より，

$$ka\cos\theta = m\pi \qquad (m = 1, 2, \cdots)$$
$$\therefore \quad k\cos\theta = k_x = \frac{m\pi}{a}$$

5. TE_{10} モード，TE_{20} モードの遮断周波数は $f_{c1} = \dfrac{c}{2a} = 11.54$〔GHz〕，$f_{c2} = \dfrac{c}{a} = 23.1$〔GHz〕であるので，$f = 15$〔GHz〕，20〔GHz〕の周波数の電波が伝搬可能である．

　したがって，λ_p を管内波長とすると，$f = 15$〔GHz〕のとき $\lambda_p = 31.3$〔mm〕，$f = 20$〔GHz〕のとき $\lambda_p = 18.4$〔mm〕となる．

6. 式 (5.27) を用いて，

$$P = \frac{1}{2}\mathrm{Re}\int_0^b\int_0^a \omega\mu_0\beta{k_c}^2A^2\sin^2\frac{\pi x}{a}\ dx\,dy = \zeta k\beta{k_c}^2A^2\frac{ab}{4}$$

$$\begin{aligned} P_l &= \frac{R_s}{2}\left[\int_0^a |h_x|^2_{y=0,b}\,dx + \int_0^a |h_z|^2_{y=0,b}\,dx + \int_0^b |h_z|^2_{x=0,a}\,dy\right] \\ &= \frac{{k_c}^2R_sA^2}{2}[a\beta^2 + {k_c}^2(a+2b)] = \frac{{k_c}^4R_sA^2}{2}\left[a\left(\frac{2a}{\lambda}\right)^2 + 2b\right] \end{aligned}$$

$$\begin{aligned} \therefore\quad \alpha &= \frac{R_s}{\zeta b\sqrt{1-\left(\dfrac{\lambda}{2a}\right)^2}}\left\{1+\frac{2b}{a}\left(\frac{\lambda}{2a}\right)^2\right\} \quad \text{〔Np/m〕} \\ &= \frac{1.906\times10^{-4}\sqrt{f\,\text{〔GHz〕}}}{b\sqrt{1-\left(\dfrac{\lambda}{2a}\right)^2}}\left\{1+\frac{2b}{a}\left(\frac{\lambda}{2a}\right)^2\right\} \quad \text{〔dB/m〕} \end{aligned}$$

となるので，各数値を代入すると $\alpha = 0.402$〔dB/m〕となる．

7. (1)

$$I(z) = \frac{25e^{-j4\pi z} - 5e^{j4\pi z}}{50} = 0.5e^{-j4\pi z}(1 - 0.2e^{j8\pi z}) \quad \text{〔A〕}$$

(2) 位相定数 $\beta = 4\pi$〔rad/m〕より $\lambda = 0.5$〔m〕．

(3)

$$\Gamma = \frac{5}{25} = 0.2$$

(4)

$$Z_L = \frac{50(1+0.2)}{1-0.2} = 75 \quad \text{〔}\Omega\text{〕}$$

(5)

$$S = \frac{1+0.2}{1-0.2} = 1.5$$

(6) $|V(z)|^2 = 25^2[1 + 0.04 + 0.4\cos(8\pi z)]$ であるから，$8\pi z = (2n+1)\pi$ $(n = 0, \pm1, \pm2, \ldots)$ のとき $|V(z)|$ は最小となる．よって，$z = -d$ $(n = -1)$

として $d = \dfrac{1}{8}$〔m〕となる．

8. $\dfrac{1}{4}$ 波長線路の特性インピーダンスを Z_c，負荷インピーダンス $Z_L = 300$〔Ω〕とすれば，入力インピーダンスは式 (5.44) より $Z = \dfrac{{Z_c}^2}{Z_L}$ となる．したがって 5.4 節 2. の例から，特性インピーダンス 75〔Ω〕の線路に反射なく接続するためには，$Z = 75$〔Ω〕，すなわち $Z_c = \sqrt{75 \times Z_L} = 150$〔Ω〕とすればよい．

第6章

1. 式 (6.8) (132 ページ) より

$$\mathrm{rot}\,\boldsymbol{E}_t = -j\omega\mu_0\boldsymbol{i}_z H_z, \qquad -\boldsymbol{i}_z \times \mathrm{grad}\,E_z - j\beta\boldsymbol{i}_z \times \boldsymbol{E}_t = -j\omega\mu_0\boldsymbol{H}_t$$

式 (6.9) より

$$\mathrm{rot}\,\boldsymbol{H}_t = j\omega\varepsilon\boldsymbol{i}_z E_z, \qquad -\boldsymbol{i}_z \times \mathrm{grad}\,H_z - j\beta\boldsymbol{i}_z \times \boldsymbol{H}_t = j\omega\varepsilon\boldsymbol{E}_t$$

式 (6.10) より

$$\mathrm{div}\,\varepsilon\boldsymbol{E}_t = j\beta\varepsilon E_z$$

式 (6.11) より

$$\mathrm{div}\,\boldsymbol{H}_t = j\beta H_z$$

を導出する．導出した式を用いて，$\mathrm{rot}\,\mathrm{rot}\,\boldsymbol{E}_t$ と $\mathrm{rot}\,\mathrm{rot}\,\boldsymbol{H}_t$ を計算し，H_z，E_z を $\boldsymbol{E}_t$，$\boldsymbol{H}_t$ で表せば，式 (6.12)，(6.13) が得られる．

2. 式 (6.20) の解はベッセル関数を用いて，式 (6.23) のように表される．したがって，

$$R(a-0) = R(a+0), \ \left.\frac{dR}{dr}\right|_{r=a-0} = \left.\frac{dR}{dr}\right|_{r=a+0}$$

から式 (6.24) が求められる．

3. $\lambda = 0.633$〔μm〕，$a = 4.5$〔μm〕，$n_{co} = 1.457$，$\Delta = 0.31$〔%〕，$a = 5.5$〔μm〕，$n_{co} = 1.457$，$\Delta = 0.30$〔%〕を式 (6.27) に代入すれば，V が求められる．

4. LP_{01} モードの $V = 6$ における解を求める Mathematica のプログラムを以下に示す．

```
L=0;
v=6;
```

```
u=x/. FindRoot[x*(BesselJ[L-1,x]-BesselJ[L+1,x])
                    *BesselK[L,Sqrt[v^2-x^2]]
              +Sqrt[v^2-x^2]*(BesselK[L-1,Sqrt[v^2-x^2]]
                         +BesselK[L+1,Sqrt[v^2-x^2]])
                         *BesselJ[L,x]==0,{x,2}]
w=Sqrt[v^2-u^2]
```

FindRootの中の式は特性方程式(6.24)と同じものである．このプログラムでは，FindRootを用いて $u = 2$ 付近の根を探している．LP_{01} モードの場合は $L = 0$ とし，$u = 2$ 付近の根を，LP_{11} モードの場合は $L = 1$ とし，$u = 3$ 付近の根を探せば求められる．

5. 問題4.のプログラムに下記のプログラムを追加すれば，電磁界分布を3次元表示できる．

```
fr[x_,y_]:=Abs[x+I y];
ftheta[x_,y_]:=Arg[x+I y];
Clear[func];
func[x_,y_]:=BesselJ[L,u*fr[x,y]]*Cos[L*ftheta[x,y]]/;
(fr[x,y]<=1)
func[x_,y_]:=BesselJ[L,u]/BesselK[L,w]*
BesselK[L,w*fr[x,y]]*Cos[L*ftheta[x,y]]/;(fr[x,y]>1)
dataf={};
Do[AppendTo[dataf,{BesselJ[L,u*r]}],{r,0,1,0.01}];
maxf=Max[dataf]
Plot3D[func[x,y]/maxf,{x,-2,2},{y,-2,2},PlotRange->{-1,1},
      Axes->{True,True,False},Boxed->False,PlotPoints->80]
```

式(6.23)と式(6.25)で表される電磁界分布は，このプログラムでは`func[x_,y_]`で表現されている．電磁界分布の最大と最小値が $(-1, 1)$ の間に入るように規格化してある．

6. (a)

$$V = \frac{2\pi}{\lambda} a\sqrt{{n_{co}}^2 - {n_{cl}}^2} = \frac{2\pi}{1.55\,[\mu\text{m}]} \times 3.8\,[\mu\text{m}] \times \sqrt{1.461^2 - 1.444^2}$$

$$= 3.42$$

(b) LP_{11} モード

(c)

$$V = \frac{2\pi}{\lambda} a \sqrt{n_{co}^2 - n_{cl}^2} = \frac{2\pi}{1.31\,〔\mu\mathrm{m}〕} \times 3.8\,〔\mu\mathrm{m}〕 \times \sqrt{1.461^2 - 1.444^2}$$
$$= 4.05$$

したがって，LP_{02} モード.

7. (a) 波長 1460 nm の光の周波数 f_1 は

$$f_1 = \frac{c}{\lambda} = \frac{2.998 \times 10^8〔\mathrm{m/s}〕}{1460 \times 10^{-9}〔\mathrm{m}〕} = 2.053 \times 10^{14}〔\mathrm{Hz}〕 = 205.3\,〔\mathrm{THz}〕$$

(b) 波長 1625 nm の光の周波数 f_2 は

$$f_2 = \frac{c}{\lambda} = \frac{2.998 \times 10^8〔\mathrm{m/s}〕}{1625 \times 10^{-9}〔\mathrm{m}〕} = 1.845 \times 10^{14}〔\mathrm{Hz}〕 = 184.5\,〔\mathrm{THz}〕$$

(c) 光増幅器の帯域幅 W〔Hz〕は

$$f_1 - f_2 = 205.3\,〔\mathrm{THz}〕 - 184.5\,〔\mathrm{THz}〕 = 20.8\,〔\mathrm{THz}〕$$

(d) 光の点滅で信号を送る波長多重通信方式の S 帯，C 帯，L 帯を用いた光ファイバの伝送容量の限界 $C_{\lim}$〔Tbit/s〕は，次式となる.

$$C_{\lim} = \eta W = 0.4\,〔\mathrm{bit/s/Hz}〕 \times 20.8\,〔\mathrm{THz}〕 = 8.32\,〔\mathrm{Tbit/s}〕$$

第7章

1. 式 (7.5) の A_z を A_r, A_θ, A_φ 成分に分解すると，次式になる (解図 **7.1**).

$$A_r = A_z \cos\theta = \mu_0 \frac{I\Delta l}{4\pi r} \cos\theta e^{-jkr} \tag{A.14}$$

$$A_\theta = -A_z \sin\theta = -\mu_0 \frac{I\Delta l}{4\pi r} \sin\theta e^{-jkr} \tag{A.15}$$

$$A_\varphi = 0 \tag{A.16}$$

ヘルツダイポールアンテナから距離 r 離れた点における放射磁界は，式 (7.1) より，極座標系における各方向の単位ベクトルを $\boldsymbol{i}_r$, $\boldsymbol{i}_\theta$, $\boldsymbol{i}_\varphi$ とすると，

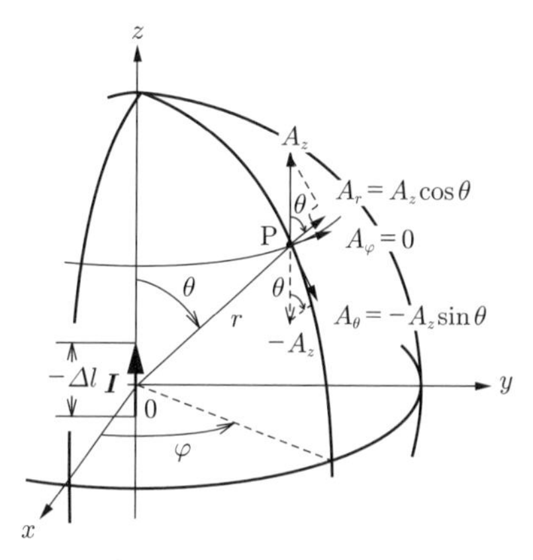

解図 **7.1**　ベクトル成分 A_z と分解されたベクトル成分 A_r, A_θ, A_φ

$$\boldsymbol{H} = \frac{1}{\mu_0}\mathrm{rot}\boldsymbol{A} = \frac{1}{\mu_0}\begin{vmatrix} \dfrac{\boldsymbol{i}_r}{r^2 \sin\theta} & \dfrac{\boldsymbol{i}_\theta}{r\sin\theta} & \dfrac{\boldsymbol{i}_\varphi}{r} \\ \dfrac{\partial}{\partial r} & \dfrac{\partial}{\partial \theta} & \dfrac{\partial}{\partial \varphi} \\ A_r & A_\theta r & A_\varphi r \sin\theta \end{vmatrix} \tag{A.17}$$

となる．式 (A.14) から $A_\varphi = 0$ であり，A_z は z 軸に対して回転対称，つまり φ 方向に対して一定であり $\dfrac{\partial}{\partial\varphi} = 0$ となる．したがって，

$$\boldsymbol{H} = \frac{1}{\mu_0 r}\left\{\frac{\partial}{\partial r}(A_\theta r) - \frac{\partial}{\partial\theta}A_r\right\}\boldsymbol{i}_\varphi \tag{A.18}$$

となり，磁界は式 (A.18) から $\boldsymbol{i}_\varphi$ 方向成分だけしか存在しないことがわかる．

これをスカラーの H_φ で示し，式 (A.14)，(A.15) の A_r, A_θ を代入して整理すると次式を得る．

$$\left\{\begin{aligned} & H_\varphi = \frac{I\Delta l}{4\pi}k^2 e^{-jkr}\left(j\frac{1}{kr} + \frac{1}{(kr)^2}\right)\sin\theta && \text{(A.19)} \\ & H_r = 0 && \text{(A.20)} \\ & H_\theta = 0 && \text{(A.21)} \end{aligned}\right.$$

次に，放射電界は放射磁界が φ 成分だけしかなく，φ 方向に一定であることを考慮すると，マクスウェル方程式 (式 (2.2)，15 ページ)

$$\mathrm{rot}\boldsymbol{H} = j\omega\varepsilon_0 \boldsymbol{E}$$

を使って，

$$\boldsymbol{E} = \frac{\mathrm{rot}\boldsymbol{H}}{j\omega\varepsilon_0} = \frac{1}{j\omega\varepsilon_0}\begin{vmatrix} \dfrac{i_r}{r^2\sin\theta} & \dfrac{i_\theta}{r\sin\theta} & \dfrac{i_\varphi}{r} \\ \dfrac{\partial}{\partial r} & \dfrac{\partial}{\partial\theta} & 0 \\ 0 & 0 & H_\varphi r\sin\theta \end{vmatrix} \tag{A.22}$$

この式を解くと，

$$\boldsymbol{E} = \frac{1}{j\omega\varepsilon_0}\frac{1}{r^2\sin\theta}\frac{\partial}{\partial\theta}(H_\varphi r\sin\theta)\boldsymbol{i}_r - \frac{1}{j\omega\varepsilon_0}\frac{1}{r\sin\theta}\frac{\partial}{\partial r}(H_\varphi r\sin\theta)\boldsymbol{i}_\theta \tag{A.23}$$

となる．したがって放射電界には $\boldsymbol{i}_r$ 成分，$\boldsymbol{i}_\theta$ 成分があることがわかる．式 (A.19) を代入し，自由空間中の波動インピーダンス $\zeta = \sqrt{\dfrac{\mu_0}{\varepsilon_0}}$ として整理すると，次式を得る．

$$\begin{cases} E_r = \dfrac{I\Delta l}{2\pi}\zeta k^2 e^{-jkr}\left(\dfrac{1}{(kr)^2} - j\dfrac{1}{(kr)^3}\right)\cos\theta & \text{(A.24)} \\ E_\theta = \dfrac{I\Delta l}{4\pi}\zeta k^2 e^{-jkr}\left(j\dfrac{1}{kr} + \dfrac{1}{(kr)^2} - j\dfrac{1}{(kr)^3}\right)\sin\theta & \text{(A.25)} \\ E_\varphi = 0 & \text{(A.26)} \end{cases}$$

2. 半波長ダイポールアンテナの指向性の式 (7.15) (173 ページ) において，$\dfrac{l}{2} = \dfrac{\lambda}{4}$, $R \approx r - z\cos\theta$, $\zeta = 120\pi$ を代入すると，

$$\begin{aligned} E_\theta &= j\frac{120\pi k}{4\pi r}\sin\theta\int_{-\frac{\lambda}{4}}^{\frac{\lambda}{4}} I_0\cos kz e^{-jkr-z\cos\theta}dz \\ &= j\frac{30I_0k}{r}e^{-jkr}\sin\theta\int_{-\frac{\lambda}{4}}^{\frac{\lambda}{4}}\cos kz e^{jkz\cos\theta}dz \end{aligned}$$

ここで，$kz = u$, $k\Delta z = \Delta u$,

$$\Delta u = k\Delta z = \frac{2\pi}{\lambda}\frac{\lambda}{4} = \frac{\pi}{2}$$

より,

$$E_\theta = j\frac{30I_0k}{r}e^{-jkr}\sin\theta\int_{-\frac{\pi}{2}}^{\frac{\pi}{2}}\cos u e^{ju\cos\theta}\frac{du}{k}$$

$$= j\frac{30I_0k}{r}e^{-jkr}\sin\theta\frac{2\cos\left(\frac{\pi}{2}\cos\theta\right)}{\sin^2\theta}$$

$$= j\frac{60I_0}{r}\frac{\cos\left(\frac{\pi}{2}\cos\theta\right)}{\sin\theta}e^{-jkr}$$

となる.

3. 絶対利得を G_a とすると,式 (7.32) の $p_{\max}$ は式 (7.12) と式 (7.16) より $\theta = \dfrac{\pi}{2}$ の方向で得られ,次式のようになる.

$$p_{\max} = \frac{|E_\theta|^2}{\zeta} = \frac{1}{\zeta}\left(\frac{60I_0}{r}\right)^2 = \frac{30{I_0}^2}{\pi r^2}$$

また,全放射電力は式 (7.12) を全空間にわたって積分することで次式のようになる.

$$P_r = \int_A p dA = \int_0^{2\pi}\int_0^{\pi} Sr^2\sin\theta\ d\theta\, d\varphi = 60{I_0}^2\int_0^{\pi}\frac{\cos^2\left(\frac{\pi}{2}\cos\theta\right)}{\sin\theta}d\theta$$

$$\approx 60{I_0}^2 \times 1.219\ (\because\ \text{数表より}) = 73.1{I_0}^2$$

したがって,半波長ダイポールアンテナの絶対利得は次のようになる.

$$G_a = \frac{\dfrac{30{I_0}^2}{\pi r^2}}{\dfrac{73.1{I_0}^2}{4\pi r^2}} = 1.64 = 2.15\quad〔\mathrm{dBi}〕$$

4. 長さが l のダイポールアンテナの電流分布は式 (7.14) で示されるが,半波長ダイポールアンテナでは $\dfrac{l}{2} = \dfrac{\lambda}{4}$ であるから $I(z) = I_0\cos kz$ となる.実効長の定義は式 (7.38) で示されるから実効長 l_e は,

$$l_e = \frac{1}{I_0}\int_{-\frac{\lambda}{4}}^{\frac{\lambda}{4}} I_0\cos kz\ dz = \frac{\lambda}{2\pi}\left[\sin\frac{2\pi}{\lambda}z\right]_{-\frac{\lambda}{4}}^{\frac{\lambda}{4}}$$

$$= \frac{\lambda}{\pi}$$

となる．

5. 長さ dz の電流素子 (ヘルツダイポールアンテナ) から距離が $r(r \gg \lambda)$ だけ離れた点の微小な電界強度 dE は式 (7.10) で示されるので，

$$dE = \frac{60\pi I(z)}{\lambda r} dz$$

と示せる．ここで，アンテナ全体から放射されたことによる電界強度を E とすると，

$$E = \frac{60\pi}{\lambda r} \int_{-\frac{l}{2}}^{\frac{l}{2}} I(z)\ dz$$

となる．したがって，式 (7.38) を代入すると，次式となる．

$$E = \frac{60\pi I_0 l_e}{\lambda r}$$

6. 波長 λ は，

$$\lambda = \frac{3 \times 10^8}{150 \times 10^6} = 2 \quad 〔\mathrm{m}〕$$

である．したがって，問題 5. で得た式に代入すると，次式となる．

$$E = \frac{60 \times 3.14 \times 0.2 \times 1.5}{2 \times 50 \times 10^3} = 565 \quad 〔\mu\mathrm{V/m}〕$$

7. 電界強度は 565×10^{-6} V/m であり，アンテナの放射インピーダンス，受信機のインピーダンスともに 100 Ω であるから，式 (7.43) より次式となる．

$$W_r = \frac{(565 \times 10^{-6} \times 1.5)^2}{4 \times 100} = 1.8 \times 10^{-3} \quad 〔\mu\mathrm{W}〕$$

8. 11.85 GHz の波長 λ は，

$$\lambda = \frac{3 \times 10^{10}}{11.85 \times 10^9} = 2.53 \quad 〔\mathrm{cm}〕$$

ここで，利得の単位を〔倍〕で表すと

$$10^{\frac{32}{10}} = 1584.9 \quad 〔倍〕$$

となり，式 (7.46) より実効面積を計算すると，

$$A_{\text{em}} = \frac{(2.53)^2}{4 \times 3.14} \times 1584.9 = 807.7 \quad \text{〔cm}^2\text{〕}$$

実際に面積 A は 30 cm×30 cm であるから開口効率 η は,

$$\eta = \frac{807.7}{30^2} \approx 0.90$$

となる．通常，%表示されることが多いので，%表示にすると 90 %となる．

参考文献

第2章

1) 遠藤雅守：電磁気学：はじめて学ぶ電磁場理論，森北出版 (2013)
2) 早川正士：波動工学，コロナ社 (1992)
3) 長岡洋介：「電磁気学 I　電場と磁場」(物理入門コース 新装版)，岩波書店 (2017)
4) 長岡洋介：「電磁気学 II　変動する電磁場」(物理入門コース 新装版)，岩波書店 (2017)
5) ファインマン，レイトン，サンズ 著，宮島龍興 訳：ファインマン物理学 III，電磁気学，岩波書店 (1990)
6) 砂川重信：理論電磁気学 (第 3 版)，紀伊国屋書店 (1999)

第3章

1) 早川正士：波動工学，コロナ社 (1992)
2) ファインマン，レイトン，サンズ 著，戸田盛和 訳：ファインマン物理学 IV，電磁波と物性，岩波書店 (1990)
3) 小宮山 進，竹川 敦：マクスウェル方程式から始める電磁気学 (第 2 版)，裳華房 (2016)
4) 中野義昭：電磁波工学の基礎，数理工学社 (2015)
5) 若林秀昭：電磁波工学の基礎，大学教育出版 (2017)
6) ヤリーヴ–イェー 著，多田邦雄，神谷武志 訳：ヤリーヴ–イェー 光エレクトロニクス 基礎編 (原書 6 版)，丸善 (2010)

第4章

1) Max Born, Emil Wolf 著，草川 徹 訳：光学の原理 1，2，3，東海大学出版部 (2005, 2006, 2006)
2) 西原 浩，裏 升吾：光エレクトロニクス入門（新版）(光エレクトロニクス教科書シリーズ 1)，コロナ社 (2013)
3) 末田 正：光エレクトロニクス入門，丸善 (1998)
4) 的場 修 編著：OHM 大学テキスト 光エレクトロニクス，オーム社 (2013)
5) 左貝潤一：エッセンシャルテキスト 光学，森北出版 (2019)

第5章

1) 木村磐根 編：光・無線通信システム (新世代工学シリーズ)，オーム社 (1998)
2) 藤沢和男：改版 マイクロ波回路 (電気通信学会大学講座)，コロナ社 (1972)
3) 内藤喜之：マイクロ波・ミリ波工学 (電子情報通信学会大学シリーズ)，コロナ社 (1986)
4) Collin, R. E. : Field theory of guided waves, 2nd ed., McGraw–Hill (1991)
5) 小西良弘：マイクロ波回路の基礎とその応用 (第 3 版)，総合電子出版社 (1995)
6) Hoffman, R. K., Howe, H. H. : Handbook of Microwave Integrated Circuits, Artech House (1987)
7) 松尾 優，山根国義：レーダホログラフィ(第 3 版)，電子通信学会 (1985)

8) 宇野新太郎：情報通信ネットワークの基礎，森北出版 (2016)

第6章

1) M. Born and E. Wolf : Principle of optics, ch.1, Pergamon Press (1980)
2) 西原 浩，春名正光，栖原敏明：光集積回路，第 3 章，オーム社 (1993)
3) 森下克己：光ファイバ，第 6 章，朝倉書店 (1993)
4) 西原 浩，春名正光，栖原敏明：光集積回路，第 4 章，オーム社 (1993)
5) 大越孝敬，西原 浩，岡本勝就，久間和生，大津元一，保立和夫：光ファイバセンサ，第 7 章，オーム社 (1986)
6) 須藤昭一，横浜 至，山田 誠：光ファイバと光ファイバ増幅器，第 4 章，共立出版 (2006)
7) 大下眞二郎，半田志郎，デービットアサノ：ディジタル通信 (第 2 版)，第 7 章，共立出版 (2016)
8) Qian, D. *et al.* : 101.7–Tb/s(370×294–Gb/s)PDM-128QAM-OFDM trans- mission over 3×55–km SSMF using pilot–based phase noise mitigation. Optical Fiber Communication Conference 2011, postdeadline paper PDPB5 (2011)
9) 日本電信電話株式会社 企画編集：特集 将来の大容量光ネットワークを支える空間多重光通信技術の最先端，NTT 技術ジャーナル，第 **29** 巻，3 号，pp. 6–36 (2017)

第7章

1) 安達三郎，佐藤太一：電波工学 (基礎電気・電子工学シリーズ)，森北出版 (1998)
2) 後藤尚久，新井宏之：電波工学 (新版)，朝倉書店 (2014)
3) 藤本京平，山田吉英，常川光一：図解移動通信用アンテナシステム，総合電子出版 (1996)
4) 後藤尚久：図説・アンテナ，電子通信学会 (1997)
5) 小暮裕明，小暮芳江：小型アンテナの設計と運用 (電子回路設計シリーズ)，誠文堂新光社 (2009)
6) 川上春夫，田口光雄：ICT・IoT のためのアンテナ工学，東京電機大学出版局 (2019)

索　　引

●な 行●

●は 行●

●ま　行●

●や　行●

〈著者略歴〉

西原　浩（にしはら　ひろし）
執筆担当：1章，7章，付録
1960年　大阪大学工学部通信工学科卒業
1965年　工学博士
現　在　大阪大学名誉教授

岡村康行（おかむら　やすゆき）
執筆担当：2章，3章，4章
1973年　大阪大学基礎工学部電気工学科卒業
1978年　工学博士
現　在　量子科学技術研究開発機構 特別上席研究員
大阪大学名誉教授

森下克己（もりした　かつみ）
執筆担当：5章，6章
1972年　大阪大学工学部通信工学科卒業
1977年　工学博士
現　在　大阪電気通信大学名誉教授

工学基礎シリーズ
光・電磁波工学

2020年9月5日　　第1版第1刷発行

著　者　西原　浩
　　　　岡村康行
　　　　森下克己
発行者　村上和夫
発行所　株式会社 オーム社
　　　　郵便番号　101-8460
　　　　東京都千代田区神田錦町3-1
　　　　電話　03(3233)0641(代表)
　　　　URL https://www.ohmsha.co.jp/

印刷　三美印刷　　　製本　協栄製本
ISBN978-4-274-22601-4　Printed in Japan